焦炉煤气利用技术

JIAOLU MEIQI

LIYONG JISHU

杨跃平　阎承信　编著

化学工业出版社

·北京·

内 容 简 介

本书对焦炉煤气的组成、性质、净化处理技术等进行了详细的分析，阐述了合理利用焦炉煤气的技术路线，分别介绍了焦炉煤气制甲醇、乙醇、乙二醇、氨、氢气及氢能、费托合成化学品的技术和国内焦炉煤气加工利用工程实例，是对我国长期以来焦炉煤气化工利用工程的系统总结，也是对我国自主研发技术的肯定。

本书以较大的篇幅，详细介绍了多个焦炉煤气综合利用工程技术方案，为读者选择产品方案及技术路线、经济评价等提供帮助，也可以供焦化企业及相关机构决策时参考。

本书适合炼焦和化工领域相关企业的操作管理人员、科研设计单位的工程技术人员以及大专院校的师生阅读参考。

图书在版编目 (CIP) 数据

焦炉煤气利用技术/杨跃平，阎承信编著 . —北京 ：化学工业出版社，2020.12（2024.11重印）

ISBN 978-7-122-38005-0

Ⅰ.①焦… Ⅱ.①杨… ②阎… Ⅲ.①焦炉煤气-研究 Ⅳ.①TQ542.7

中国版本图书馆 CIP 数据核字（2020）第 229190 号

责任编辑：傅聪智 　　　　　　　文字编辑：张　欣
责任校对：赵懿桐 　　　　　　　装帧设计：王晓宇

出版发行：化学工业出版社（北京市东城区青年湖南街 13 号　邮政编码 100011）
印　　装：北京天宇星印刷厂
710mm×1000mm　1/16　印张 20　字数 331 千字　　2024 年 11 月北京第 1 版第 4 次印刷

购书咨询：010-64518888 　　　　　　售后服务：010-64518899
网　　址：http://www.cip.com.cn
凡购买本书，如有缺损质量问题，本社销售中心负责调换。

定　　价：128.00 元

序

我国是世界焦炭生产第一大国，焦炭产能已超过 6 亿吨/年，2019 年全国焦炭产量 4.7 亿吨，占世界焦炭产量的 60％以上。目前焦炭主要作为冶金行业高炉炼铁的原料，高温干馏炼焦所副产的焦炉煤气约占煤炭转化率的 13％~19％（对干煤的质量分数），是炼焦生产中仅次于焦炭的重要副产品，其主要成分为氢气和甲烷。依照炼焦装炉煤的挥发分高低差异，每吨焦炭可副产焦炉煤气 420~480m³。按照中国炼焦行业协会 2019 年统计的主要炼焦企业焦炉煤气发生量 441m³/t 焦推算，2019 年高温干馏焦炉煤气产量近 2000 亿立方米，除部分供焦炉燃烧加热或作为钢铁企业等的加热燃料外，每年尚有约 1000 亿立方米可再加工利用，这就为中国炼焦煤化工工作者提供了煤气资源化利用的广阔舞台。

国外对于焦炉煤气的化工利用研究得很多，但罕有实际工业化加工利用的实例。新中国成立以来，囿于资源禀赋和发展需求等因素的影响，我国对炼焦煤气的加工利用非常注重。我国首先在大连化学工业公司化肥厂采用焦炉煤气深冷分离制取 H_2、N_2 合成气，生产合成氨，工程规模 2 万~4 万吨/年，并加工为硝酸铵，供化肥和军工所需。20 世纪 60 年代开始，我国利用自己开发的技术，采用焦炉煤气部分氧化法和蒸汽转化法等，在本溪、邯郸、新余、洪洞、淮南、黑龙江和北京等地建设了 7 个以焦炉煤气为原料生产合成氨和尿素的装置，规模大多为 4 万~5 万吨/年合成氨。本溪化肥厂几经发展，已达到每年 30 万吨合成氨、52 万吨尿素的大型化肥厂的规模水平。

进入 21 世纪，在中国经济持续发展尤其是钢铁工业发展的强力拉动下，中国炼焦行业发展有了质的飞跃。我国炼焦行业已基本形成了以"常规机焦炉生产高炉炼铁用冶金焦，以立式炉加工低变质煤生产电石、铁合金、化肥化工及清洁民用焦，以热收焦炉生产机械铸造用铸造焦等"为特征、世界上最为完整、对煤资源开发利用最为广泛、炼焦煤化工产品的价值潜力挖掘最为充分、炼焦煤气资源化利用呈现多样性态势、独具中国特色的焦化工业体系。2004 年 12 月，我国自主开发的世界上首套 8 万吨/年焦炉煤气制甲醇工业化装置在云南省曲靖大为焦化制供气有限公司建成投产，拉开了中国焦炉煤气资源化发展的大幕。在钢铁高需求拉动下，2011 年中国大陆地区焦炭产量突破 4 亿吨，占世界焦炭生产量 67％（含半焦和热回收焦炉产量），并持续维持在这一水平近十年，炼焦工业的稳步生产，为焦炉煤气的开发利用提供了巨大的资源。焦炉煤气制甲醇作为资源综合利用众多方式中工业化、市场化最快的技术路径，以其资源利用合理、成本相对较低的优势，赢得了较好的市场空间和发展机遇。到"十二五"末，我国利用自主开发的技术，建设了数十套焦炉煤气生产甲醇的装置，规模从 5 万吨/年到 30 万吨/年不等，总产能已达到 1300 余万吨。为进一步利用甲醇装置的合成驰放气，2009 年 9 月，陕西黑猫焦化股份有限公司率先投产了一套 10 万吨甲醇驰放气联产 7 万吨合成氨的生产线，氨醇生产比例灵活，为企业带来了可观的经济效益和资源利用效率，很快被行业企业认可，陆续建设了一大批焦炉煤气制甲醇联产合成氨装置。

焦炉煤气中的 CH_4、CO、CO_2、C_{2+} 含量近 40%，H_2 含量 55%～60%，通过甲烷化反应可得到 CH_4 含量约 80% 的混合气体，然后采用深冷分离得到液化天然气（LNG）产品。基于这样的技术路线，结合我国为改善大量燃煤造成空气颗粒物排放高的局面，针对天然气等燃料需求量急剧增加的国情，2011 年在内蒙古恒坤化工有限公司世界上首套大型焦炉煤气制液化天然气项目成功投产，我国又一种可选的焦炉煤气资源化利用工艺技术问世。此后，国内一批不同工艺路线的焦炉煤气甲烷化生产合成天然气、LNG 的装置相继建成投产，为缓解局部地区的天然气燃料供应紧张做出炼焦行业的微薄贡献。

基于分子加工、按需利用、降低能耗的理念，对焦炉煤气的分质化利用成为炼焦行业煤气资源化利用的新方向。2009 年陕西龙门煤化工有限责任公司在建设时做了煤气分质利用的构想，提出了"直接分离焦炉煤气中的 CH_4 生产 LNG 联产甲醇、合成氨-尿素"的技术工艺路线，并在 2012 年先后打通了焦炉煤气分离甲烷制 LNG、联产甲醇，尾气制合成氨等流程，成为焦炉煤气资源化分质利用高值化的经典工艺流程，并为行业多个企业选用。近年来还有一批利用焦炉煤气生产乙二醇、乙醇、F-T 合成化学品的装置正在建设中。焦炉煤气"提氢"为社会提供清洁"氢"源工艺技术发展强劲，大型焦炉煤气制还原铁装置即将投产。

焦炉煤气资源化利用展现了中国炼焦行业为推进世界炼焦技术发展做出的卓有成效的贡献。

当前我国焦化行业正处于转型升级关键发展期，行业的有序化、绿色化、品牌化、可循环、高效化、国际化、智能化、智慧化等发展有着明确的目标与方向。为更好地挖掘焦炉煤气这个宝贵的资源，提高能源利用效率，减少环境污染和温室气体的排放，我国已经开发出了一批符合行业特点的焦炉煤气加工利用技术，取得了宝贵的经验，非常值得认真总结和大力推广。

我与作者杨跃平总经理和阎承信老专家就是通过在推进焦炉煤气制甲醇、天然气等技术的过程中相识相知的。他们科学严谨的工作作风，勇于探求的创新精神，孜孜不倦、广纳众长的工作态度和热心为企业服务的务实风格，深深感染了我。作者是焦炉煤气资源化开发利用的参与者、一些技术路线的倡导者和实践者之一，长期从事焦炉煤气资源化利用技术的开发、研究和设计等系统工作。此书集作者数十年工程经验，对我国焦炉煤气加工利用技术和工艺进行了全面系统分析的和总结，并广泛吸收凝聚了炼焦行业尤其是炼焦煤气资源化利用同仁们的智慧和心血。作者结合亲历实践与技术发展的趋势，从理论原理、工艺参数的比对选择、工业装置运行操作、管理经验和经济效益等方面做了系统优选，编制完成此书。此书是能源部门工作人员，企业技术、管理人员和相关院校师生值得一读的好书。作为一个从事炼焦事业50余年的老焦化工作者，衷心地感谢作者的辛勤劳作与奉献精神。此值金秋送爽的丰收季节，我们期待此书早日问世。

杨文彬

2020 年 8 月 25 日于北京

前　言

十九大报告指出，我国经济已经由高速增长阶段转向高质量发展阶段。国民经济对能源的需求和质量要求越来越高，同时国家对环境保护的政策也日趋严格。

2011年至今，国家发改委发布的《产业结构调整指导目录》都将焦炉煤气高附加值利用等先进技术的研发与应用列入鼓励类项目。我国有丰富的工业副产气体资源，焦炉煤气、干馏煤气、矿冶炉气（高炉煤气、转炉煤气、铁合金炉气、电石炉气、黄磷炉气等）都是极为宝贵的气体资源，不仅数量巨大，而且气体组分大都适于化工综合利用。按照分子加工的理念，利用这些气体生产化工产品，可以节约大量的石油和煤炭资源，且投资要比煤气化节省30%左右，成本也要低得多，同时可减排大量的二氧化碳等温室气体，符合国家减量化、资源化、建设节约型社会的发展理念。

本书是笔者在长期的实践工作中，对国内焦炉煤气综合利用的工艺技术和工程设计的总结。重点阐述了焦炉煤气化工利用的各种技术路线、产品方案、关键技术及设备、工程实践等内容，也对矿冶炉气的合理利用提出了方案和建议。

第一章主要介绍焦炉煤气的特性。对焦炉煤气的来源、产量、组成、杂质含量及变化的规律做了详细的阐述，分析了焦炉煤气的杂质对焦炉煤气综合加工利用的影响，明确了杂质含量及脱除要求。

第二章主要介绍焦炉煤气化工利用前的加压输送、预净化以及精脱硫技术。本章内容是焦炉煤气化工利用的第一道关。由于焦炉煤气中含有部分焦油、萘、尘等杂质，对焦炉煤气压缩机极为不利，必须予以脱除，书中重点介绍了不怕焦油和萘等杂质的螺杆压缩机及其应用情况。预净化推荐采用我国近年来新开发的变温吸附（TSA）技术。精脱硫推荐采用我国独创的加氢脱硫技术，可有效脱除焦炉煤气中噻吩等有机硫化合物。

第三章介绍了焦炉煤气转化变换制合成气的技术。该技术是我国20世纪60年代开发的技术，将焦炉煤气中的甲烷转化为一氧化碳和氢气，用于生产合成氨及甲醇等产品，是我国焦炉煤气综合利用较早的工业实践。

第四章、第五章分别介绍了利用焦炉煤气生产甲醇和合成氨的技术，同时对当前国内外的大甲醇和大合成氨技术做了简单的介绍。

第六章介绍了焦炉煤气甲烷化制液化天然气（LNG）技术。我国是目前世界上唯一利用焦炉煤气制天然气的国家，该技术是解决我国清洁低碳能源不足的切实有效的手段和措施。

第七章介绍了焦炉煤气提氢及氢能技术。焦炉煤气富含氢气，用焦炉煤气提氢具有实用性和经济性，特别是在氢能和氢能经济即将来临之际，介绍一些焦炉煤气提氢及氢能经济的技术，相信会对焦化行业的有关人员有一定的启发和借鉴意义。

第八章介绍了焦炉煤气的综合利用技术。基于分子加工的理念，将焦炉煤气中的各分子分离出来，利用各分子之长，因地制宜加工为LNG、甲醇、合成氨等产品，以取得最大的产量和最佳的经济效益，同时对干馏煤气的合理利用提出了建议。

第九章介绍了焦炉煤气补碳生产化工产品。焦炉煤气中氢多，而一般煤气化的粗煤气中都是氢少、碳多，高炉煤气、转炉煤气、电石炉气及铁合金炉气等矿冶炉气的有效成分主要是一氧化碳，将焦炉煤气中的氢与含一氧化碳的煤气，分别提出有效气或进行混合加工利用，生产甲醇、乙醇、乙二醇、费托合成化学品等，是一条比较合理和经济的路线，既节能、节省投资，又可减排温室气体。

第十章介绍了焦炉煤气的多联产系统。所谓多联产即为化工产品、电力和热能的多联产。焦炉煤气及矿冶炉气中的氢气、一氧化碳被化工利用后，余下的甲烷、高碳烃化合物等可燃气体可用于燃气轮机发电并产生热能等，以满足工厂对热、电的需求，这样的多联产系统对资源和能源的利用更为合理、效率高、经济效益好。

第十一章介绍了顶替回炉焦炉煤气的技术。一般焦炉约有45%的焦炉煤气要回炉作为加热焦炉的燃料，焦炉煤气作为燃料气使用，价值大为降低。加热焦炉可以使用低热值煤气（复热式焦炉），在钢铁联合企业可以用高炉煤气顶替，而独立焦化企业可用空气气化的低热值煤气顶替，提出四种煤焦气化煤气的顶替方案，供用户选择。

本书在编写的过程中，得到了北京众联盛化工工程有限公司及有关人员的大力支持和协助，郑淑怡负责全部文稿的整理和校对，张美环、边建存等负责插图绘制，吴枫负责全书的统稿和审核；同时还参考了国内外公开发表的书刊和资料，在此对相关人员和著作者一并表示感谢。由于水平所限，书中难免有不妥之处，请读者批评指正。

作者
2020 年 8 月

目　录

第一章
焦炉煤气的特性

1.1 焦炉煤气的来源及组成

焦炉煤气是煤炭通过高温（1050～1150℃）热解干馏得到的一种气体混合物。由于煤炭是一种碳氢为主的多环聚合物，其杂环上含有氮、氧、硫元素，在焦化过程中除产生煤气、焦油、苯、萘，还有氮、氧、硫的化合物，同时产生大量的水汽（煤中水及热解水），出炉的煤气是上述物质的混合物，也称荒煤气。

1.1.1 荒煤气

1.1.1.1 荒煤气的产量及组成

目前主流的炼焦工艺一般有两种：一是配煤炼焦，是将焦煤、肥煤、气煤、瘦煤不同煤种的煤，按一定比例进行配比，在自然状态下由焦炉顶部装入焦炉进行炼焦的工艺。一般配比为主焦煤和1/3焦煤50％、肥煤15％、气煤25％、瘦煤10％，配合后可燃基挥发分在25％左右。二是捣固炼焦，是将配煤在捣固机内捣实成体积略小于炭化室的煤饼后，推入炭化室内进行炼焦。捣固炼焦是近年来发展起来的一种新的炼焦工艺，适合我国强黏结煤紧缺的国情，可增加气煤或弱黏煤的配比，气煤配比可达到65％以上，配合后干燥无灰基挥发分可在29％～34％之间，水分在9％～11％之间。

荒煤气的组成及产气量，主要取决于炼焦配煤的组成。如果配煤中挥发分含量高的煤多，则荒煤气产量就高，且荒煤气中焦油、苯、烃类等产物的含量就多一些。

煤气发生量及典型组成见表1-1、表1-2。

表 1-1   煤气发生量与煤挥发分含量的关系

干基煤挥发分 V_d 含量(质量分数)/%	22	24	26	28	30	32	34	36
干煤气产率/(m³/t 干煤)	280	300	320	340	360	380	400	420

表 1-2   荒煤气的典型组成

组分	H_2	CH_4	CO	CO_2	C_2H_4	C_2H_6	C_{3+} ①	N_2	O_2
含量(体积分数)/%	50~60	25~30	6~9	2~4	2~3	0.5~0.8	0.1~0.2	0.8~1.2	0.1~0.2

① C_{n+} 代表含碳数为 n 及 n 以上的烃类物质，C_{3+} 指含碳数为 3 及 3 以上的烃类物质，本书后同。

由于焦炉是由多孔炭化室和燃烧室组成的组合体，每单孔炭化室均为间歇操作。一般炭化时间为 20~26h，从加煤后开始产生荒煤气。在焦化过程中，荒煤气的产量随加热时间而变化，气体组成及杂质含量也随加热时间而变化。荒煤气的产量及组成变化如图 1-1～图 1-5 所示。

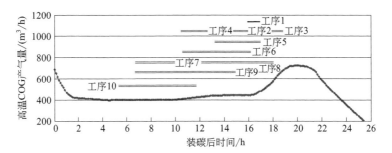

图 1-1   焦炉单孔荒煤气产量与炭化时间的关系图

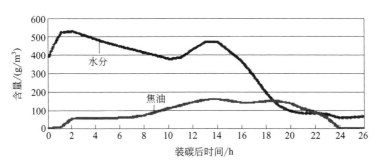

图 1-2   焦油和水分的变化图

由图 1-1～图 1-5 分别可以看出，荒煤气的产量在炭化开始的数小时内平均约为 400m³❶/h，后期最高可达 700m³/h，其组成及其杂质含量也随炭化时

---

❶   本书中无特殊说明时体积均指标准状态下的体积，后同。

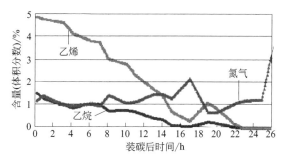

图 1-3　氮气、乙烯、乙烷的变化图

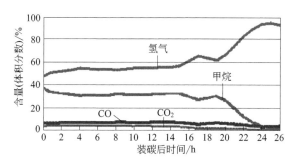

图 1-4　氢气、一氧化碳、二氧化碳、甲烷的变化图

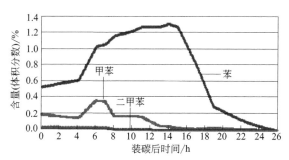

图 1-5　苯、甲苯、二甲苯的变化图

间而变化。氢气含量在炭化的后期最高，水分含量在初期和中期较高，焦油含量在中后期较高，烯烃和烷烃含量在前期较高，苯和甲苯含量在中期较高。这都说明在单孔炭化室产生的荒煤气，其气量、组成、杂质含量均同加热炭化时间而变化，不是恒定数值。而一组焦炉是由多孔炭化室和燃烧室组成的组合体，其加煤和加热时间是按相同的间隔时间、依次分孔进行的，荒煤气出炉进入集气管是多孔荒煤气的混合物，因此可认为荒煤气的气量是均匀的，气体组成变化不大。

1.1.1.2　荒煤气的杂质含量

（1）水分　　　　　　　　　　　　　　$400\sim500g/m^3$ 荒煤气

（2）焦油   65～125g/m³ 荒煤气

（3）萘   10g/m³ 荒煤气

（4）苯类   25～40g/m³ 荒煤气

（5）含氮化合物

  NH_3 6～9g/m³ 荒煤气

  HCN   0.5～1.5g/m³ 荒煤气

  吡啶   1～3g/m³ 荒煤气

  NO   1～4mg/m³ 荒煤气

（6）含硫化合物

  H_2S 4～7g/m³ 荒煤气

  CS_2 0.3～0.5g/m³ 荒煤气

  COS   0.1～0.3g/m³ 荒煤气

  C_4H_4S（噻吩）   0.1～0.15g/m³ 荒煤气

  $C_nH_{2n+2}S$（硫醇）   约 0.1g/m³ 荒煤气

  SO_2 0.05g/m³ 荒煤气

（7）含氧化合物

  酚（C_6H_5OH）及同系物 2～4g/m³ 荒煤气

（8）含氯化合物   约 1g/m³ 荒煤气

1.1.2 焦炉煤气

1.1.2.1 焦炉煤气的组成

  荒煤气从上升管进入集气管，喷入大量的循环氨水，温度从约 700℃降至 80～85℃，有大量的焦油、萘、氨、氰化氢、酚等杂质被冷却下来，循环氨水和荒煤气并流进入初冷器，煤气被继续冷凝和冷却。出初冷器的煤气温度为 21～23℃，在电捕焦油器中除掉焦油雾，再经鼓风机加压，在脱硫塔中脱除硫化氢，在硫铵装置中回收氨，在洗脱苯装置中回收苯，并脱除部分有机硫（主要为噻吩），净化后的煤气称为焦炉煤气。焦炉煤气的典型组成见表1-3。

表 1-3 焦炉煤气的典型组成

成分	H_2	CH_4	CO	CO_2	C_2H_4	C_2H_6	C_{3+}	N_2	O_2
含量(体积分数)/%	50～60	20～28	7～10	2～4	2～3	0.8～1.2	0.1～0.2	3～4	0.4～0.6

1.1.2.2　焦炉煤气的杂质含量

(1) 焦油　　　　　　　　　　　　　$\leqslant 50\,mg/m^3$

(2) 萘　　　　　　　　　　　　　　$\leqslant 200\,mg/m^3$

(3) 苯　　　　　　　　　　　　　　$\leqslant 4000\,mg/m^3$

(4) H_2S　　　　　　　　　　　　$\leqslant 50\,mg/m^3$

(5) CS_2　　　　　　　　　　　　$\leqslant 150\,mg/m^3$

(6) COS　　　　　　　　　　　　　$\leqslant 100\,mg/m^3$

(7) C_4H_4S（噻吩）　　　　　　　$\leqslant 30\,mg/m^3$

(8) $C_nH_{2n+2}S$（硫醇）　　　　　$\leqslant 20\,mg/m^3$

(9) NH_3　　　　　　　　　　　　$\leqslant 100\,mg/m^3$

(10) HCN　　　　　　　　　　　　 $\leqslant 100\,mg/m^3$

(11) Cl　　　　　　　　　　　　　 $\leqslant 1\,mg/m^3$

(12) 水分　　　　　　　　　　　　 饱和

经与荒煤气组成对比分析，可以发现：焦炉煤气中的氮气和氧气含量明显高于荒煤气中的氮气和氧气。主要原因是，从上升管至鼓风机之间为负压系统，极易漏入空气。工业生产中应加强负压系统的密封，尽量减少空气的漏入，以确保后续焦炉煤气加工利用系统的安全性。

鉴于我国目前尚未有统一的焦炉煤气质量国家标准，上述数据主要来自工业生产实际运行指标。为满足焦炉煤气化工利用的要求，必须经进一步净化处理。

1.2　焦炉煤气杂质及主要危害

1.2.1　硫化物

焦炉煤气中的硫化物含量高，有机硫的组成尤为复杂，主要有噻吩、硫醇、二硫化碳、羰基硫等。一般甲烷转化（含变换）、甲醇合成、氨合成、甲烷合成等化学反应的催化剂对硫化物均非常敏感，催化剂中含有 $0.01\%\sim$ 0.1% 的硫，其活性就有明显降低，因此要求必须将硫化物含量脱至 $(0.01\sim 0.1)\times10^{-6}$（体积分数）以下，才能满足要求。另外硫化物在有氧的条件下，易生成单质硫，堵塞管路和设备，影响生产系统的正常运行。

焦炉煤气中的有机硫（噻吩、硫醇、硫醚）是极其难以脱除的硫化物，必须在高温和多级加氢转化的条件下才能脱除。

1.2.2　氯化物

氯化物对甲烷转化、甲醇合成、氨合成、甲烷合成等催化剂有较强的毒害作用，催化剂中如果含有 0.01% 的氯化物，催化活性会明显下降。经净化后的焦炉煤气中氯化物含量约为 $1mg/m^3$，但仍不能满足化工利用的要求，必须将氯化物脱至 $0.01×10^{-6}$（体积分数）以下。

脱氯一般与干法脱硫同时进行，在脱硫剂的床层上放置一层脱氯剂即能达到脱氯的目的。

1.2.3　汞

汞在煤炭中为痕量元素，在高温下易挥发。在炼焦过程中汞以气态的形式迁移至煤气中，一般焦炉煤气中含汞量约为 $20μg/m^3$。

汞的危害主要是对深冷铝制设备和管路有液态金属脆化腐蚀，其机理类似于氢脆，即铝制设备沉浸在金属汞中，组织结构被破坏，造成设备腐蚀开裂泄漏，引发安全生产事故。

目前工业上一般采用浸硫活性炭脱汞剂吸附脱汞。在焦炉煤气进入深冷液化装置之前设置脱汞塔，汞与脱汞剂中的硫发生反应，生成硫化汞，脱汞率可达 99.9%，脱汞塔出口的汞浓度可降至 $0.01μg/m^3$。

1.2.4　焦油

焦炉煤气中的焦油经净化处理后含量可降至 $50mg/m^3$，但在焦炉煤气的加压过程中，仍然会堵塞压缩机阀门、管路、冷却器以及催化剂和填料。另外，焦油在高温下易结焦并裂解析炭，增加系统阻力，堵塞催化剂床层，影响催化剂活性。

目前工业上脱焦油的方法主要有：变温吸附法（TSA）和不再生的吸附法。一般多采用变温吸附法，可将焦油含量脱至 $1mg/m^3$ 以下。

1.2.5　萘

萘是一种稠环芳香烃，分子式 $C_{10}H_8$，无色，有毒，易升华。

焦炉煤气经洗脱苯后，萘含量一般为 $100～200mg/m^3$，饱和温度为 $7～12℃$；如加压至 3.0MPa、冷却至 25℃ 时，萘饱和含量大幅降低至 $18.8mg/m^3$。焦炉煤气不同温度条件下的萘含量见表 1-4。

表 1-4　焦炉煤气中萘含量与温度的关系

焦炉煤气温度/℃	焦炉煤气中萘含量/(mg/m³)	萘的蒸气压力/Pa
0	45.1	0.8
5	73.8	1.33
10	152.3	2.82
15	249.5	4.70
20	378.3	7.20
25	564.8	10.93
30	901.0	17.73
35	1399.6	28.00
40	2098.8	42.66
45	3343.9	69.10

焦炉煤气在冷却过程中，有大量的萘析出，会堵塞压缩机阀门、管路和冷却器等。另一方面，萘在高温条件下，易裂解析炭，影响到催化剂的正常使用。因此，必须将焦炉煤气中的萘含量脱至 $1mg/m^3$ 以下。

目前工业上脱萘的方法大多采用变温吸附法。

1.2.6　苯

苯是一种较稳定的碳氢化合物。焦炉煤气经洗脱苯后，苯含量约为 $2\sim4g/m^3$。由于苯的凝固点较高，在用深冷法分离甲烷时，苯易在换冷器中冷凝固化，堵塞通道，因此，需要在进深冷装置之前，将苯含量脱至 $10mg/m^3$ 以下。

目前工业上一般采用活性炭变温吸附脱苯工艺。

1.2.7　氧气

焦炉煤气中的氧气含量一般为 $0.2\%\sim0.7\%$，主要是鼓风机的负压系统漏入的空气，偶有操作不当，会超过 1.0%。

氧气是无效气体，它的危害主要有如下几个方面：

① 消耗有效气。在焦炉煤气的加工过程中，氧气在加氢转化有机硫时，会同氢气反应生成水，$1m^3$ 的氧消耗 $2m^3$ 的氢气，如焦炉煤气中的氧气含量为 0.5%，则损失 1% 的氢气。

② 造成加氢催化床层超温。1%氧气同氢气反应时放出的热量，可使床

层温度升高约 150℃。加氢铁钼（或镍钼）催化剂在 400℃ 以下时，甲烷化副反应不明显，超过 400℃ 时，甲烷化反应加剧。当焦炉煤气加氢反应器入口温度为 350℃ 时，如含有 1.0% 的氧气，氧气与氢气水合反应的温升可使床层温度迅速升高到 500℃，随之造成甲烷化副反应 $CO + 3H_2 \longrightarrow CH_4 + H_2O$ 和 $CO_2 + 4H_2 \longrightarrow CH_4 + 2H_2O$ 迅速进行，床层飞温可达 600~700℃，不仅会烧毁催化剂和设备，更严重的会引起爆炸，工业上已有多起案例。

③ 引起析炭反应。由于氧气的水合反应，焦炉煤气温度升高至 450℃ 以上时，会引起一氧化碳和甲烷的析炭反应，堵塞催化剂，影响生产。

④ 引起析硫。在焦炉煤气加压或加温过程中，氧气会使硫化氢转为单质硫，易结垢并堵塞系统，影响压缩机及设备的正常运行。

综上可见，焦炉煤气中的氧危害极大，必须严格控制氧含量。

1.2.8 不饱和烃

焦炉煤气中的不饱和烃易裂解析炭，对催化剂和设备、管路有不利的影响。一般用加氢饱和的办法，将其转化为烷烃。

第二章
焦炉煤气的压缩与净化

2.1 概述

来自焦化装置的焦炉煤气经鼓风冷凝、电捕焦油、脱硫脱氨以及洗脱苯工序后，焦炉煤气中仍含有 $50\sim150mg/m^3$ 的焦油、$100\sim200mg/m^3$ 的萘、$2000\sim4000mg/m^3$ 的苯、$20\sim50mg/m^3$ 的 H_2S、$100\sim300mg/m^3$ 的有机硫以及少量的 NH_3 和 HCN 等杂质。

利用焦炉煤气生产化工产品，上述杂质必须进一步脱除，以满足后序加工利用的要求。为此，必须设置焦炉煤气预净化装置，以脱除焦炉煤气中的焦油、萘和苯等，然后还需要设置精脱硫装置，通过加氢转化工艺，将总硫脱至 0.1×10^{-6}（体积分数）以下。为加工和输送焦炉煤气，必须设置焦炉煤气压缩工序。

本章分别介绍焦炉煤气压缩、预净化和精脱硫工艺技术。

2.2 焦炉煤气压缩

焦炉煤气化工利用的第一道工序就是压缩输送。一般需将焦炉煤气加压至 2.0MPa 以上，可选用的压缩机有活塞式、螺杆式和离心式三种。

活塞压缩机具有技术成熟、性能稳定、操作方便、投资低等优点，缺点是阀门片和冷却器易被焦炉煤气中的焦油、煤尘和萘等杂物堵塞，连续运转时间较短，必须设备用机，机组能力小。

离心压缩机性能稳定，易损件少，可不设备用机，更为有利的是可以用蒸汽透平直接驱动，有利于工厂的节能降耗，缺点是投资较高，另外对入口气体杂质含量要求较严格，需设置入口净化装置。

近年来，由于机械加工和制造水平的不断提高，螺杆压缩机已广泛用于制冷、空气动力、仪表空气等行业。更令人欣喜的是，喷液（水）型螺杆压缩机技术的开发成功，为螺杆压缩机用于焦炉煤气行业创造了极为有利的条件。

2.2.1 螺杆压缩机的工艺原理

螺杆压缩机起源于1934年的瑞典皇家理工学院。20世纪70年代初，我国开始研究制造和应用工艺气螺杆压缩机。应用之初，仅限于城市煤气和纯碱行业的二氧化碳窑气压缩。应用较少的主要原因是机械加工水平较低，轴承、密封和控制仪表等配套产业发展不平衡。20世纪80年代后，通过引进国外先进技术和装备，工艺气螺杆压缩机制造水平大幅提升，逐渐开始在石油炼化、煤化工、窑炉气等领域得到广泛应用。但是由于工艺气螺杆压缩机问世较晚，人们对它的认知度远远低于活塞压缩机和离心压缩机，行业应用推广尚待提升。

螺杆压缩机是一种容积式的回转压缩机，它是靠一对转子在机壳内回转运动实现气体的压缩，其结构示意如图2-1。

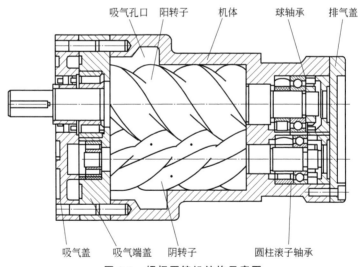

图 2-1　螺杆压缩机结构示意图

螺杆压缩机既是容积式压缩又是旋转运动的机械压缩，所以兼有活塞压缩机和离心压缩机共有的特点。它的结构简单，没有易磨损的零部件，连续运转周期可达两年以上，可不设备用机，投资较少，占地小，两年检修一次，备件仅为密封环和轴套，操作维修简单，易于巡视管理，劳动强度大幅减小。

工艺气螺杆压缩机（或称大螺杆机）在压缩过程中喷入液体（或喷水），可对转子与转子、转子与壳体之间起到冷却和密封的作用，因而喷液（水）螺杆压缩机能够达到较高的压缩比，一般单级压缩比可达11。

喷液（水）螺杆压缩机非常适于含焦油、粉尘、萘等易聚合、不稳定性物质的饱和气体，通过喷入液体（或喷水），一方面可以洗涤除去焦油、尘等杂质，另一方面喷入的液体还能在转子和气缸的表面形成一层保护膜，提高压缩机的寿命。喷液（水）螺杆压缩机对气体分子量的变化不敏感，可用于压缩分子量小的氢气，且不会出现离心压缩机的喘振现象。由于螺杆压缩机作回转运动，因而可以采用汽轮机驱动，且具有很好的性能曲线，流量、功率和转速呈线性关系，可采用调节电机或汽轮机转速的方法经济地调节气量。

喷液（水）螺杆压缩机的系统流程见图2-2。

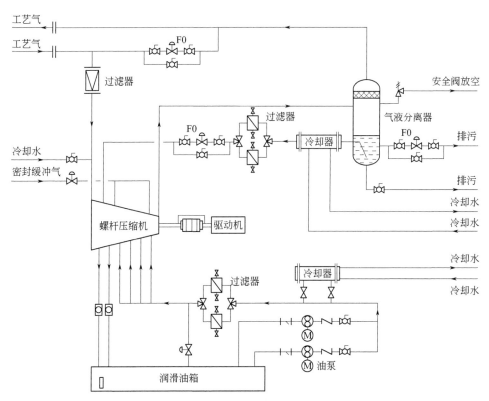

图 2-2 喷液（水）螺杆压缩机流程图

2.2.2 螺杆压缩机的应用

焦炉煤气中的焦油、粉尘、萘等杂质对焦炉煤气的压缩和输送影响极大，易堵塞活塞压缩机和离心压缩机的流道、冷却器等。由于喷水螺杆压缩机不怕焦油和煤尘等杂质，所以推荐选用螺杆压缩机作为焦炉煤气初级（0.7MPa以下）压缩机。

焦炉煤气由气柜直接进入喷水螺杆压缩机，通过喷水在压缩过程中将大部分焦油、粉尘、萘除掉，有利于后续的预净化和接续的活塞压缩机和离心压缩机的进一步加压。这样不仅延长了活塞压缩机和离心压缩机的运转周期，同时取消了活塞压缩机和离心压缩机的低压缸，使机组的体积大为减小，降低投资和机组的功率，延长机组使用寿命。

工艺气螺杆压缩机在焦化行业得到广泛的应用和发展，目前喷水工艺气螺杆压缩机已应用的最大气量为 $600\sim700\mathrm{m^3/min}$，已有几十套工艺气螺杆压缩机用于焦炉煤气初级压缩，出口压力 0.4～0.7MPa。通过近 10 年的运转，验证了工艺气螺杆压缩机运转稳定可靠，不需设备用机，检修工作量小，管理简单方便，受到用户的广泛欢迎。

工艺气螺杆压缩机尽管得到广泛应用，但也存在以下一些问题：

① 排气压力不高，目前小螺杆机排气压力可达 4.0MPa，工艺气螺杆两级压缩也能达到 3.0MPa，但由于螺杆和轴易损坏，暂不推荐应用多级高压。

② 近年来，虽然通过改进转子的型线，螺杆压缩机已具有节能、降噪、高可靠性的优势。但大型化尚有一定的限制，目前气量 $1000\mathrm{m^3/min}$ 的机组已完成设计。对于焦炉煤气量超过 $1\times10^5\mathrm{m^3/h}$ 的工程，仍以采用离心压缩机为宜。

2.3 焦炉煤气预净化

焦炉煤气预净化的主要任务是将微量的焦油、萘和苯除去，以保证后续焦炉煤气加压、精脱硫、制氢及深冷分离装置的正常运行。国内外曾采用过低温冷冻法、溶剂吸收法、吸附法、加氢精制等工艺，经实践证明，变温吸附（TSA）法是最有效的。

焦炉煤气中一般含有 $50\sim150\mathrm{mg/m^3}$ 的焦油、$100\sim200\mathrm{mg/m^3}$ 的萘以及 $2000\sim4000\mathrm{mg/m^3}$ 的苯，工业上普遍采用 TSA 净化工艺，可将焦油和萘脱至 $1\mathrm{mg/m^3}$ 以下，苯脱至 $10\mathrm{mg/m^3}$ 以下。

2.3.1 变温吸附的工艺原理

变温吸附法为物理吸附工艺。焦油吸附剂大多采用粒度为 40～50mm 的焦炭，萘和苯的吸附剂一般采用活性炭（或特制活性炭）。焦油、萘和苯为较强的吸附质，易被焦炭和活性炭所吸附，而焦炉煤气中的 H_2、CO、CO_2、CH_4、C_nH_m、N_2 等组分为弱吸附质，被吸附的极少。被吸附的焦油、萘和苯，可以通过加热脱除，吸附剂得到再生，从而形成循环的吸附净化工艺。

2.3.1.1　吸附过程

典型的情况是吸附质在原料气中浓度很低，质量分数仅为百分之几或更低，在吸附期间床层温度接近于等温，大部分吸附热随气流带走。在再生期间床层被加热，通常采用热气体或水蒸气在低压下通过床层直接加热吸附剂，一般不通过床壁或床内盘管间接加热吸附剂，因为前者的加热效果明显好于后者。提供这些热量是为了加热吸附剂（包括容器在内）和解吸吸附质所需的能量。热气体或水蒸气既是载热体又是冲洗气，它不仅将热量送入床层，还可以不断地将解吸出来的吸附质及时排出床层，提高解吸的效果。

热气体通常是采用吸附过程中弱吸附气体产品的一部分或是惰性气体作为再生用气体，其压力通常接近大气压力，经加热后输入床层，假如吸附压力较高，再生时应先将床层压力降低。

典型的二床循环工艺示意见图 2-3。

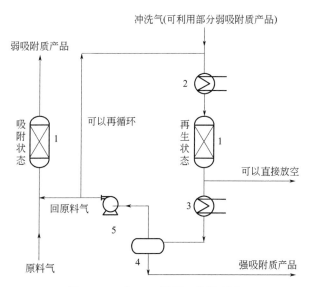

图 2-3　二床 TSA 循环工艺原理图
1—吸附器；2—加热器；3—冷却器；4—分离器；5—鼓风机

从图 2-3 可见，在一些情况下，解吸的吸附质通过冷却可以从流出床层的冲洗气流中冷凝下来。在这种工艺中，吸附质很容易被回收。除去冷凝物的气流，其吸附质的含量比原料气低得多，视需要可以加到原料气中，或再循环用作再生气，或直接放空，或去焚烧。

因为加热和冷却过程都是很缓慢的，需要的时间通常为数小时到一天以上，因此吸附时间必须等于或大于再生的时间，以保证在再生结束时，处于吸附状态的床层吸附质不致转效。吸附过程的转效曲线见图 2-4。

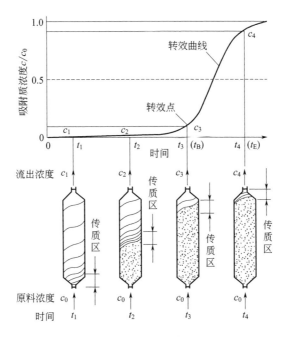

图 2-4　吸附过程的转效曲线

由图 2-4 可见，图上方表示床层出口端流出的气体中吸附质浓度随时间变化的曲线，称为转效曲线或穿透曲线。当流出吸附床的产品气中吸附质的浓度达到规定的转效浓度时，即应该停止吸附。此时每单位吸附剂的吸附量称为转效吸附容量，也称为动态吸附容量。图下方为吸附床传质区随时间变化的状况，当吸附波前端达到床层出口端，即达到吸附过程的转效点，流出气体中的吸附质浓度开始迅速上升，此时应该停止吸附转为再生阶段。

2.3.1.2　再生过程

TSA 吸附的再生原理是基于加温降压与冲洗相结合的再生循环工艺。由于再生时多用气体加热，因此同时具有冲洗吸附剂床层和带走吸附质的作用，但由于一般加热用气量少，因而冲洗的作用是有限的。TSA 吸附的再生主要是靠加热再生。加温降压再生方式的吸附等温线如图 2-5 所示。

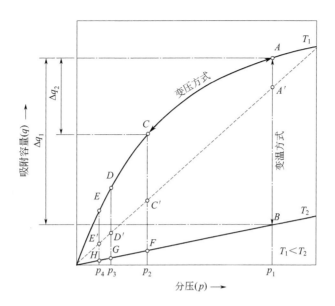

图 2-5 加温降压再生方式的吸附等温线

图 2-5 中分别给出加温再生和降压再生两种方法的吸附等温曲线。

加温再生法：T_1 为较低温度的吸附等温线，T_2 为较高温度的吸附等温线，吸附容量随温度升高而降低。通过对吸附剂的加热，例如温度从 T_1 升至 T_2，即从 A 点降至 B 点，吸附剂的吸附容量大幅度下降，其解吸的量为 Δq_1，从而使吸附剂获得再生。

降压再生法：根据气体的吸附容量随压力降低而降低的规律，可以在基本恒定的温度下（例如在 T_1 温度下），通过降低床层的总压力来降低吸附质在吸附剂的分压力（如分压力从 p_1 降 p_2），以使吸附容量明显下降，即从 A 点降至 C 点，其解吸量为 Δq_2。

由图 2-5 可见，$\Delta q_1 > \Delta q_2$，表明加温再生的效果远远大于降压再生。特别是焦油、萘和苯均为强吸附质，降压再生的效果更差。

2.3.2 变温吸附工艺流程

为达到焦炉煤气预净化的目的，一般采用多段 TSA 工艺即脱油、脱萘和脱苯工序，分别脱除原料气中的焦油、萘、苯等杂质。

2.3.2.1 除油工序

除油工序流程示意图见图 2-6。

流程说明：来自界外的原料气进入一段 TSA 装置，一段 TSA 装置由 2

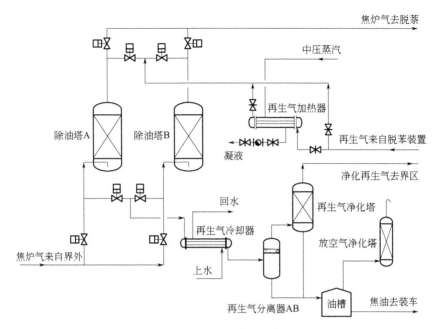

图 2-6　除油工序流程示意图

台除油吸附塔、1 台除油加热器、2 台除油冷却器（一开一备）、2 台除油再生分离器（一开一备）、1 台再生净化塔、1 台焦油储槽（配焦油泵）及 1 台放空净化塔组成。原料气自塔底进入处于吸附状态的除油塔，绝大部分的焦油、少量萘等物质停留在吸附剂表面，脱除焦油等杂质的原料气从塔顶流出。吸附结束后，被焦油饱和了的除油塔进入再生过程，经再生气加热器加热至 150℃ 的再生气由塔顶进入吸附塔，逆着吸附方向对除油塔进行再生。随着吸附塔温度上升，被吸附在吸附剂上的焦油等杂质逐步脱附，被再生气从塔底带出吸附塔，经过除油冷却器冷却后进入除油再生气分离器分离出焦油。焦油进入焦油储槽，再生气经净化塔净化后送出界区，除油塔再经过冷吹步骤，温度由 150℃ 降至工作温度 40℃。经过以上步骤，除油塔完成再生，重新具备吸附能力。

　　焦炉煤气中含有的焦油容易造成除油冷却器堵塞。为保证除油装置的连续稳定运行，除油工序的除油冷却器、除油再生气分离器均设置 2 台，一开一备，当其中一台出现故障时，立刻切换到另一台运行，可实现不停车检修设备。再生过程中分离出来的焦油、萘、苯等全部进入焦油储槽储存，焦油储槽定期装车运出界区。

2.3.2.2 脱萘工序

脱萘工序流程示意图见图 2-7。

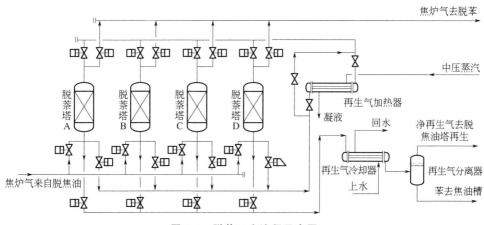

图 2-7 脱萘工序流程示意图

流程说明：脱萘工序由 4 台脱萘塔、1 台脱萘再生气加热器、1 台脱萘再生气冷却器、1 台脱萘再生气分离器组成。同一时刻有两塔处于吸附状态，另外两塔处于再生状态。除油后的焦炉煤气进入处于吸附状态的脱萘塔中，萘被吸附在吸附剂表面，脱萘后的气体从塔顶流出。当吸附剂饱和后，吸附塔转入再生步骤，再生气经脱萘再生气加热器加热至 240～260℃，再从上至下流经脱萘塔，加热使吸附的萘等杂质脱附，由再生气带出吸附塔；经脱萘再生气冷却器冷却降温后进入脱萘再生气分离器，分离其中的萘等杂质；分离后的再生气作为除油工序的再生气进入除油工序，加热再生后的脱萘塔经过冷吹，温度降低至吸附温度 40℃。至此，脱萘塔完成整个再生步骤，吸附剂升压后重新具备了吸附能力，吸附塔进入下一个吸附循环周期。

2.3.2.3 脱苯工序

脱苯装置的流程与脱萘装置流程基本相同。

流程说明：脱苯工序由 4 台脱苯塔、1 台脱苯再生气加热器、1 台脱苯再生气冷却器、1 台脱苯再生气分离器组成。任意时刻都有两塔处于吸附状态，另外两塔处于再生状态。除油脱萘后的焦炉煤气进入脱苯塔，苯被停留在吸附剂表面，净化后的焦炉煤气由塔顶出装置去界外，至此，焦炉煤气预净化完成。吸附后的吸附塔进入再生步骤，来自冷箱的氮氢尾气或脱苯后的净化气作为再生气，进入脱苯再生气加热器，加热到 150℃ 的再生气由上至下流经脱苯塔，脱苯塔在加热过程中吸附剂完成脱附过程，脱附下来的苯等杂质随再生气由塔底流出，经脱苯冷却器冷却后，由脱苯再生气分离器分离。至此，脱苯塔完成再生过程，升压后进入下一个吸附周期。

2.3.3 工艺操作参数

原料气进除油工序温度　　　　　40℃

原料气进除油工序压力　　　　　0.3～0.7MPa（表压）

除油净化气进脱萘工序温度　　　40℃

除油净化气进脱萘工序压力　　　0.3～0.7MPa（表压）

脱萘净化气进脱苯工序温度　　　40℃

脱萘净化气进脱苯工序压力　　　0.3～0.7MPa（表压）

再生气气量/处理气量　　　　　10%～15%

再生气压力　　　　　　　　　　0.02～0.03MPa（表压）

除油工序再生温度　　　　　　　120～150℃

脱萘工序再生温度　　　　　　　240～260℃

脱苯工序再生温度　　　　　　　120～150℃

再生气进分离器温度　　　　　　40℃

除油塔吸附时间 15d，加热时间 8d，冷吹时间 6d。

脱萘塔吸附时间 12h，加热时间 6h，冷吹时间 6h。

脱苯塔吸附时间 12h，加热时间 6h，冷吹时间 6h。

2.3.4 原料焦炉煤气的条件及产品净化气的指标

2.3.4.1 原料焦炉煤气体组成（干基）（表 2-1）

表 2-1　原料焦炉煤气组成（干基）

组分	H_2	CO	CO_2	CH_4	N_2	C_nH_m	O_2	合计
含量(体积分数)/%	54～60	6～10	2～4	20～25	3～5	2～3	0.3～0.5	100

原料焦炉煤气杂质含量见表 2-2。

表 2-2　原料焦炉煤气杂质含量

名称	NH_3	苯	萘	焦油	HCN	H_2S	有机硫
含量/(mg/m³)	100	4000	150	150	100	100	350

注：1. 用 TSA 法净化焦炉煤气现最大处理量达 $2×10^5$ m³/h。

2. 原料气含有操作温度压力下的饱和蒸汽量。

3. 有机硫主要包括 COS、噻吩、硫醇、硫醚、CS_2。

2.3.4.2 产品净化气指标（表 2-3）

表 2-3 产品净化气指标

项目	指标	项目	指标
萘含量	$<1mg/m^3$	系统阻力	$\leqslant 0.05MPa$
焦油含量	$<1mg/m^3$	温度	约 40℃
苯含量	$<10mg/m^3$		

2.3.5 变温吸附的应用条件

焦炉煤气多段变温吸附预净化工艺，可有效脱除焦炉煤气中焦油、萘、苯等多种杂质，工艺流程可根据处理气量、杂质含量及后序加工工艺的要求而定，具体应用中需要考虑如下几个问题：

（1）流程设计

为避免焦炉煤气加压过程中出现堵塞的现象，脱焦油和脱萘工序是必需的。如有深冷分离装置，还需要设置脱苯装置；如后序工艺为焦炉煤气转化生产合成气、提氢等，则不需要脱苯。

（2）再生方式

变温吸附的再生用气可以用氮气，也可以用甲醇、合成氨的驰放气、生产 LNG 或提氢的尾气、净化后的焦炉煤气等干燥气体，一般不推荐使用蒸汽，因为蒸汽再生存在吸附质分离困难和污染等问题。

如果焦炉煤气化工利用装置距离焦化装置较近时，推荐利用净化后的焦炉煤气作为变温吸附装置的加热再生气，再生后的气体可以回到焦化化产系统的脱苯装置入口，不必单独冷却冷凝回收吸附质，再生气流程可大为简化。

如果焦炉煤气化工利用装置距离焦化装置较远时，则一般推荐将再生气作为燃料气使用，以简化流程，降低操作费用。

（3）变温吸附的压力

目前工业应用的变温吸附有常压和加压两种工艺，常压工艺的设备容积大、脱除效果差、系统阻力较大，不推荐采用；工业实践证明，如果在压缩机前端不设预净化装置，在 1.0～3.0MPa 压力条件下，焦炉煤气中的萘、硫、炭黑和碳酸盐之类的物质会大量析出，堵塞压缩机的流道和冷却器等。因此，一般推荐在 0.3～0.7MPa 压力下进行变温吸附。

（4）变温吸附床数的设置

变温吸附床数是以处理气量和吸附质的含量多少而定，最少为 2 床，以形成吸附和再生的循环操作，最多可达数床到数十床，在处理气量较小时，可以采用混床吸附，以简化流程，降低装置投资。

2.4 焦炉煤气精脱硫

2.4.1 概述

焦炉煤气经化产装置回收硫、氨、苯后，仍含有 $20\sim50\,mg/m^3$ 的硫化氢及 $100\sim300\,mg/m^3$ 的有机硫（COS、CS_2、噻吩、硫醇、硫醚等），精脱硫的目的就是将这些无机硫和有机硫全部脱至 0.1×10^{-6}（体积分数）以下，以满足后续加工的要求。

焦炉煤气中的有机硫含量较高，且组成复杂，特别是有机硫（噻吩、硫醇、硫醚），用一般的湿法或干法脱硫技术难以脱除。为了合理利用焦炉煤气，我国从 20 世纪 60 年代开始，研究开发焦炉煤气的精脱硫技术。当时的石油工业部抚顺研究院，将石油工业用的铁钼加氢催化剂改进用于焦炉煤气的有机硫转化，经试验室研究和工业放大试验，证明该催化剂对有机硫有较高的加氢转化效果，被推广应用在抚顺化肥厂、邯郸化肥厂、江西第二化肥厂及山西洪洞化肥厂等焦炉煤气的制氨工程中。

经过 50 多年的不断改进和发展，目前国内已开发成功以铁钼型、镍钼型、钴钼型为代表的加氢转化催化剂，脱硫剂有氧化锌、氧化铁等系列产品。精脱硫流程也逐步得到完善，形成目前的预加氢、一级加氢＋氧化锌脱硫、二级加氢＋氧化锌脱硫的典型流程。这是我国自主开发的重要技术，也是世界上独一无二的脱除焦炉煤气中复杂有机硫化物的先进技术，为我国充分利用焦炉煤气生产化工产品，创造了极大的经济效益和社会效益，并推动了我国的焦化工业及焦炉煤气加工产业的快速发展。

2.4.2 焦炉煤气中主要硫化物的性质及脱除方法

2.4.2.1 硫化物性质

（1）硫化氢

分子式 H_2S，无色气体，有腐蛋臭味，有毒，可溶于水，水溶液呈酸性。能与碱作用而生成盐类，因此可以用碱性溶液吸收，在常温下即可容易地脱除。硫化氢还可以与某些金属氧化物或盐类反应生成硫化物，氧化锌脱硫就是利用这一性质。

（2）硫醇

通式是 R—SH，其中 R 代表烃基，焦炉煤气中主要含有的是 CH_3SH 甲硫醇、C_2H_5SH 乙硫醇，具有令人厌恶的气味，不溶于水。它的酸性比相应的醇类强，能与碱作用，如 $R—SH + NaOH \rightleftharpoons R—SNa + H_2O$，因此也可以用碱性溶液吸收。

低级硫醇在 $150 \sim 250℃$ 高温下可分解成烯烃和 H_2S。

（3）硫醚

通式是 R—S—R，焦炉煤气中最简单的低级硫醚为二甲硫醚 $(CH_3)_2S$，是无气味的中性气体。硫醚性质较稳定，需加热至 $400℃$ 以上才能分解成烯烃和 H_2S。

（4）噻吩

分子式 C_4H_4S，结构式是：

噻吩的物理性质和苯相似，有苯的气味，不溶于水，性质很稳定，加热至 $500℃$ 也难分解。它是最难除去的一类硫化物。一般所说的"非反应性硫化物"，就是指噻吩及其衍生物。噻吩可在 $300 \sim 400℃$ 被钴钼、铁钼、镍钼加氢转化为硫化氢，同时生成丁二烯、丁烯、丁烷等。

（5）二硫化碳

分子式 CS_2，常温常压下为无色液体，易挥发，难溶于水，但可与碱的水溶液作用。可与氢反应，生成硫化氢、硫醇等，在 $100 \sim 250℃$ 容易催化脱除。高温下与水蒸气发生反应，转化为硫化氢。

（6）硫氧化碳

分子式 COS，无色无味气体，微溶于水。与碱的水溶液作用能生成不稳定的盐类，高温下与水蒸气发生反应，转化为硫化氢及二氧化碳。

上述化合物中，H_2S、COS、CS_2 为无机硫，但习惯上将除 H_2S 以外的硫化物都称为有机硫。

焦炉煤气经预净化后进入精脱硫装置时，一般 H_2S 含量低于 $20mg/m^3$，有机硫含量 $100 \sim 300mg/m^3$，其中：COS 占 $35\% \sim 40\%$、CS_2 占 $45\% \sim 50\%$、C_4H_4S 占 10% 左右、R—SH 占 3% 左右、R—S—R 占 1% 左右。

如焦炉煤气中有机硫含量为 $150mg/m^3$，则：COS 含量约为 $58mg/m^3$、CS_2 含量约为 $70mg/m^3$、C_4H_4S 含量约为 $15mg/m^3$、R—SH 含量约为 $5mg/$

m^3、R—S—R 含量约为 $2mg/m^3$。

由上可见，有机硫的含量不高，但是要脱除至 $0.1×10^{-6}$（体积分数）以下，依靠常规的干法脱硫剂如活性炭、氧化铁、分子筛、氧化锌等是达不到要求的。

有些有机硫热稳定性较差，在预热过程中或在氧化锌的催化作用下，可分解成为烃和 H_2S，然后被吸收。这种有机硫被称为"反应性硫"，如硫醇、二硫化物。"非反应性硫"如硫醚、噻吩等，则需通过催化剂加氢转化生成 H_2S，然后再被氧化锌脱硫剂吸附脱除。表 2-4 列出了常见的有机硫的热分解温度。

表 2-4　有机硫化合物的热分解温度

有机硫化合物		开始热分解温度/℃	有机硫化合物		开始热分解温度/℃
n-C_4H_9SH	正丁硫醇	150	$(C_2H_5)_2S$	乙硫醚(二乙基硫)	400
i-C_4H_9SH	异丁硫醇	225~250	$(C_6H_5)_2S$	二苯硫醚	450
$C_6H_{11}SH$	环己硫醇	200	C_6H_8S	2,5-二甲基噻吩	475
C_6H_5SH	苯硫酚	200	C_4H_4S	噻吩	在 500℃ 稳定
$C_6H_5SC_6H_{11}$	苯环己基硫醚	350			

2.4.2.2　脱除方法

焦炉煤气中的硫醚、噻吩等有机硫化合物只有通过加氢转化为 H_2S 才能脱除。

有机硫加氢转化反应一般采用铁钼（或镍钼）催化剂（因焦炉煤气中含有 CO、CO_2，在钴钼催化剂上有较强的甲烷化反应，不宜采用），反应温度为 $300~400℃$。与此同时，还有不饱和烃加氢、含氧有机化合物脱氧等反应同时进行。

这些反应大都为放热反应，由于焦炉煤气中有机硫含量很少，故反应热一般对催化剂影响不大。表 2-5 列出了某些硫化物加氢转化的平衡常数。

表 2-5　某些硫化物加 H_2 转化平衡常数 K_p 值

温度/℃	K_p				
	CS_2	COS	CH_3SH	$(CH_3)_2S$	C_4H_4S
148.89	$5.92×10^{19}$	4.367			
204.44	$2.21×10^{16}$	6.294			
227.0			$2.344×10^8$	$4.786×10^{15}$	$6.166×10^8$

温度/℃	K_p				
	CS$_2$	COS	CH$_3$SH	(CH$_3$)$_2$S	C$_4$H$_4$S
260.0	3.97×10^{13}	8.269			
315.56	2.22×10^{11}	1.018×10^1			
371.11	2.92×10^9	1.196×10^1			
427.0	7.39×10^7	1.357×10^1	1.259×10^6	2.63×10^{11}	1.82×10^5
482.22	3.14×10^6	1.50×10^1			
627.0			4.898×10^4	9.12×10^8	1.738×10^3

由上表可见，有机硫加氢反应的平衡常数相当大，即使在 500℃ 也是正值。从热力学观点看，加氢反应是十分完全的。但是由于焦炉煤气中有机硫绝对含量少，平衡分压低，加氢转化率也较低，因此，必须采用多级加氢转化和脱硫的工艺。

关于各种有机硫加氢转化的难易程度，虽然在定量关系上的数据很少，但可以定性地概括成以下几点：

① 噻吩的加氢转化不如硫醚、硫醇及二硫化碳容易。

② 非反应性硫的加氢转化反应沿着噻吩、1,2-二氢噻吩、四氢噻吩、硫醚、硫醇的顺序由难变易。

③ 一定类型的硫化合物，其加氢反应的速度随分子量增加而增加。

说明焦炉煤气中有机硫加氢转化有一定难度，特别是噻吩。假定焦炉煤气中的有机硫为 150mg/m³，一般通过铁钼加氢转化率为 80%～90%，取 90%，一次加氢出口有机硫还有 15mg/m³，二次加氢出口有机硫还有 1.5mg/m³，三次加氢出口有机硫还有 0.15mg/m³，因此，工业上精脱硫装置要设置预加氢、一级加氢、二级加氢等三次加氢，才能达到净化度的要求。

2.4.3　精脱硫的反应原理

2.4.3.1　加氢

有机硫脱除一般比较困难，但将其加氢转化成硫化氢就可以容易脱除。铁钼（镍钼）催化剂加氢是处理焦炉煤气中有机硫的有效措施，特别是对含有噻吩的气体，可将原料中的有机硫几乎全部转化成硫化氢，再用氧化锌脱硫剂将硫化氢脱除到 0.1×10^{-6}（体积分数）以下。

铁钼（镍钼）催化剂系以氧化铝为载体，由氧化铁（镍）和氧化钼组成。

国内常见的加氢催化剂的物化性能详见表 2-6。

表 2-6　国内各种加氢催化剂的物化性能

项目	T201	T202	T203	JT-1	JT-1A	JT-6
	钴钼	铁钼	镍钼	镍钼	镍钼	镍钼
Ni、Co 含量/%	1.5~2.5	—	>1.1	1.5~2.5	2~3	—
MoO_3 含量/%	11~13	7.5~10.5	>9.9	10~13	10~13	
粒度/mm	$\phi3\times(4\sim10)$，条	$\phi6\times(4\sim7)$，片	$\phi3\times(3\sim8)$，条	$\phi2\sim4$，球	$\phi2.5\sim4$，球	$\phi2.5\times(4\sim10)$，三叶草
堆密度/(kg/L)	0.6~0.8	0.7~0.8	0.7~0.8	0.7~0.85	0.7~0.85	0.7~0.85
径向抗压碎力/(N/cm)	>80			>50（点压）	>50（点压）	>60
使用温度/℃	320~400	380~450	330~380	200~420	200~300	250~300
使用压力/MPa	3.0~4.0	1.8~2.1	2.0~4.0	0.2~4.0	1.0~4.0	1.8~5.0
空速/h^{-1}	1000~3000	700~1000	1000~3000	500~2000	1000~2000	<1000
入口有机硫（体积分数）/$\times10^{-6}$	100~200	200~300	200	>100	<200	<200
出口硫（体积分数）/$\times10^{-6}$	<0.1		<0.1		<0.5	<0.5
转化率/%		93		>96		

氧化态的铁钼（镍钼）加氢活性不大，需经硫化后才具有相当的活性。硫化就是采用高硫煤气将催化剂的金属组分的氧化态转化成相应的硫化态。

（1）硫化的主要反应

$$MoO_3 + 2H_2S + H_2 \longrightarrow MoS_2 + 3H_2O$$
$$9FeO + 8H_2S + H_2 \longrightarrow Fe_9S_8 + 9H_2O$$

（2）铁（镍）钼加氢转化有机硫反应及副反应

有机硫的加氢反应如下：

$$CS_2 + 4H_2 \longrightarrow 2H_2S + CH_4$$
$$COS + H_2 \longrightarrow CO + H_2S$$
$$C_2H_5SH + H_2 \longrightarrow C_2H_6 + H_2S$$
$$CH_3SCH_3 + 2H_2 \longrightarrow 2CH_4 + H_2S$$
$$C_4H_4S + 4H_2 \longrightarrow C_4H_{10} + H_2S$$

上述反应中噻吩最难转化，其次是硫醚和硫醇，需采用多级转化和多级脱硫才能达到净化要求。

在有机硫加氢反应的同时还有烯烃加氢生成饱和烃,当原料气中有氧存在时,发生脱氧反应;有一氧化碳和二氧化碳存在时,还会发生少量的甲烷化等副反应。

$$O_2 + 2H_2 \longrightarrow 2H_2O$$
$$C_2H_4 + H_2 \longrightarrow C_2H_6$$
$$C_3H_6 + H_2 \longrightarrow C_3H_8$$
$$CO + 3H_2 \longrightarrow H_2O + CH_4$$
$$CO_2 + 4H_2 \longrightarrow CH_4 + 2H_2O$$

有机硫加氢转化是一个放热反应(除 COS 外),但因焦炉煤气中有机硫的含量较低,因此放出的热量是微不足道的。正常操作中一般采用进口冷激与床层冷激方式来控制反应器床层温度,另外需要控制入口氧含量不要超标。

工业上铁钼(镍钼)加氢转化的操作条件为:温度 $320 \sim 400$℃,压力 $0.7 \sim 7.0$MPa,空速 $500 \sim 2000h^{-1}$。

2.4.3.2 氧化锌脱硫

氧化锌脱硫剂是一种转化吸收型固体脱硫剂。严格来讲,它不是催化剂而属于净化剂,能脱除硫化氢和部分有机硫(噻吩类除外),脱硫精度可达 0.1×10^{-6}(体积分数)以下,质量硫容可达 $10\% \sim 30\%$。

用于焦炉煤气的氧化锌脱硫剂可分为中温氧化锌和常温氧化锌两种。

氧化锌脱硫剂可单独使用,也可与湿法脱硫串联使用,有时还放在对硫敏感的催化剂前面作为保护剂。其反应方程式如下:

$$ZnO + H_2S \longrightarrow ZnS + H_2O$$
$$ZnO + COS \longrightarrow ZnS + CO_2$$
$$ZnO + C_2H_5SH + H_2 \longrightarrow ZnS + C_2H_6 + H_2O$$
$$2ZnO + CS_2 \longrightarrow 2ZnS + CO_2$$

当脱硫剂中添加了氧化锰、氧化铜时也会发生类似的反应,其反应方程式如下:

$$H_2S + MnO \longrightarrow MnS + H_2O$$
$$H_2S + CuO \longrightarrow CuS + H_2O$$

由于硫化氢与氧化锌的反应平衡常数很大,氧化锌吸硫速率很快,吸硫层一层层下移,硫饱和层逐渐由进口端移向出口端,饱和区接近出口处就会有硫化氢漏出。一般情况下,氧化锌脱硫剂的硫含量为 $18\% \sim 20\%$,进口端较高为 20%～30%，出口端含量较低。工业上一般将氧化锌脱硫槽设置为 2～3 个，串联操作，更换时先换入口的脱硫槽，而将出口槽移作入口槽，新换入的氧化锌在出口侧起保证净化作用。

工业生产中，氧化锌脱硫的操作温度较高，一般为 350～400℃。这主要是由于普通氧化锌脱硫剂在常温下反应速率慢，吸收硫化氢的效果差。高温有利于提高硫容，较为经济合理。

除氧化锌脱硫剂外，还有中温氧化铁脱硫剂，曾被用于一级脱硫槽，由于性能不稳定，虽然价格较氧化锌低，现已很少再有应用。

锰矿脱硫剂在 20 世纪 60 年代应用较多，由于资源及产地的限制，目前被氧化锌脱硫剂所取代。

2.4.4 工艺流程说明

焦炉煤气精脱硫的工艺流程示意图如图 2-8 所示。

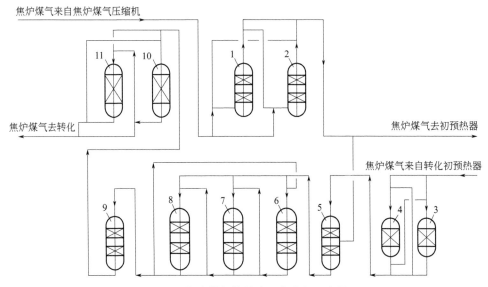

图 2-8　焦炉煤气精脱硫工艺流程示意图

1，2—过滤器；3，4—预加氢转化器；5——级加氢转化器；
6，7，8——级氧化锌脱硫槽；9—二级加氢转化器；10，11—二级氧化锌脱硫槽

焦炉煤气经加压至 2.0～3.5MPa，先经过两台过滤器，内装吸油剂、常温氧化铁脱硫剂、除氧剂，将焦炉煤气中夹带的油、硫化氢和氧除去。脱油后的焦炉煤气进入初预热器，被高温的转化气加热至 300～350℃，进入预加氢转化器，有机硫、烯烃发生加氢转化反应，气体中的氧气与氢反应生成水；

接着进入一级加氢转化器，继续有机硫的转化，加氢转化后的气体进入一级氧化锌脱硫槽，除去焦炉煤气中绝大部分的硫化氢；再进入二级加氢转化器，焦炉煤气中残余的有机硫和不饱和烃，再次发生加氢转化反应，生成硫化氢及饱和烃。二级加氢转化器底部出来的焦炉煤气，再进入二级中温氧化锌脱硫槽，一般在二级脱硫槽的床层上面部放置一层脱氯剂，同时脱除氯。预加氢转化器设置二台，一开一备，3 个月~1 年更换一次催化剂。催化剂使用周期取决于焦炉煤气中焦油、尘及烯烃的含量。一级氧化锌脱硫槽一般设置三台，可串可并操作，更换周期取决于总硫的含量。二级氧化锌脱硫一般设置二台，一开一备。

2.4.5　主要操作指标

预转化器入口压力	2.0~3.5MPa
各设备阻力	≤0.05MPa
系统阻力	0.1~0.15MPa
预转化器入口温度	300~350℃
一二级转化器入口温度	350~400℃
催化剂层热点温度	350~420℃
氧化锌脱硫剂层温度	350~400℃
二级氧化锌脱硫槽出口总硫	$\leqslant 0.1 \times 10^{-6}$（体积分数）

2.4.6　主要设备

以每小时处理 90000m³ 焦炉煤气，操作压力 3.5MPa 的工程为例，说明配套的主要设备。

（1）过滤器

$\phi_内$ 3400mm，H 15600mm，2 台。

内装：高效吸附剂　　$H = 5.0$m　　45.4m³

　　　脱硫剂　　　　$H = 5.0$m　　45.4m³

　　　脱氧剂　　　　$H = 1.0$m　　9.1m³

操作温度 40~250℃。

（2）预加氢转化器

$\phi_内$ 3300mm，H 6500mm，2 台。

内装铁钼加氢催化剂，装填高度 5m，装填量 42.7m³。

操作温度 300~390℃。

（3）一级铁钼加氢转化器

$\phi_{内}$ 3300mm，H 13700mm，1 台。

内装二层铁钼加氢催化剂，各高 5m，装填量 85.5m^3。

操作温度 300～390℃。

（4）二级铁钼加氢转化器

$\phi_{内}$ 3300mm，H 13500mm，1 台。

内装二层铁钼加氢催化剂，各高 5m，装填量 85.5m^3。

操作温度 300～390℃。

（5）一级氧化锌脱硫槽

$\phi_{内}$ 3500mm，H 15000mm，3 台。

内装二层氧化锌脱硫剂，各高 5.5m，装填量 105.8m^3。

操作温度 350～390℃。

（6）二级氧化锌脱硫槽

$\phi_{内}$ 3500mm，H 15000mm，2 台。

内装氧化锌脱硫剂和脱氯剂，分二层装填。

上层上部脱氯剂，高度 1.0m，装填量 9.6m^3。

上层下部氧化锌脱硫剂，高度 4.5m，装填量 43.3m^3。

下层氧化锌脱硫剂，高度 5.5m，装填量 52.9m^3。

操作温度 300～390℃。

2.4.7 主要催化剂的性能

2.4.7.1 加氢催化剂

（1）T202 铁钼加氢催化剂

规格：ϕ7.0mm×（5～6）mm。

堆密度：700～900kg/m^3。

测压强度：≥147N/cm。

主要成分：MoO_3 7.5%～10.5%；铁 2.0%～3.0%。

操作温度：350～450℃。

用于预加氢和一级加氢转化器。

（2）T202C 铁钼加氢催化剂

规格：ϕ4～6mm。

堆密度：600～800kg/m^3。

测压强度：≥60N/cm。

操作温度：350～450℃。

用于二级加氢转化器。

2.4.7.2 脱硫剂及脱氯剂

（1）氧化锌脱硫剂 JX-4C 型

规格：ϕ4.0mm×(5～20)mm。

堆密度：950～1200kg/m³。

测压强度：大于 50N/cm。

主要成分：ZnO≥95％。

穿透硫容：220℃≥20％，350℃≥30％。

操作温度：350～425℃。

用于一级及二级氧化锌脱硫槽。

（2）脱氯剂 JX-5A 型

规格：ϕ4.0mm×(5～20)mm。

堆密度：750～850kg/m³。

测压强度：≥50N/cm。

穿透氯容：大于 50％。

操作温度：350～425℃。

用于二级氧化锌脱硫槽上层上部。

（3）常温氧化铁脱硫剂 CDS-100 型

规格：ϕ4～6mm。

堆密度：700～900kg/m³。

测压强度：≥60N/cm。

硫容：≥45％。

操作温度：40～165℃。

用于过滤器。

2.4.7.3 过滤及吸附剂

（1）吸油剂 TX-1 型

规格：ϕ5～7mm。

堆密度：600～800kg/m³。

耐磨强度：≥35％。

水分：＜5％。

油容量：≥35％。

水容量：≥50％。

操作温度：40～165℃。

用于过滤器。

（2）脱氧剂 TO-1 型

规格：$\phi 4～6mm$。

堆密度：$600～700kg/m^3$。

测压强度：$\geqslant 60N/cm$。

操作温度：40～165℃。

用于过滤器。

注：

① 上述催化剂均可在 3.6MPa 压力以下操作。

② 上述催化剂型号不完全是国标，有的公司生产自己型号的催化剂性能达到要求均可选用。

2.4.8　精脱硫装置设计及生产运行中需重视的几个问题

2.4.8.1　严格控制焦炉煤气入口氧含量及加氢转化器床层温度

焦炉煤气中氧气含量对精脱硫装置的设计及生产运行影响极大，氧含量过高极易造成系统飞温，虽然在前端净化工序设有除氧设施，但还是要预防突发的氧气超标情况，一定要严格控制焦炉煤气入口氧含量不超过 0.5%。

预加氢、一加氢、二加氢转化器的床层温度必须严格控制在 400℃ 以下，由于焦炉煤气中含有较高的一氧化碳和二氧化碳，当反应器温度超过 400℃ 时，甲烷化副反应速度加快，极易形成飞温，床层温度达到 500～600℃，烧毁催化剂及设备，甚至引起后工序转化及压缩系统的爆炸，工业上已经发生过多次类似的事故。

2.4.8.2　焦炉煤气中焦油、尘、萘的控制

要保持精脱硫系统的平稳运行，必须控制入口焦炉煤气中的焦油、尘、萘的含量，要求焦油必须控制在 $5mg/m^3$ 以下、尘 $3mg/m^3$ 以下、萘 $10mg/m^3$ 以下。若此类杂质进入系统，一方面会在催化剂床层逐渐积累，并在催化剂的表面形成固化层，堵塞催化剂的微孔，影响催化剂的活性及转化率，同时造成床层的阻力增大；另一方面，杂质会在换热器中积累，换热温度达不到要求，系统阻力增大。最终的结果是，加氢转化率下降，精脱硫精度达不到 0.1×10^{-6}（体积分数）的要求，影响生产的正常运行。

因此，操作中一定要注意对焦油、尘和萘的检测及控制，同时，考虑到预加氢转化器的操作周期较短，一般应设置两台，便于切换运行。

2.4.8.3　对焦炉煤气中硫化氢的控制

为确保精脱硫系统安全经济高效的运行，工业上普遍要求进入精脱硫系

统焦炉煤气中的硫化氢含量控制在 $30mg/m^3$ 以下。

若前序系统生产装置异常，进入精脱硫系统的焦炉煤气中硫化氢含量超标（有的工厂曾达到过 $700\sim800mg/m^3$），一方面会造成加氢转化装置效率大幅降低，影响脱硫的净化度；另一方面，由于入口硫化氢含量高，氧化锌脱硫剂使用寿命大幅缩短，由于氧化锌脱硫剂的硫容有限，且价格较贵，用氧化锌脱大量的硫远不如湿法脱硫经济。因此，必须控制进精脱硫装置的硫化氢含量越低越好。

2.4.8.4　关于 COS 加氢转化脱硫的问题

有些工厂采用 COS 加氢转化脱硫，发现副反应较多且效果较差，主要的原因有如下几个方面：

① COS 加氢反应 $COS+H_2\longrightarrow H_2S+CO$ 为吸热反应，温度高对加氢转化有利。在用于一氧化碳、二氧化碳含量较高的煤气脱硫时，为尽量避免发生甲烷化副反应，操作温度一般控制在 200℃ 以下，此时，COS 加氢反应平衡常数较小，转化效率低。

② 由于加氢催化剂中含有铁和钴等金属，在加氢过程中，易产生硫化物及烃类副反应。

实际上，COS 也可以通过水解反应 $COS+H_2O\longrightarrow H_2S+CO_2$ 转化为 H_2S 后加以脱除。COS 水解反应为放热反应，在较低温度下，平衡常数很大，表 2-7 分别列出了 COS 加氢和水解反应的平衡常数。

表 2-7　COS 加氢和水解反应平衡常数

加 H_2 转化 K_p 值		水解 K_p 值	
$K_p=\dfrac{p_{H_2S}p_{CO}}{p_{H_2}p_{COS}}$		$K_p=\dfrac{p_{H_2S}p_{CO_2}}{p_{H_2O}p_{COS}}$	
温度/℃	K_p 值	温度/℃	K_p 值
93.3	2.64	100	31553
148.9	4.367	150	17128
204.4	6.294	200	2746.4
260.0	8.27	260	1429.4
315.6	10.18	316	495.2
371.1	11.96	370	295.4

由上表可见，在 200℃ 以下，加氢反应的平衡常数只有水解反应的千分之几，说明 COS 加氢转化效率远不及水解。

假定煤气中 H_2S 含量为 $50mg/m^3$，有机硫含量为 $500mg/m^3$（主要为 COS），煤气中 H_2 38%、CO 42%、CO_2 18%、H_2O 1.0%。假定两个反应均达到理论上的平衡，分别计算 150℃和 200℃的加氢转化和水解出口 COS 含量。

为计算简便，所有硫化物均以 H_2S 含量计。由于 COS 加氢反应和 COS 水解反应均为等体积反应，故压力对计算无影响。

① COS 加氢反应硫化物含量计算

加 H_2 转化出口 $\varphi_{COS} = \dfrac{\varphi_{H_2S}\varphi_{CO}}{\varphi_{H_2}K_p}$。

148.9℃时，$K_p = 4.367$。

$$\varphi_{COS} = \frac{0.000289 \times 0.42}{0.38 \times 4.367} = 0.00731\% \approx 111mg/m^3$$

204.4℃时，$K_p = 6.294$。

$$\varphi_{COS} = \frac{0.000308 \times 0.42}{0.38 \times 6.294} = 0.0054\% \approx 82mg/m^3$$

② COS 水解反应硫化物含量计算

水解出口 $\varphi_{COS} = \dfrac{\varphi_{H_2S}\varphi_{CO_2}}{\varphi_{H_2O}K_p}$。

150℃时，$K_p = 17138$。

$$\varphi_{COS} = \frac{0.000362 \times 0.18}{0.01 \times 17138} = 0.000038\% \approx 0.58mg/m^3$$

200℃时，$K_p = 2746.4$。

$$\varphi_{COS} = \frac{0.000361 \times 0.18}{0.01 \times 2746.4} = 0.000237\% \approx 3.6mg/m^3$$

由上述计算结果可以看出，采用加氢转化工艺，反应温度 200℃时，一级转化出口的 COS 含量（以 H_2S 计，下同）为 54×10^{-6}（体积分数），如用三级转化出口 COS 含量为 4.7×10^{-6}（体积分数），仍然达不到出口 0.1×10^{-6}（体积分数）的要求；采用水解工艺，反应温度 200℃时，一级出口的 COS 含量为 2.37×10^{-6}（体积分数），而用二级出口的 COS 含量可降至 0.01×10^{-6}（体积分数），完全可以满足脱硫精度要求。

通过上述分析，说明 COS 的脱除不宜采用加氢转化，而应采用水解脱硫更为合理。另外，由于水解催化剂中不含铁和钴等金属，不会发生其他副反应。

第三章
焦炉煤气转化变换制合成气

3.1 概述

焦炉煤气中含有较高的氢和碳，是合成甲醇、氨、乙二醇、乙醇及提氢的极好原料，但必须将其中的 $20\%\sim30\%$ 的 CH_4 及 $2\%\sim4\%$ 的 C_nH_m 转化为 H_2 和 CO，便于进一步加工利用。

目前工业上焦炉煤气转化制合成气的方法主要有蒸汽转化法、纯氧催化转化法、富氧催化部分氧化法、非催化部分氧化法等技术。20 世纪 60 年代，国内曾采用管式炉蒸汽转化工艺，但由于焦炉煤气中甲烷含量只有 25% 左右，蒸汽转化法没有优势，目前已不再使用。催化部分氧化法是我国 20 世纪 60 年代自主开发的技术，分为纯氧转化和富氧转化两种技术，已广泛应用于焦炉煤气转化生产合成气。近年来，随着焦化工业的快速发展，国内又开发了非催化部分氧化技术。

3.2 焦炉煤气催化部分氧化工艺

3.2.1 工艺原理

焦炉煤气催化部分氧化亦称自热转化，是基于天然气蒸汽二段炉转化的原理开发出来的技术。主要反应原理为：在转化炉上部的燃烧空间内，焦炉煤气中的 H_2 及部分 CO、CH_4、C_nH_m 等与氧气燃烧，产生高达 $1400\sim1500℃$ 的高温，以供下部催化剂床层上的 CH_4 转化反应所需热量。转化炉出口温度在 $950\sim1000℃$，出口气主要为 H_2 和 CO 的合成气，CH_4 可降至 $0.3\%\sim0.7\%$，C_nH_m 已全部转化为有效气。

3.2.1.1 燃烧反应

$$H_2 + \frac{1}{2}O_2 = H_2O + 241kJ/mol$$

$$CO + \frac{1}{2}O_2 = CO_2 + 283.2kJ/mol$$

$$CH_4 + 2O_2 = CO_2 + 2H_2O + 802.26kJ/mol$$

上述反应主要在转化炉上部进行，均为不可逆的剧烈的放热反应，由于 H_2 与 O_2 的燃烧速度最快，应为主反应。

3.2.1.2 转化反应

（1）甲烷转化反应

甲烷转化制合成气有如下几个主要反应：

$$CH_4 + H_2O = CO + 3H_2 - 206.4kJ/mol \tag{1}$$

$$CH_4 + CO_2 = 2CO + 2H_2 - 247.4kJ/mol \tag{2}$$

$$CH_4 + 0.5O_2 = CO + 2H_2 + 35.6kJ/mol \tag{3}$$

$$CO + H_2O = CO_2 + H_2 + 41.2kJ/mol \tag{4}$$

上述反应主要在转化炉内的催化剂层进行，（1）和（2）为强吸热反应，需要由转化炉上部来的高温气体供给热能。

反应（1）～（4）的平衡常数可用下列诸式表示：

$$K_{p1} = \frac{p_{CO}\, p_{H_2}^3}{p_{CH_4}\, p_{H_2O}}; \quad K_{p2} = \frac{p_{CO}^2\, p_{H_2}^2}{p_{CH_4}\, p_{CO_2}}$$

$$K_{p3} = \frac{p_{CO}\, p_{H_2}^2}{p_{CH_4}\, p_{O_2}^{0.5}}; \quad K_{p4} = \frac{p_{CO_2}\, p_{H_2}}{p_{CO}\, p_{H_2O}}$$

上述各反应在 327～1127℃ 的平衡常数值列于表 3-1。

表 3-1　甲烷转化及一氧化碳变换反应平衡常数

温度/℃	K_{p1}	K_{p2}	K_{p3}	K_{p4}
327	5.058×10^{-7}	1.868×10^{-8}	2.169×10^{12}	27.08
427	2.687×10^{-4}	2.978×10^{-5}	1.028×10^{12}	9.017
527	3.120×10^{-2}	7.722×10^{-3}	6.060×10^{11}	4.038
627	1.306	0.5929	4.108×10^{11}	2.204
727	26.56	19.32	3.056×10^{11}	1.374
827	3.133×10^{2}	3.316×10^{2}	2.392×10^{11}	0.9444
927	2.473×10^{3}	3.548×10^{3}	1.957×10^{11}	0.6966

温度/℃	K_{p1}	K_{p2}	K_{p3}	K_{p4}
1027	1.428×10^4	2.626×10^4	1.652×10^{11}	0.5435
1127	6.402×10^4	1.452×10^5	1.425×10^{11}	0.4406

从表中数据看出，在指定的温度范围内反应（3）的平衡常数非常大，因此，在建立平衡的混合气中未反应的氧的浓度可以认为是零。

（2）高级烃的转化

在焦炉煤气中，除甲烷外尚含有 C_2 以上的高级烃，它们可与蒸汽反应生成氢及一氧化碳，也可以加氢分解生成甲烷，其反应如下：

$$C_2H_6 + 2H_2O \Longrightarrow 2CO + 5H_2 - 347.5\text{kJ/mol} \tag{5}$$

$$C_3H_8 + 3H_2O \Longrightarrow 3CO + 7H_2 - 498.2\text{kJ/mol} \tag{6}$$

$$C_2H_4 + 2H_2O \Longrightarrow 2CO + 4H_2 - 226.5\text{kJ/mol} \tag{7}$$

$$C_3H_6 + 3H_2O \Longrightarrow 3CO + 6H_2 - 406.1\text{kJ/mol} \tag{8}$$

$$C_2H_6 + H_2 \Longrightarrow 2CH_4 + 65.3\text{kJ/mol} \tag{9}$$

$$C_3H_8 + 2H_2 \Longrightarrow 3CH_4 + 121.0\text{kJ/mol} \tag{10}$$

上述反应平衡常数用下列方程表示：

$$K_{p5} = \frac{p_{CO}^2 p_{H_2}^5}{p_{C_2H_6} p_{H_2O}^2} \quad K_{p6} = \frac{p_{CO}^3 p_{H_2}^7}{p_{C_3H_8} p_{H_2O}^3} \quad K_{p7} = \frac{p_{CO}^2 p_{H_2}^4}{p_{C_2H_4} p_{H_2O}^2}$$

$$K_{p8} = \frac{p_{CO}^3 p_{H_2}^6}{p_{C_3H_6} p_{H_2O}^3} \quad K_{p9} = \frac{p_{CH_4}^2}{p_{C_2H_6} p_{H_2}} \quad K_{p10} = \frac{p_{CH_4}^3}{p_{C_3H_8} p_{H_2}^2}$$

反应（5）～（10）的平衡常数列于表 3-2。

表 3-2　高级烷烃及不饱和烃蒸汽转化和加氢反应的平衡常数

温度/℃	K_{p5}	K_{p6}	K_{p7}	K_{p8}	K_{p9}	K_{p10}
327	3.805×10^{-7}	5.686×10^{-8}	0.1065	5.592×10^{-4}	1.50×10^6	4.62×10^{11}
427	1.467×10^{-2}	0.2015	69.759	49.678	2.03×10^5	1.04×10^{10}
527	43.281	1.775×10^4	9.437×10^3	2.757×10^5	4.47×10^4	5.9×10^8
627	2.268×10^4	1.331×10^8	4.528×10^5	2.394×10^8	1.33×10^4	5.98×10^7
727	3.505×10^6	1.716×10^{11}	1.018×10^7	5.530×10^{10}	4.97×10^3	9.15×10^6
827	2.184×10^8	6.084×10^{13}	1.308×10^8	4.78×10^{12}	2.22×10^3	1.97×10^6

从表 3-2 中数据看出，在 327～827℃温度范围内反应（5）～（8）的平衡常数值比甲烷蒸汽转化反应平衡常数值表 3-1 高出很多。热力学计算表明，

当加入化学计算当量的两倍蒸汽时，在 400～500℃ 温度下烷烃与烯烃实际上完全转化。然而，在此温度下反应（1）有相当大的程度自右向左进行，使反应（5）～（8）生成的 CO 和 H_2 合成 CH_4。

高级烷烃按反应（9）和（10）加氢分解也生成 CH_4。研究工作表明，在氢按化学计量过剩不多、400℃ 左右、接触时间 0.5～1s 的条件下，丙烷、乙烷和乙烯在工业镍催化剂上完全转化成甲烷。在加氢时乙烯首先形成乙烷，然后再形成甲烷。

在镍催化剂上，高于 600℃ 时，乙烷、丙烷、丁烷及烯烃蒸汽转化皆生成甲烷，所以，在转化炉内最后主要是进行甲烷转化的平衡，转化炉出口残留的主要是甲烷，高级烃已不存在。

3.2.1.3 析炭反应

在转化炉内有可能形成的析炭反应主要是：

$$2CO \rightleftharpoons C + CO_2$$

$$CH_4 \rightleftharpoons C + 2H_2$$

由于 H_2O/C 大于 2，且有氧气在转化炉上部进行氧化反应形成高温，此时 C 与 H_2O、C 与 CO_2 的反应速度远大于析炭速度，所以焦炉煤气催化部分氧化法不存在析炭问题，工业实践也证明了这一点。

3.2.2 工艺流程

3.2.2.1 流程说明

以焦炉煤气制甲醇工艺为例，介绍典型的焦炉煤气催化部分氧化工艺流程，详见图 3-1。

精脱硫来的焦炉煤气总硫 $<0.1 \times 10^{-6}$（体积分数），温度 380～400℃，压力 2.3MPa，与转化废热锅炉自产蒸汽混合，进入焦炉煤气再预热器，预热至 530℃，再经预热炉，加热至 650℃ 左右进入转化炉，与来自预热炉的纯氧-蒸汽混合燃烧，在催化剂床层内进行甲烷转化反应，控制出口气体 CH_4 含量 $\leq 0.6\%$。

转化炉出口转化气温度约为 980℃，经废热锅炉回收热量，产生 2.8～4.0MPa 的蒸汽，供转化用，废热锅炉出口气体温度降至 550℃；进入焦炉煤气再预热器换热后，温度降至 430℃；再经焦炉煤气初预热器与焦炉煤气换热后，出口温度降至 320℃；经锅炉给水预热器与来自锅炉的除氧水换热，温度降至约 170℃；经甲醇精馏装置的再沸器，出口温度降至约 150℃；经脱盐水预热器与脱盐水站来的脱盐水换热，出口温度降至约 110℃；经水冷器

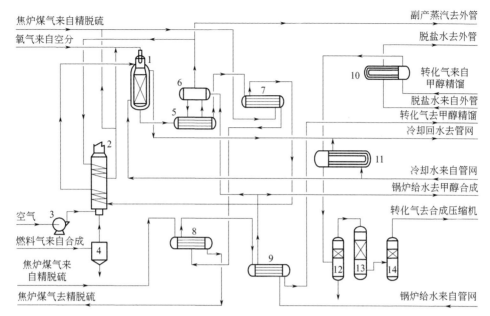

图 3-1　典型的焦炉煤气转化工艺流程图
1—转化炉；2—预热炉；3—空气鼓风机；4—燃料气混合器；5—废热锅炉；6—汽包；
7—焦炉煤气再预热器；8—焦炉煤气初预热器；9—锅炉给水预热器；10—脱盐水预热器；
11—水冷器；12—气液分离器；13—氧化锌脱硫槽；14—过滤器

出口温度降至 40℃，经气液分离器分离掉水分；再经常温氧化锌脱硫槽进一步脱氯、脱硫后，转化气去合成压缩机。

来自甲醇合成的驰放气与来自甲醇精馏的不凝气，经燃料气混合器混合后，进入预热炉底部，与空气鼓风机来的空气混合后燃烧，为焦炉煤气-蒸汽和氧气预热提供热量。

来自空分装置的氧气，温度 100℃、压力约 2.5MPa，加入安全蒸汽后，进入预热炉，预热至 300℃，进入转化炉上部，氧气流量根据转化炉出口温度来调节。锅炉给水经锅炉给水预热器，用转化气加热至 190℃，进入废热锅炉生产中压蒸汽，废热锅炉产生的中压饱和蒸汽除提供给本工段用汽外，富余蒸汽送往蒸汽管网。

3.2.2.2　流程优化

我国从 20 世纪 60 年代开始，采用焦炉煤气转化生产合成氨。由于此前没有应用焦炉煤气转化的先例，设计人员根据天然气转化生产合成氨的经验，提出了蒸汽转化和催化部分氧化两种工艺流程。经过多年的生产运行实践，证明催化部分氧化法优于蒸汽转化法。

近二十年来，国内设计和建设的焦炉煤气制氨和制甲醇工程大部分均采用催化部分氧化工艺，典型的工艺流程如图 3-1 所示。经过多年的生产实践验证，上述流程是可行的，但也存在着一些不足，应进行必要的改进和优化。

已做的改进工作主要有如下几点：

① 取消焦炉煤气初预热器及再预热器，利用预热炉对流段为焦炉煤气初步预热，同时将预热炉辐射段热负荷加大。好处是：

a. 开车速度快。开工升温与生产并用，不必倒气和插盲板。

b. 操作安全可靠。工业生产中，再预热器的表面温度超过 550℃，极易发生火灾事故。另外，如此高温条件，对再预热器设备材料要求极高，目前已经在材料的极限状态下操作，生产中如有波动，存在一定的风险。

c. 节省投资。取消初预热器、再预热器和开工升温炉三台设备，特别是再预热器，设备庞大、造价高、性价比不高。

② 将系统冷凝液由蒸汽汽提改为空气气提。因冷凝液中含有 CO_2 等酸性气体，蒸汽汽提会造成严重的腐蚀，改为空气直接气提则不存在腐蚀问题。气提后的工艺冷凝液，经加磷酸三钠处理后，即可返回系统使用。

③ 在水资源贫乏的地区，将最终水冷器改为湿式空冷器，以节省用水。

上述改进工艺已经在多套工业装置中得到应用，操作安全可靠，节能效果良好。

3.2.3 焦炉煤气甲烷转化的操作及控制

3.2.3.1 焦炉煤气转化工艺的特点

焦炉煤气甲烷转化反应是焦炉煤气中的烃类与蒸汽发生反应，生成 CO 和 H_2 的过程，主要反应为 $CH_4 + H_2O \Longleftrightarrow CO + 3H_2$，反应具有以下特点。

（1）甲烷转化是可逆反应

即在一定条件下，反应可以向右进行生成一氧化碳和氢气，称为正反应。随着生成物浓度的增加，反应也可以向左进行，称为逆反应。因此，在生产中必须创造良好的工艺条件，使反应向右进行，以便获得尽可能多的氢气和一氧化碳。

（2）甲烷转化是体积增大的反应

一分子的甲烷与一分子的水蒸气反应后，可以生成一分子的一氧化碳和三分子的氢气。因此，当其他条件一定时，降低压力有利于正反应的进行，从而降低转化气中甲烷的残余量。

（3）甲烷转化是吸热反应

甲烷蒸汽转化反应是强吸热反应，其逆反应（甲烷化反应）为强放热反应。为了使正反应进行得更快更完全，就必须由外部供给大量热量，供给的热量越多，反应温度越高，甲烷转化越完全。所以，温度调节是控制转化炉出口甲烷残余量的有效手段。

3.2.3.2　影响甲烷转化的因素

影响甲烷转化的因素主要有：压力、温度、水碳比、空速、催化剂等。

（1）压力

甲烷的蒸汽转化是体积增大的反应，降低操作压力将提高平衡转化率，反之对转化反应平衡不利。当反应达到平衡时，甲烷残余量随压力的升高而增加。目前，工业生产中都采用加压转化法，主要原因如下：

① 节省压缩功。合成化工产品均在压力条件下进行，甲烷蒸汽转化反应后的气体体积增加近两倍，若预先将体积较小的原料气加压到一定程度后再进行转化，就可获得体积较大的加压转化气，从而降低压缩气体的动力消耗。

② 提高过量蒸汽余热的利用价值。为了使甲烷转化完全，需要过量的蒸汽。操作压力越高，反应后剩余的水蒸气分压越高，冷凝温度（即露点）也越高。过量蒸汽在较高温度下冷凝为液体，放出的冷凝热（潜热）越多，余热的利用价值越大，回收的热量也较多。同时，压力高，气体的传热系数大，热回收设备容积相应减小。

③ 减少设备投资。气体加压后体积缩小，对于同样的生产规模，设备的尺寸可做得小些，一定程度上节省了投资。同时，加压操作可提高转化反应速率，节约催化剂的用量。

加压操作虽有以上优点，但由于加压对转化反应平衡不利，为了达到规定的残余甲烷量，必须增大水碳比或提高转化温度。若把水碳比固定在适当条件时，就只有通过提高温度来补偿加压的不利影响，但操作温度过高，又会影响转化炉及催化剂的使用寿命，所以催化部分氧化的压力不能过高，一般以 2.0～3.5MPa 为宜。

（2）温度

甲烷转化反应为可逆吸热反应，提高温度对转化反应平衡和反应速率都有利。温度是影响转化气组成的主要因素，温度越高，甲烷转化越完全，甲烷残余量就少，甲烷转化制取的合成气的质量最终是转化炉出口温度控制的。

转化炉出口温度是影响转化气质量的关键，因为这个温度反映了转化炉的温度状况，也决定了转化气的质量。实际生产中，在一定的压力和水碳比的条件下，要使转化炉出口甲烷含量控制在 0.6% 以下，则必须保证转化炉出口温度在 960℃ 左右。控制温度的手段主要在于控制加入的氧气量，原料气入炉温度也是影响因素之一，但只是利用显热效果不明显。另外，原料气中甲烷含量、水碳比和催化剂的活性等都会影响转化气温度，进而影响转化气质量。转化催化剂使用初期，转化气温度即使控制得稍低一些，也能将转化气中的甲烷含量控制在指标之内。

① 氧气量。转化反应所需的热量是由氢气和氧气的燃烧反应提供的。氧气量的改变，很快会在转化炉出口温度上反映出来，因此，加氧量是控制炉温和转化气甲烷含量的关键手段。由于焦炉煤气中的甲烷含量基本不变，当氧气量加大时，燃烧反应放出的热量多，炉温高，转化炉出口甲烷含量就低；当氧气量减少时，则相反。为了维持转化炉的自然平衡，必须使加氧量和焦炉煤气量成一定比例，即氧碳比 $\sum n(O_2)/\sum n(C)$ 基本不变。同时还要注意，转化炉出口温度不要超过 1000℃。尤其在开停车时，氧气压力波动大，容易造成转化炉超温，酿成事故。

② 原料气温度。开车时，为了保证氧气和焦炉煤气在转化炉内充分燃烧，原料气预热温度必须达到燃点温度以上，一般控制在 660℃ 方可投氧。如原料气温度达不到燃点温度就投氧，极易发生事故。但是，温度也不能太高，否则对管道材料要有很高的要求。在正常生产时，原料气的预热温度可以适当降低一些。

③ 转化炉氧气进口温度。提高转化炉进口氧气的温度，也能增加转化炉的温度，但这只是利用显热，效果不显著。一般氧气入口温度控制在 300℃ 左右。

（3）水碳比

转化反应蒸汽用量以水碳比 $\left[\sum n(H_2O)/\sum n(C)\right]$ 表示。即向转化炉内加入蒸汽的分子数和原料气中碳的原子数之比，这个指标是衡量蒸汽量和原料气量的比例关系。

提高水碳比，有利于转化反应向右进行，可以提高氢气和一氧化碳的平衡含量，降低转化气中残余甲烷含量。如果最终的转化率一定，可以用提高水碳比的方法来降低转化炉的温度。而且，提高水碳比可以防止发生析炭反应。但水碳比过大，消耗的蒸汽量多，既增加了系统阻力，又需吸收过剩的热量，增加了能量消耗。所以，水碳比也不能过高。对天然气蒸汽转化法，一般要求水碳比不低于 2.5，对于部分氧化法，可以控制在 2 或更低一些。这样不仅能降低蒸汽消耗，还可以降低氧耗。

（4）空间速度

空间速度简称"空速"，一般是指每立方米催化剂每小时通过的原料气标准立方米数，单位是 $m^3/(m^3 \cdot h)$ 或 h^{-1}。

提高空速，在单位时间内所处理的气量增加，因而提高了设备的生产能力；但空速过高，不仅增加了系统阻力，而且气体与催化剂的接触时间短，转化反应不完全，转化气中甲烷的残余量将增加。

目前，转化炉设计空速一般取 $1500 \sim 3000h^{-1}$ 左右。

（5）催化剂

催化剂能大大加快反应速率，在没有催化剂时，即使在相当高的温度下，甲烷转化反应的速率也是很缓慢的。

目前，焦炉煤气催化部分氧化法一般采用镍催化剂，活性组分为 NiO，耐热载体由 Al_2O_3、MgO 或 CaO 和少量助催化剂组成。

3.2.3.3　甲烷转化工艺操作控制

（1）主要操作指标

① 压力

蒸汽管网蒸汽压力	$\geqslant 2.5MPa$
焦炉煤气初预热器入口焦炉煤气压力	2.45MPa
空分来氧气压力	$\geqslant 2.5MPa$
精脱硫来焦炉煤气压力	2.3MPa
废热锅炉给水压力	4.2MPa
常温氧化锌脱硫槽出口转化气压力	2.0MPa
空气鼓风机出口压力	6.0kPa
汽包压力	$2.5 \sim 4.0MPa$

② 温度

汽包蒸汽温度	约 229℃
焦炉煤气初预热器入口焦炉煤气温度	40℃
焦炉煤气初预热器出口焦炉煤气温度	300～320℃
空分来氧气温度	100℃
锅炉给水温度	102～104℃
精脱硫来焦炉煤气温度	380℃
焦炉煤气再预热器出口焦炉煤气温度	530℃
预热炉出口焦炉煤气温度	660℃
预热炉出口氧气温度	300℃

转化炉出口转化气温度	985℃
废热锅炉出口转化气温度	550℃
焦炉煤气再预热器出口转化气温度	430℃
焦炉煤气初预热器出口转化气温度	320℃
锅炉给水预热器出口转化气温度	170℃
第一水冷器出口转化气温度	95～105℃
第二水冷器出口转化气温度	40℃
常温氧化锌槽出口转化气温度	40℃
外管来冷却水温度	32℃
外管来脱盐水温度	40℃
锅炉给水预热器出口锅炉给水温度	190℃

③ 液位

汽包液位	60%
气提塔液位	30%～60%
气液分离器液位	30%～60%

（2）工艺参数的控制及调节

焦炉煤气、氧气、蒸汽三种原料的流量控制，比例调节操作状况直接关系到合成气的产量和质量。

① 转化炉出口 CH_4 含量控制≤0.6%。影响转化炉出口 CH_4 含量的因素很多，分别说明如下：

a.温度控制（包括入炉气体温度、转化炉床层及出口温度等）。由于 CH_4 蒸汽转化为吸热反应，提高温度有利于反应进行，可有效降低出口 CH_4 含量。因此，要严格控制转化炉出口温度。

b.保证水/气比大于0.6。增加水/气比有利于转化反应的进行，防止结炭，但过高的水/气比，消耗也会相应增大，应控制水/气比在合理的范围内。

c.控制原料气中总硫含量≤$0.1×10^{-6}$（体积分数），防止催化剂中毒。

d.控制蒸汽质量。蒸汽含盐量过高，会造成催化剂床层结盐，增大阻力，影响活性。因此，要严格控制锅炉给水指标，保证蒸汽含盐量≤$3mg/m^3$。

e.生产负荷波动也会造成转化炉出口 CH_4 超标，因此，要尽量减少工艺波动，保持系统稳定。

② 严格控制 H_2O/O_2、H_2O/焦炉煤气、O_2/焦炉煤气的比例。工业生产中，上述物流的分子比需根据焦炉煤气实际组成而定。一般采用的物流比数据如下：

$H_2O/O_2=3\sim3.5$

$H_2O/$焦炉煤气$=0.55\sim0.65$（$H_2O/\sum C>2.0$）

$O_2/$焦炉煤气$=0.17\sim0.19$

③ 系统加减负荷及压力控制。

a.负荷加减顺序。每次加量或减量$<500\text{m}^3/\text{h}$，分多次将气量加至要求。负荷加减顺序为：

加负荷：蒸汽$\longrightarrow$焦炉煤气$\longrightarrow$氧气

减负荷：氧气$\longrightarrow$焦炉煤气$\longrightarrow$蒸汽

b.正常生产要保持如下压力关系：

汽包蒸汽压力$>$氧气压力$>$工艺焦炉煤气压力

c.停车过程要保持如下压力关系：

汽包蒸汽压力$>$转化系统压力$>$氧气压力

3.2.4　催化部分氧化的主要设备

3.2.4.1　转化炉

（1）设备结构及操作

催化部分氧化的转化炉结构示意图参见图3-2。

转化炉壳体为低合金钢，外侧为冷却水夹套，壳体内衬耐火绝热材料及耐火混凝土，上部烧嘴附近衬有高纯刚玉砖。镍催化剂装在炉体的下半部，炉顶装有中心管式烧嘴，还安装一个气体分布器，炉底用拱顶支持催化剂层，在拱顶上铺有耐火球，在催化剂上面铺有刚玉多孔砖。催化剂一般采用两种型号，耐温性能较好的Z205型放置在上层，下部放置活性较好的Z204型。

催化剂主要特性见表3-3。

表3-3　Z204 及 Z205 的主要特性

型号	外形	尺寸（外径×高×内径）/mm	堆密度/(kg/L)	应用范围		化学组成/%	
				温度/℃	压力/MPa	Ni 含量	SiO$_2$ 含量
Z204	拉西环	16×16×6.5 19×19×9	1.16~1.19	450~1350	常压~4.5	≥14.0	≤0.2
Z205	拉西环	25×17×10	1.1~1.15	<1500	≤4.5	≥5.0	≤0.2

焦炉煤气与蒸汽混合气由炉顶侧面进入，经分布器后与烧嘴喷入的氧气在烧嘴头的下方发生强烈的燃烧反应产生高温。火焰中心的温度可达2000℃，炉墙的刚玉砖能够抵抗高温和还原性气体的侵蚀。催化剂上部的刚

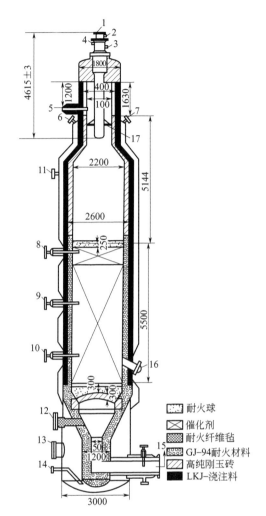

图 3-2 转化炉结构示意图

1—氧气入口；2—蒸汽入口；3—冷却水入口；4—冷却水出口；5—焦炉煤气入口；
6—夹套水放气口；7—夹套水出口；8～11—测温口；12、13—人孔；
14—夹套水入口；15—转化气出口；16—卸料口；17—气体分布器

玉多孔砖可防止高温气体直接辐射和冲刷催化剂，避免催化剂烧结或破碎。

进入催化剂床层的高温混合气，在催化剂的作用下，进行 CH_4 与 H_2O 和 CH_4 与 CO_2 的转化反应，温度逐步降低，在转化炉出口降至 960～1000℃，最终转化气组成以变换反应 $CO + H_2O \rightleftharpoons H_2 + CO_2$ 达到热力学平衡而确定。

（2）新的设计理念及优化

① 充分利用转化炉上部空间。在烧嘴下端与催化剂床层顶部留出足够的

距离（一般为 3.5～5m，依炉径而定），以确保 $CH_4 + H_2O$ 和 $CH_4 + CO_2$ 的非催化转化反应有一定的停留时间。一部分 CH_4 在此空间内，利用转化炉上部的高温发生非催化转化反应，同时进入催化剂床层的气流温度进一步降低，有效保护了催化剂。

② 减少催化剂装填量。由于在上部空间有部分 CH_4 已经被转化，减轻了催化转化部分的负荷，因而，空速可以加大。现在，某些公司推荐的催化剂装填量，仅为过去的三分之一，也能达到设计指标的要求。

③ 提高转化炉出口温度。近年来，由于设备材料和催化剂技术的进步以及设计和施工技术水平的提升，蒸汽转化法二段炉气体出口温度已提高到 1000℃ 左右，最高可达 1020℃，主要优点如下：

a.高温有利于 CH_4 的转化反应，其反应速度随温度的提高而加快，这样可减少催化剂用量，减小设备尺寸。

b.高温条件下，CH_4 转化反应热力学平衡常数加大。

$$K_{p1} = \frac{p_{CO} \, p_{H_2}^3}{p_{CH_4} \, p_{H_2O}}; \quad K_{p2} = \frac{p_{CO}^2 \, p_{H_2}^2}{p_{CH_4} \, p_{CO_2}}$$

由前表 3-1 查知，950℃ 时，$K_{p1} = 3980$；1000℃ 时，$K_{p1} = 9590$。温度提高 50℃，K_{p1} 增加 2.4 倍，也就是说，达到同样的 CH_4 转化率，1000℃ 时加入的水蒸气量只有 950℃ 时的 2.4 分之1。

上述新的设计理念，已经在实际生产实践中得到验证，取得了较好的效果。

3.2.4.2 烧嘴

工业上使用的催化部分氧化转化炉烧嘴主要有两种，一种是单孔喷射式烧嘴，另外一种是混合式烧嘴，分别介绍如下。

（1）单孔喷射式烧嘴

单孔喷射式顶部烧嘴结构示意图如图 3-3 所示。

烧嘴带有加压冷却水系统，可使烧嘴端部与火焰接触的表面保持低温。在喷管外侧带有工艺气体分布器，便于入炉气体均匀分布。烧嘴垂直安装在转化炉顶端，安装、检修方便。

单孔喷射式顶部烧嘴的结构特点如下：

① 氧气与工艺气体混合良好，催化剂床层入口处气体温度、流速和组成分布均匀。

② 烧嘴壁上各点及炉体耐火衬里的温度相对较低。

③ 用水冷却烧嘴端部，可有效延长烧嘴使用寿命。

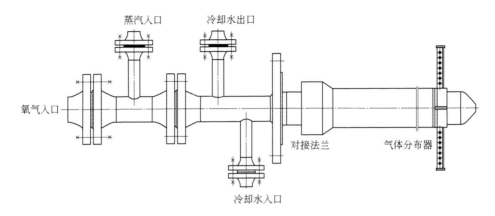

图 3-3 转化炉烧嘴示意图

④ 操作灵活，烧嘴可以在很大的流速范围内运行不回火。

由于烧嘴的上述结构特点，可确保转化炉内的转化反应能够最大程度地接近热力学平衡数据，反应温距较小，即实际操作的平衡温度距理论的平衡温度差值小。

烧嘴的安装必须与转化炉上部燃烧室及空间很好地匹配，确保转化炉内部具有良好的温度场和较佳的流体动力场。

在燃烧室内，从炉头侧面进入的工艺气与高速喷入的氧气迅速混合，瞬间产生燃烧反应，火焰焰心温度高达 2000℃ 以上。为使耐火衬里免受火焰的高温伤害，设计的燃烧室里可形成回流的动力场，使炉体表面温度在 1400℃ 以下。同时，为保护催化剂不受高温气流的烧损，设计的烧嘴火焰要短，氧气与工艺气混合要好，使气体流速和组成分布均匀，催化剂床层温度低、阻力降小。

目前，具有单孔喷射式顶部烧嘴专有技术的公司主要有：瑞士卡萨利、航天远征、济南同智科技等公司。

（2）混合式烧嘴

20 世纪 60 年代设计的焦炉煤气部分氧化转化炉烧嘴，沿用了天然气转化二段炉炉头混合器型烧嘴结构，称为混合式烧嘴，结构示意图如图 3-4 所示。

该型烧嘴的缺点是：

① 极易发生串气事故。由于转化炉的耐火衬里受冷、热变化产生裂缝，氧气与工艺气沿裂缝串至炉壁，发生燃烧，烧毁炉壁的事故时有发生。如氧

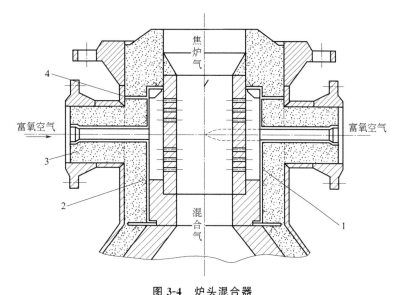

图 3-4　炉头混合器
1—衬套；2—扒钉；3—耐热混凝土；4—拉筋

气串至催化剂床层，将烧毁催化剂。

② 混合不均匀。由于混合器结构所限，氧气与工艺气混合不均匀，特别是在气量波动较大时，在混合器出口氧气没有被完全燃烧掉，进入催化剂层时发生燃烧，造成催化剂烧结。几乎所有的工厂都出现过这种现象。

③ 易回火。由于混合器的氧气流道空间较大，在气量波动或开、停车时，工艺气倒入混合器内的氧气流道即发生燃烧，烧坏混合器烧嘴，局部小爆炸的现象时有发生。

鉴于混合器烧嘴存在的问题，目前国内新建装置均已不再采用该型烧嘴，原有装置也应逐步更换为单孔喷射式顶部烧嘴。

3.2.4.3　转化废热锅炉

焦炉煤气转化废热锅炉与天然气蒸汽转化二段炉废热锅炉结构基本相同，如图 3-5 所示。

这种列管式废热锅炉在工业上得到了广泛的应用。管板结构采用薄管板＋耐火衬里，并用耐热的小衬管插入管板上的火管中，以解决耐热、耐冲刷和腐蚀问题。工业实践证明，这种设计是成功的，只要制造操作维护得当，废锅的寿命很长。另外，这种结构的废热锅炉是在中心管出口端加自动调节阀，以控制出口气体温度，中心管的耐热和腐蚀问题也是采用衬管的办法解决。

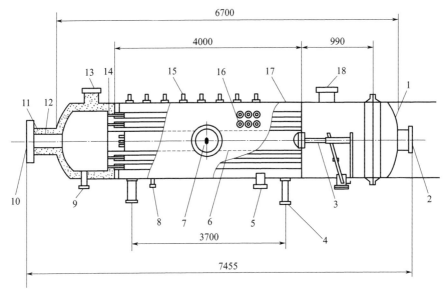

图 3-5 废热锅炉结构简图
1—封头；2，7，13—人孔；3—自调阀门；4—支座；5—开工用蒸汽口；6—中心管；
8—排水口；9—排污口；10—转化气入口；11—耐火衬里；12—衬管；
14—小衬管；15—蒸汽出口；16—水入口；17—壳体；18—转化气出口

3.3 焦炉煤气非催化部分氧化工艺

3.3.1 概述

　　烃类非催化部分氧化法始于第二次世界大战后，先后有意大利蒙特卡梯尼、美国德士古、荷兰 Shell 等公司开发的以重质烃为原料的加压非催化部分氧化技术，目前世界上已建有几百套工业化生产装置。

　　21 世纪初，华东理工大学开发成功气态烃非催化部分氧化法技术，先后用于中国石油兰州石化分公司"油改气"工程和内蒙古天野化工（集团）有限公司"渣油改天然气"工程，经多年的生产实践证明，该技术是成功的。

　　在上述气态烃非催化部分氧化技术的基础上，华东理工大学又开发成功了焦炉煤气非催化部分氧化技术。2011 年 9 月，宁夏宝丰能源公司利用该技术建设的 75000m³/h 焦炉煤气非催化转化生产甲醇工业化装置，2014 年 5 月建成投产。经过几年的不断改进和完善，2019 年 5 月，该装置通过了中国石油和化学工业联合会组织的连续稳定运行考核。

3.3.2　非催化部分氧化工艺

3.3.2.1　工艺原理

焦炉煤气非催化部分氧化的原理与催化部分氧化基本相同，区别在于非催化部分氧化炉内无催化剂，焦炉煤气首先在转化炉上部进行 H_2、CH_4 和 CO 的燃烧反应，为下部的 CH_4 转化反应提供热量。

反应原理如下：

（1）转化炉上部主要发生燃烧反应

$$H_2 + \frac{1}{2}O_2 \longrightarrow H_2O + 241kJ/mol$$

$$CH_4 + \frac{1}{2}O_2 \longrightarrow CO + 2H_2 + 35.6kJ/mol$$

$$CO + \frac{1}{2}O_2 \longrightarrow CO_2 + 283.2kJ/mol$$

（2）转化炉下部空间主要进行 CH_4 转化反应

$$CH_4 + H_2O \longrightarrow CO + 3H_2 - 206.3kJ/mol$$

$$CH_4 + CO_2 \longrightarrow 2CO + 2H_2 - 247.3kJ/mol$$

最后由变换反应 $CO + H_2O \Longrightarrow CO_2 + H_2$ 平衡出口转化气的组成。

在非催化转化炉内，C_2 以上的高级烃类可直接被转化为 $CO+H_2$，或被加 H_2 转为 CH_4，最终被转化为 $CO+H_2$。

如前 3.2.1.3 节所述，在转化炉内有可能形成的析炭反应主要是：

$$2CO \Longrightarrow C + CO_2 \quad \text{和} \quad CH_4 \Longrightarrow C + 2H_2$$

但因非催化部分氧化工艺的反应温度一般为 $1300 \sim 1700℃$，在此温度下，$C+H_2O$ 及 $C+CO_2$ 的反应速度远远快于析炭反应的速度，因此，转化气中极少有炭黑，工业实践也证明了这一点。

非催化部分氧化工艺由于无催化剂以及受到压力和空速较大的影响，其甲烷转化率距平衡转化率相差甚远。也就是说，虽然非催化部分氧化的操作温度很高，热力学平衡常数很大，但甲烷的转化率却远远达不到平衡转化率的要求，即平衡温距很大。

3.3.2.2　宁夏宝丰 75000m³/h 焦炉煤气非催化转化装置介绍

（1）主要工艺指标

处理焦炉煤气量 　　　　　　　　　　　$7.5×10^4 m^3/h$

转化温度 　　　　　　　　　　　　　　$1300℃$

转化压力	3.6MPa（表压）
转化气 $CO+H_2$ 含量	93.83%（干基）
每 $1000m^3 CO+H_2$ 耗焦炉煤气量	$813m^3$
每 $1000m^3 CO+H_2$ 耗氧气量	$187m^3$

（2）流程说明

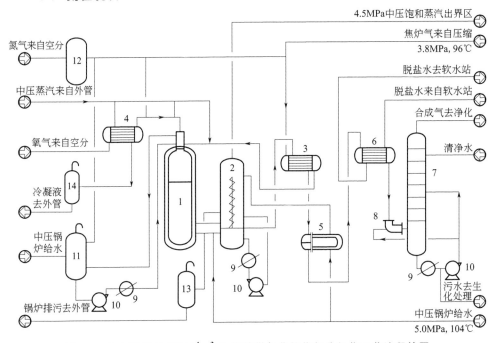

图 3-6　宝丰能源 $7.5×10^4 m^3/h$ 焦炉煤气非催化部分氧化工艺流程简图
1—转化炉；2—废热锅炉；3—焦炉煤气预热器；4—氧气预热器；5—锅炉给水预热器；
6—脱盐水预热器；7—洗涤冷却塔；8—文氏管；9—间冷器；10—水泵；11—稳压罐；
12—压力氮储罐；13—排污罐；14—冷凝液罐

　　焦炉煤气经洗涤器和焦炭过滤器，除去氨、焦油/尘和萘，控制 $NH_3 \leqslant$ 40mg/m³、焦油/尘≤8mg/m³，进入离心式压缩机。在加压过程中要向压缩机各段间的冷却器加冲洗水，每班一次，以防结垢堵塞。将压力加至 3.8MPa 送至非催化转化工序，首先进入焦炉煤气加热器，温度由 96℃升至 250℃，再与蒸汽混合进入转化炉，同时由空分来的氧气经氧气加热器温度升至 240℃也进入转化炉，氧气与焦炉煤气通过烧嘴在炉内进行燃烧反应，并在炉下部进行 CH_4 与 H_2O、CO_2 的转化反应，炉上部温度可达 1700℃，炉下出口转化气温度约为 1320℃。接着进入盘管式废热锅炉，产生 4.0MPa 饱和蒸汽，出口转化气的温度约为 400℃，然后进焦炉煤气加热器，出口转化气温度降至约 300℃；再进入给水加热器，出口温度降至约 140℃，进入脱盐水加热器，出口转化气温度降至 $80\sim90℃$；最后进入洗涤塔，用水洗涤冷凝冷却，出口转化气温度降至 $40℃$ 送出本工序。洗涤塔分为两段，下段用间冷循环水洗涤，上段用补入新水洗涤，补入的水和被冷凝的水由下段经冷却后排出，送生化处理装置。

（3）运行数据（以 2018 年 6 月某日的实际运行数据为例）

焦炉煤气量：$54000m^3/h$。

氧气量：$11400m^3/h$。

① 原料焦炉煤气组成（表 3-4）

表 3-4　原料焦炉煤气组成

组分	H_2	CO	CO_2	CH_4	C_2H_4	C_2H_6	N_2	O_2	合计
含量(体积分数)/%	57.42	9.49	3.83	21.69	2.06	0.63	4.5	0.38	100

② 焦炉煤气中硫含量（表 3-5）

表 3-5　焦炉煤气中硫含量

组分	H_2S	COS	CS_2	噻吩+硫醇	合计
含量/(mg/m^3)	10.84	67.21	141.56	<10	229.61

③ 出炉转化气组成（表 3-6）

表 3-6　出炉转化气组成

组分	H_2	CO	CO_2	CH_4	C_nH_m	N_2	O_2	合计
含量(体积分数)/%	67.9	25.19	3.55	0.75	<0.01	2.6	<0.01	100

④ 转化气中硫含量（表 3-7）

表 3-7　转化气中硫含量

组分	H_2S	COS	CS_2	噻吩+硫醇	合计
含量/(mg/m^3)	190.15	12.76	24.82	<10	237.73

3.3.3　非催化部分氧化工艺技术特点

① 非催化部分氧化不需要催化剂，因此，不必在转化前脱除硫、氯和苯类等杂质。焦炉煤气经加压后，可直接进入转化炉进行转化反应，脱硫流程简单，投资及操作费用较催化部分氧化法低。

② 非催化部分氧化法反应温度高，可副产较多的中压或高压蒸汽，转化反应用的蒸汽较少（蒸汽/焦炉煤气＝0.05）。

③ 转化反应不使用催化剂，转化流程简单，投资费用较低。

④ 由于转化炉温度较高，对转化炉炉体、烧嘴、废热锅炉的设计制造、设备材料以及操作管理水平的要求较高，设备使用寿命相对较短。

⑤ 由于炉温高，热损大，氧耗高，有效气产量较催化部分氧化法低10%～12%，投入产出比及经济性较差。

3.3.4　非催化部分氧化工艺改进及优化

目前国内采用焦炉煤气非催化部分氧化的生产装置较少，仅有宁夏宝丰集团先后建设投产的两套装置在运行。其中，焦炉煤气非催化部分氧化生产甲醇一期工程于 2010 年 5 月建成投产，处理气量 58000m³/h，操作压力2.8MPa，温度1300℃，焦氧比 0.21，转化气 H/C＝2.06，甲醇生产能力 25万吨/年。该装置为国内首套焦炉煤气加压非催化部分氧化装置，由于缺乏实际生产经验，自投产以来经历了上百次的开停车，遇到了前所未有的问题，存在着氨、焦油/尘超标堵塞压缩机流道及冷却器、烧嘴使用寿命短、废热锅炉管板龟裂损坏、焦炉煤气换热器结垢等各种技术问题。经过几年的试运行和改进，较好地破解了上述难题，目前装置运行正常。该公司在总结一期工程生产运行经验的基础上，建设了二期工程。

现将主要改进及优化技术介绍如下。

3.3.4.1　转化炉

非催化转化炉为圆筒形结构，由椭圆形封头、筒体、支座、炉衬和烧嘴组成，炉体为低合金钢＋耐火绝热层。

在实际生产操作中发现，转化炉拱顶经常超温，设计拱顶带有冷却水夹套，必须靠加大冷却水冷却。工艺设计中，基于工艺烧嘴与转化炉匹配的思想，优化了炉顶部空间流场，开发了新的拱顶隔热衬里型式，有效弱化了转化炉拱顶区域的热传导，降低了炉顶温度。新的拱顶衬里结构被用于二期的转化炉上，采用见火面刚玉砖和背层砖凹凸错砌结构型式，得了较好的效果，被证明优于 Shell 的冷却结构及 GE 的加厚炉顶拱顶的结构。拱顶砖设计寿命为 8000h，实际使用超过 35000h。后续工程中将转化炉的高度加到 18m，以改善甲烷转化率较低的状况。

3.3.4.2　废热锅炉

非催化转化的废热锅炉，由于入口气体温度高，且含有一定的颗粒物，必须采用盘管立式火管锅炉，对管内的介质流速要有一定的限制，防止颗粒物在管内沉降。

该废锅主要由壳体、转化气盘管、管板循环冷却水环管、挠性管板等部件组成，其中挠性管板由于承受的热应力变化较大，是该废热锅炉的薄弱环节。一期工程投产后该废热锅炉运行周期很短，主要是挠性管板上的耐火材料及套管脱落，造成管板龟裂、渗透等，使生产无法安全运行，导致全系统多次停车。

采取的优化措施：

① 对刚玉套管的改进，原刚玉套管只是插入火管入口处，无固定，极易脱落，现将套管增加 50mm，在管口处焊接三根螺丝加以固定，同时在管口内侧喷涂耐高温涂料，增加耐温抗磨性。

② 保证管板冷却循环水流量，防止流量过低造成管板局部超温。

③ 控制废锅液位在 60%～75%，本着"少量多次"的原则调节控制液位，避免单次补水过大造成管板局部温度降低，而使管板承受不均匀的热应力。

④ 在开车前升温和停车后的降温阶段，控制温度的变化率≤（20～30）℃/h，升降压速率控制在 1.0MPa/h，防止温度和压力的剧烈变化使管段承受较大的应力变化，而使废锅的相应构件受到伤害。

通过实施上述的措施，证明这些措施是非常有效的，到目前为止该废锅的最长使用时间已达两年，确保了非催化转化装置的安全运行。

3.3.4.3　烧嘴

前期采用卡萨利内混合烧嘴，甲烷的转化效果较好，但初次投料后仅使用 2h 即被烧损，氧气、焦炉煤气冷却水流道全部被严重烧毁，说明内混合的烧嘴不适于焦炉煤气氢含量较高的条件。采用国内西安拓沃和航天远征两家研制的三通道烧嘴，初期也只能用 15～60d。

于是采取了以下改进措施：

① 优化烧嘴头的结构，将原设计的拼接改为整体的加工件，减少焊缝使焊缝远离高温区。

② 采用双通道夹套冷却方式，加大冷却水量，既保护内通道也保护了外通道，最大限度将烧嘴头的热量带走。

③ 烧嘴的设计要与炉体相匹配，转化炉应有适当的长径比，流道设置合理，火焰收敛而不发散，特殊的材料及密封结构，使烧嘴能够承受足够的压力和高温。

④ 烧嘴的操作要限制最低负荷，使高温区远离烧嘴头部，避免回火造成高温烧蚀。

经过改进优化和操作的严格控制，目前烧嘴的使用寿命可达 180d 左右。

3.4 焦炉煤气催化与非催化部分氧化法的比较

以焦炉煤气生产甲醇联产合成氨为例，对催化部分氧化和非催化部分氧化工艺进行比较。

3.4.1 主要工艺条件

（1）焦炉煤气组成及工况

加工焦炉煤气量为 $75000m^3/h$，主要组成见表 3-8。

表 3-8 加工焦炉煤气主要组成

组分	H_2	CO	CO_2	CH_4	C_2H_4	C_2H_6	N_2	O_2	合计
含量（体积分数）/%	57.90	9.49	3.83	21.69	2.06	0.63	4.0	0.4	100

杂质含量见表 3-9。

表 3-9 杂质含量

杂质	H_2S	有机硫	焦油	萘	HCN	NH_3	苯	H_2O
含量/（mg/m^3）	50~100	150~250	50	200	200	40	700	饱和

焦炉煤气压力：0.105MPa（绝压）。

焦炉煤气温度：40℃。

自建空分装置，供应 99.6% 的纯 O_2 和 99.999% 的纯 N_2。

（2）公用工程

① 蒸汽：转化、甲醇合成和氨合成装置副产的蒸汽可满足全厂工艺和加热用汽需求，富余蒸汽用于发电（转化副产的 4.0MPa 和合成副产的 2.5MPa 饱和蒸汽，分别用燃气加热炉过热至 450℃ 和 350℃）。

② 电力：副产蒸汽发电自用，不足部分由电网购入。为方便计算，所有压缩机均按电力驱动计算。

3.4.2 工艺流程

3.4.2.1 催化部分氧化法流程 （图 3-7）

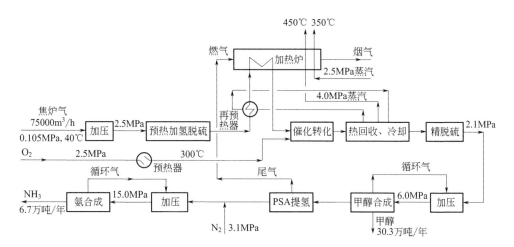

图 3-7 催化部分氧化工艺流程示意图

3.4.2.2 非催化部分氧化法流程 （图 3-8）

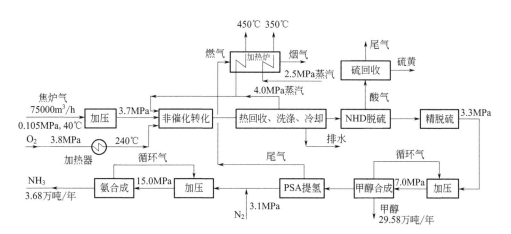

图 3-8 非催化部分氧化工艺流程示意图

为保护焦炉煤气压缩机，催化法采用 TSA 法脱除焦油和萘，非催化法采用预洗、电捕和焦炭过滤器及压缩机喷液措施，两种方法均可，在此不予比较。

3.4.3 主要技术经济指标对比表

采用统一的计算方法，将两种工艺的可比部分分别列出，见表 3-10。

表 3-10 催化部分氧化法与非催化部分氧化法工艺指标对比表

序号	项目	催化法	非催化法	备注
1	加工焦炉煤气量/(m³/h)	75000	75000	
1.1	转化压力/MPa	2.4	3.6	
1.2	转化出口温度/℃	980	1300	转化用
1.3	耗纯 O_2(99.6%)/(m³/h)	12195	16568	
1.4	耗蒸汽(4.0MPa)/(t/h)	39.174	3.75	
2	转化气组成/%			
	H_2	70.68	65.99	
	CO	17.52	26.15	
	CO_2	8.46	3.68	
	CH_4	0.66	1.06	
	N_2	2.68	3.12	
	合计	100	100	
	转化气量(干基)/(m³/h)	113708	98415	
	有效气(CO+H_2)/(m³/h)	100290	90683	
	H/C	2.4	2.1	
3	产品			
3.1	甲醇/(t/h)	37.90(30.3万吨/年)	36.97(29.58万吨/年)	
3.2	合成氨/(t/h)	8.4(6.7万吨/年)	4.61(3.68万吨/年)	可满足加热炉使用要求
	合计/(t/h)	46.30(37.0万吨/年)	41.58(33.26万吨/年)	
3.3	副产燃料气(PSA尾气)/(m³/h)	7795	6404	
4	转化单耗(以吨醇+氨总量计)			
4.1	焦炉煤气/(m³/t)	1620	1804	
4.2	氧气/(m³/t)	263.4	398.5	
4.3	蒸汽(4.0MPa)/(kg/t)	846.6	126.4	
5	主要装置用电负荷/kW			
5.1	空分(空压+氧压)	7358	10296	
5.2	焦炉煤气压缩机	12187	13023	
5.3	甲醇(合成气/循环气)	8145	6143	
5.4	氨合成(氢/氮气+循环气)	3108	1713	
5.5	冷冻机(氨合成用)	504	277	
5.6	NHD脱硫等	—	760	
5.7	硫回收	—	100	
	合计	31302	32312	

序号	项目	催化法	非催化法	备注
6	副产蒸汽/(t/h)			
6.1	转化副产 4.0MPa 中压蒸汽	52.6	75.6	
6.2	转化副产 0.3MPa 低压蒸汽	21.84	—	
6.3	甲醇、氨合成副产 2.5MPa 中压蒸汽	46.3	41.54	
7	用汽量/(t/h)			
7.1	转化用 4.0MPa 中压蒸汽	39.174	5.25(含氧气加热)	
7.2	甲醇精馏用低压蒸汽	41.69	40.89	
7.3	NHD 脱硫及其他用低压蒸汽	—	16	
8	总电耗/(kW·h)	31302	32312	
8.1	富余蒸汽发电	9058	15322	
8.2	外购电	22244	16990	
8.3	单耗/(kW·h/t)	480.4	408.6	
9	冷却水消耗(32℃~42℃)/(t/h)			
9.1	转化耗水	252	204	
9.2	NHD 耗水	—	226	
9.3	一次水(18℃)	—	350(NHD 消耗)	
10	催化剂及化学品消耗			
10.1	转化镍催化剂	17.0t/a(218 万元/年)	—	
10.2	铁钼加氢催化剂	104t/a(208 万元/年)	—	
10.3	氧化锌脱硫剂	480t/a(1056 万元/年)	54t/a(119 万元/年)	
10.4	氧化铁脱硫剂	150t/a(82.5 万元/年)	—	
10.5	脱氯剂	27t/a(15 万元/年)	23t/a(13 万元/年)	
10.6	吸油剂	84t/a(46.2 万元/年)	—	
10.7	常温精脱硫剂	23.0t/a(50.6 万元/年)	—	
10.8	水解催化剂	—	16.5t/a(116 万元/年)	
10.9	硫回收催化剂	—	2t/a(20 万元/年)	
10.10	NHD 溶剂	—	90t/a(180 万元/年)	
	合计	885t/a(1676.3 万元/年)	185.5t/a(448 万元/年)	
10.11	单耗	2.39kg/t(45.31 元/t)	0.56kg/t(13.5 元/t)	
11	三废			
11.1	废气	正常生产无废气	NHD 脱硫酸性气,气量 1581m³/h,经硫回收处理后,回收作燃料气	

序号	项目	催化法	非催化法	备注
11.2	废水	转化冷凝液 37.9t/h，直接回收（空气气提、加药）后回转化废锅或送给水处理装置统一处理后回用（不含有害物）	洗气塔排出含少量硫化物、HCN、NH₃等污染物的冷凝液洗涤水，送生化处理后回收或达标排放，排水量 25.0t/h	
11.3	废渣/(t/a)			由供应商回收或填埋
	废转化催化剂	17	—	
	废铁钼加氢催化剂	104	—	
	废氧化锌脱硫剂	约 770	约 60	
	废脱氯剂	27	23	
	废水解催化剂	—	16.5	
12	投资(可比部分)/万元			
12.1	转化装置	6664.3	4365.93	
12.2	加氢脱硫装置	4241.67		
12.3	NHD 脱硫		2700	
12.4	硫回收装置		710	
12.5	空分装置价差		多 1600	
	合计	10905.97	9375.93	
13	单位成本/(元/t)			仅可比部分
13.1	焦炉煤气	1620×0.5=810	1804×0.5=902	0.5 元/m³
13.2	电耗	480.6×0.6=288.36	408.6×0.6=245.16	0.6元/(kW·h)
13.3	催化剂及化学品	51.99	13.5	
13.4	折旧	10905.97/15/37.0=19.65	9375.93/15/33.2=18.83	按 15 年折旧
	合计	1170	1179.49	
14	产值/(亿元/年)			
14.1	甲醇	30.30×2300=6.969	29.58×2300=6.803	2300 元/t
14.2	合成氨	6.7×2800=1.876	3.68×2800=1.034	2800 元/t
	合计	8.845	7.837	

3.4.4 比较结果

① 催化法较非催化法醇/氨产量多 3.74 万吨/年，高 11.24%；产值多 1.008 亿元/年，高 12.86%；可比部分的成本低 9.49 元/t 产品。

② 按转化和脱硫装置可比部分投资计，非催化法比催化法投资少 1530.04 万元，催化剂、脱硫剂年耗量少 1268.3 万元/年。

③ 非催化法转化气中 CO₂ 含量较低，合成气 H/C＝2.09，对甲醇合成

更加有利；催化法的合成气 H/C 较高，约为 2.40，合成驰放气量大。另外，甲醇合成循环气中惰性气体（CH_4+N_2+Ar）非催化法为 25.02%，催化法为 15.19%，因此，非催化法的甲醇合成压力要高于催化法。

④ 非催化法转化工序副产的中压蒸汽多，用汽少，外送中压蒸汽 70.35t/h，较催化法多 56.95t/h。

3.4.5 两种工艺的对比分析

① 催化法由于有催化剂促进转化反应，反应温度较非催化法低 300 多摄氏度，氧耗少 4350m³/h，甲烷转化率高，出口气体组成更加接近热力学平衡；非催化法由于受到压力、空速、蒸汽比以及混合流动状态等多种因素的影响，甲烷转化率较低，远离热力学平衡状态。同时，由于非催化法的氧耗高，甲烷转化率较低，有效气产量较催化法少 9607m³/h，因此，处理同样气量的焦炉煤气，催化法生产甲醇联产合成氨装置产能较非催化法高出约 10%，效益更好。

② 非催化法虽然具有流程简单，催化剂和脱硫剂用量少、耗蒸汽少等优点；但也存在着炉温高、热损大、耗氧多、耗有效气多、CH_4 转化率低等缺点，装置整体经济性有待评价和进一步探讨。

③ 非催化法由于转化炉炉温高，相应也带来一些问题。例如，烧嘴寿命较短，耐火衬里和拱顶易超温，废热锅炉操作条件严苛等，同时还有脱硫尾气及洗涤水需处理等。

④ 催化法目前在国内已有几十套工业装置在运转。经多年的生产实践证明，该技术是成熟可靠的，能够保证安全、稳定、长周期运转。

综上所述，焦炉煤气转化工艺技术的选择，应该以产能大、产值高、效益好，装置运转安全、稳定、可靠为基本原则。如果全国有五分之一的焦炉煤气（即 480 亿立方米/年）用于生产甲醇联产合成氨，采用催化法比非催化法要多生产 300 万吨/年醇氨产品，产值多 76.0 亿元/年，经济效益显著。

3.5 一氧化碳变换

3.5.1 概述

一氧化碳与水蒸气在催化剂上进行变换反应，生成氢气和二氧化碳。这个过程在 1913 年就用于合成氨工业，以后被用于制氢等工业。在合成甲醇和合成油品生产中，也用此反应来调整一氧化碳与氢的比例，以满足工艺要求。

在用焦炉煤气转化气生产甲醇时，由于焦炉煤气中 H 多 C 少，用催化转化法生产的转化气中 H/C≈2.4，非催化转化法 H/C≈2.1，均不需要变换，而生产合成氨或提纯 H_2 时就必须设变换装置。

在合成氨生产中，氢气的制取在生产成本中占有很大的比重，因此要尽一切可能设法获得最多的氢气。同时，CO 对氨合成催化剂有严重的毒害，也必须除去，最好的办法是提高 CO 变换率。最近几十年来，各国学者都做了不少工作，对催化剂不断改进。到目前为止，可使变换后气体中 CO 含量降到 0.2%～0.4%。通过变换工序将 CO 变为 H_2 使产品成本降低，工厂经济效益提高。

一氧化碳变换，视其原料和所采用的生产方法不同，也有不同的工艺。20 世纪 50 年代以前，在常压下制取合成氨原料气，其变换反应大多数也是在常压下进行。此后，特别是 20 世纪 60 年代以后，合成氨原料改用天然气、油田气、轻油等，生产方法大多采用加压的蒸汽转化法，变换则在加压下进行。用粉煤加压气化做原料气，其变换压力一般在 5.5MPa 以下，以渣油为原料，最高压力已达 8.5MPa。

对于焦炉煤气转化气的变换来讲，一般采用中变串低变，流程较为简单，只需在转化流程中设置变换炉和换热设备即可。

近年来，由于催化剂性能的提高和变换技术的不断进步，等温变换（亦称均温变换或可控温变换）技术实现了工业化，使变换的工艺流程大为简化，能耗进一步降低，特别是对高浓度的 CO 变换，优势更为明显。

3.5.2 变换的物理化学基础

3.5.2.1 变换反应的热效应

一氧化碳和水蒸气变换反应是一个等分子可逆的放热反应。

$$CO(g) + H_2O(g) \Longrightarrow CO_2(g) + H_2(g) \qquad \Delta H^0_{298} = -41.16kJ/mol$$

表 3-11 列出了不同温度下的变换反应的反应热数据。

表 3-11 $CO + H_2O \Longrightarrow CO_2 + H_2$ 的反应热

温度/K	298	400	500	600	700	800	900
$\Delta H/(kJ/mol)$	−41.16	−40.66	−39.87	−38.92	−37.91	−36.87	−35.83

不同文献发表的反应热计算式或反应数据略有差异，主要是由于所取的恒压热容数据不同，但差别很小，对于工业上计算没有显著影响。当操作压

力低于 3MPa 时，压力对于反应热影响很小，可以忽略不计。

3.5.2.2　变换反应的平衡常数

变换反应一般在常压或压力不甚高的条件下进行，故在计算平衡常数时，各组分用分压表示也就足够准确了。

$$K_p = \frac{p_{CO_2} p_{H_2}}{p_{CO} p_{H_2O}} = \frac{Y_{CO_2} Y_{H_2}}{Y_{CO} Y_{H_2O}}$$

式中　p_i——i 组分平衡状态下分压；

　　　Y_i——i 组分平衡状态下分子分数；

　　　i——CO、H_2O、CO_2、H_2。

一氧化碳变换反应平衡常数列于表 3-12。

表 3-12　一氧化碳变换反应平衡常数 $K_p = (p_{H_2} p_{CO_2})/(p_{H_2O} p_{CO})$

$T/℃$	K_p	$T/℃$	K_p	$T/℃$	K_p	$T/℃$	K_p
200	210.82	246	89.843	292	43.543	338	23.489
202	202.54	248	86.839	294	42.301	340	22.910
204	194.64	250	83.956	296	41.104	342	22.360
206	187.11	252	81.188	298	39.949	344	21.822
208	179.91	254	78.530	300	38.833	346	21.300
210	173.04	256	75.977	302	37.756	348	20.794
212	166.48	258	73.524	304	36.716	350	20.303
214	160.21	260	71.167	306	35.712	352	19.826
216	154.21	262	68.901	308	34.741	354	19.364
218	148.49	264	66.723	310	33.804	356	18.916
220	143.01	266	64.028	312	32.898	358	18.481
222	137.77	268	62.613	314	32.022	360	18.059
224	132.76	270	60.674	316	31.175	362	17.649
226	127.97	272	58.808	318	30.356	364	17.251
228	123.38	274	57.012	320	29.564	366	16.864
230	118.99	276	55.284	322	28.798	368	16.789
232	114.78	278	53.619	324	28.057	370	16.124
234	110.75	280	52.105	326	27.339	372	15.769
236	106.89	282	50.470	328	26.645	374	15.425
238	103.19	284	48.981	330	25.973	376	15.090
240	99.638	286	47.546	332	25.322	378	14.765
242	96.236	288	46.163	334	24.691	380	14.449
244	92.937	290	44.829	336	24.081	382	14.141

$T/℃$	K_p	$T/℃$	K_p	$T/℃$	K_p	$T/℃$	K_p
384	13.842	414	10.205	444	7.7325	474	0.0020
386	13.551	416	10.010	446	7.5975	476	5.9061
388	13.268	418	9.820	448	7.4657	478	5.8124
390	12.993	420	9.6345	450	7.3369	480	5.7200
392	12.725	422	9.4536	452	7.2111	482	5.6308
394	12.464	424	9.2772	454	7.0883	484	5.5430
396	12.211	426	9.1051	456	6.9682	486	5.4570
398	11.964	428	8.9373	458	6.8508	488	5.3728
400	11.723	430	8.7735	460	6.7362	490	5.2904
402	11.489	432	8.6138	462	6.6241	492	5.2098
404	11.261	434	8.4578	464	6.5145	494	5.1308
406	11.039	436	8.3057	466	6.4074	496	5.0534
408	10.822	438	8.1572	468	0.3026	498	4.9777
410	10.611	440	8.0122	470	6.2002	500	4.9035
412	10.406	442	7.8707	472	0.1000		

3.5.2.3 一氧化碳变换率和平衡变换率

一氧化碳变换程度通常用变换率表示。一氧化碳变换反应是等体积反应，反应前后体积相等。在工业生产中，为了简便起见，采用干气组分来计算变换率。对于干气体体积来说，反应后的气体体积有所增加，因为一个 CO 分子反应后生成 CO_2 和 H_2 分子各一个，都在干气中，其变换率 X 的计算为：

$$V'_{CO} = \frac{V_{CO} - XV_{CO}}{100 + XV_{CO}} \times 100\%$$

$$X = \frac{V_{CO} - V'_{CO}}{V_{CO}\ (100 + V'_{CO})} \times 100\%$$

式中　X——CO 变换率，%；

　　　V_{CO}——原料气（干气）中 CO 含量，%；

　　　V'_{CO}——变换气（干气）中 CO 含量，%。

当反应达到平衡时的变换率叫平衡变换率，用 X_p 表示。

$$K_p = \frac{Y'_{CO_2} Y'_{H_2}}{Y'_{CO} Y'_{H_2O}} = \frac{(Y^0_{CO_2} + Y^0_{CO} X_p) \times (Y^0_{H_2} + Y^0_{CO} X_p)}{(Y^0_{CO} - Y^0_{CO} X_p) \times (Y^0_{H_2O} - Y^0_{CO} X_p)}$$

式中　Y^0_i——反应前湿气中摩尔数；

　　　Y'_i——反应后湿气中摩尔数；

　　　i——组分为 CO_2、H_2、CO、H_2O。

根据气体组成和不同温度下的平衡常数，可解出上述一元二次方程，并可算出平衡转化率和平衡 CO 浓度。

3.5.2.4　影响 CO 变换平衡的主要因素

（1）温度

由表 3-6 可知，CO 变换反应的 K_p 随温度升高而减小。由图 3-9 可见，平衡变换率随温度降低而增大。从平衡角度考虑，低温下进行 CO 变换反应，有利于降低出口 CO 含量，于是人们开发出适用于低温或宽温的多种催化剂和高、低温变换催化剂相组合的工艺流程。

（2）汽气比

CO 变换为可逆反应，增加汽气比，可使反应向生成 H_2 和 CO_2 的方向进行。从图 3-9 可以看出，汽气比低时，斜率很大，随着汽气比的提高，曲线斜率逐渐减小并转向平坦。一般情况下，采用提高汽气比的方法来提高 CO 的变换率。但提高汽气比也有一定限度，这是因为汽气比再往上提高，效果越来越小，当汽气比大于特定的数值时，以干气为基础的变换率反而下降。值得注意的是，工业生产要求最终干气中 CO 有较低的浓度，同时消耗较少的蒸汽。在增加蒸汽用量后，能量消耗增大。在大多数情况下，用提高汽气比来提高 CO 变换率不是最经济的办法，应综合热力学、动力学、能量消耗等各方面因素，选择一个合适的汽气比。近几年来，考虑到节能的需要，选

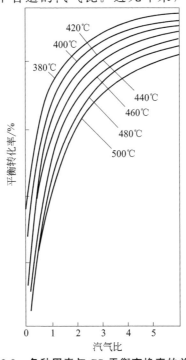

图 3-9　各种因素与 CO 平衡变换率的关系

择低温变换，采用较低的汽气比操作，是经济合理的。

（3）压力

一氧化碳变换是一个等分子反应。如为理想气体时，压力对平衡状态没有影响。目前的工业操作条件，压力大多在 5.0MPa 以下，温度在 200～500℃，在平衡反应条件下，反应物与生成物的逸度系数都非常接近 1，故压力对变换反应没有显著影响，可忽略不计。

对于真实气体而言，如果要在很高的压力下进行变换反应，偏差就较大，必须根据各气体的逸度来计算 K_p，压力对平衡有一定的影响。

K_p 值的计算公式如下：

$$K_p = \frac{Y_{CO_2} Y_{H_2}}{Y_{CO} Y_{H_2O}} \times \frac{r_{CO_2} r_{H_2}}{r_{CO} r_{H_2O}}$$

式中　　Y——气体组成分子分数；

　　　　r——气体的逸度系数。

3.5.3　变换催化剂

3.5.3.1　变换催化剂发展进程

早在 1912 年，德国人 W. Wied 利用 FeO-Al$_2$O$_3$ 作一氧化碳变换催化剂，从水煤气中制取氢气。A. Mittasch 等人研制成功 Fe-Cr 系催化剂，并于 1913 年在德国的 BASF 公司合成氨工厂首先得到工业化应用，迄今已超过 100 年，其使用温度在 300～530℃，称高温变换催化剂。为了提高变换率，1963 年美国 Giraler 公司将 Cu-Zn 系变换催化剂引入合成氨工艺，使得一氧化碳变换反应温度降低到 180～280℃。在高温变换之后再进行低温变换，可使最终变换反应出口 CO 浓度降至 0.5％以下，使得变换反应的总转化率大大提高。

Fe-Cr 系催化剂的活性温度较高，抗硫性能却较差，铬对人体有危害。Cu-Zn 系低温变换催化剂，虽有良好的低温活性，但对硫、氯毒物非常敏感。因此，有人将早期开发的 Co-Mo 系变换催化剂改进成为宽温变换催化剂，该催化剂既耐硫，又有很宽的活性温度区（200～470℃），特别对含硫高的渣油以及煤为原料的煤气，可直接进行变换，使流程简化，蒸汽消耗显著降低。

中国在 20 世纪 50 年代初就开始生产 Fe-Cr 系催化剂，60 年代中期成功研制出 Cu-Zn 系低温变换催化剂，70 年代研制成功 Fe-Mo、Co-Mo 系耐硫宽温变换催化剂，并广泛应用于各种类型的氨厂及制氢工厂。

3.5.3.2　高温变换催化剂

Fe-Cr 系变换催化剂广泛应用于早期的合成氨厂和制氢厂，其型号较多，是用量最大的催化剂，其工业操作温度通常为 300～530℃。在实际操作中，大型氨厂一般不超过 460℃，中、小型氨厂一般温度在 500℃ 左右，在低温变换技术未开发以前，通称为变换催化剂。后期，随着低温变换技术的广泛推广，对原有变换催化剂改称为高温变换催化剂，以示区别。也有人将 450℃ 以上称为高温，450℃ 以下称为中温，但所用催化剂均属同一品种。中国从 1946 年就开始生产 Fe-Cr 系催化剂，发展至今，已有 10 多个型号。

　　Fe-Cr 系高温变换催化剂具有原料易得、成本低、耐热性能好、选择性好等特点。表 3-13 列出了主要型号的高温催化剂性能。

表 3-13　高温变换催化剂型号和性能表

项目		B107	B1102	B112	B113	B117	ICI15-5	C12-1-05	SK12	K6-10
化学组成（质量分数）	Fe_2O_3/%	70～73	79～85	≥75	79～80	65～75	√	89±2	86～87	√
	Cr_2O_3/%	10～12	8～11	≥6	10～11	3～6	√	9±2	7～8	√
	K_2O/%	—	0.3～0.4	—	0.15	—				
	SO_4^{2-}/%	≤6.0	≤0.6	—	(1～200)×10^{-6}	≤1	S=0.04	S<0.05	S<0.05	
	MoO_3/%	—	—	≥7.2	—	—				
颗粒尺寸	形状	片状	片状	片状	片状	片状	片状	片状	片状	片状
	D/mm	9～9.5	9～9.5	9～9.5	9	9～9.5	5.4	9.5	6～9	6～9
	H/mm	5～7	5～7	5～7	5	7～9	3.6	4.8	6～9	6～9
堆密度/(kg/L)		1.25～1.6	1.4～1.6	1.4～1.6	1.3～1.4	1.5～1.6	1.35	1.04±0.09	1.0～1.2	1.15
强度	破碎强度/(N/cm)	还原前196	还原前196	还原前>196	径向>200	还原前>196	径向200	径向98	8kg/颗	正压245.5MPa
	磨耗颗粒/%	≤10	≤13	≤13		≤10				
操作条件	使用温度/℃		290～500		320～470		330～530	390～510	330～450	300～500
	空速/h^{-1}	600～1000	2000～3000							
生产国家		中国	中国	中国	中国	中国	英国 ICI	美国 UCI	丹麦 Topsφe	德国 BASF

注："√"指含有此物质，具体组成不详；"—"指不含该物质。

3.5.3.3　低温变换催化剂

　　铜基 CO 低温变换催化剂，目前有两大类：即 Cu-Zn-Cr 系和 Cu-Zn-Al 系。为了改善催化剂生产条件，减少环境污染，扩大原料来源，目前大多数生产厂都生产后一种类型。中国于 1965 年研制成功 B201 型低变催化剂，随即用于生产。

　　目前市场上主要的低变催化剂型号及性能见表 3-14。

表 3-14 低变催化剂型号和性能表

项目		B202	B204	B205	B206	C18-1	C18+k	LSK	ICI52-1	K3-10
化学组成	CuO/%	29.7	37.3	28~29	37~38	26	42	18	26.2	30
	ZnO/%	41.2	38.0	52~53	37~38	54	47	31	40	31
	Al_2O_3/%	8.4	8.6	9~11	8~10	20	10	—	10.9	12.8
	Cr_2O_3/%	—	—	—	—	—	—	48	—	—
粒度/mm		φ5×(5±0.5)	φ5×(4.5±0.5)	φ6×3.5 φ4.5×4.5	φ5×(4.5±0.5) φ6×(3.5±0.5)	φ6.4×3.2	φ6.4×3.2	φ6×6 φ4.5×4.5	φ4.5×3.6	φ5×5
堆密度/(kg/L)		1.4~1.5	1.4~1.6	1.1~1.2	1.4~1.6	1.3~1.4	1.0~1.28	1.06	0.9	1.05
强度	侧压/(N/cm)	≥157	≥157	≥250	≥250	100	100		80	
工作操作条件	使用温度/℃	180~230	200~240	180~260	180~260	180~190	180~290	200~300	180~250	180~300
	压力/MPa	≤3.0	≤4.0	≤5.0	≤4.0	0.1~4.0	0.1~4.0		0.1~5.0	
	空速/h^{-1}	1000~2000	1000~2500	1000~4000	2000~4000	300~4000	300~4000		2000~5000	
生产国家和厂家		中国南化、川化	中国南化、川化	中国辽化	中国南化	美国 UCI	美国 UCI	丹麦 Topsφe	英国 ICI	德国 BASF

3.5.3.4　宽温（耐硫）变换催化剂

（1）Co-Mo 系催化剂

一氧化碳宽温变换催化剂通常应用的是 Co-Mo 系催化剂，它既耐硫又有很宽的活性温区，一般在 $160 \sim 500 ℃$ 之间都可使用。

① Co-Mo 系催化剂及性能　目前，工业上使用的 Co-Mo 系催化剂活性组分为 CoO 和 MoO，使用时需将 CoO 和 MoO 硫化成 CoS 和 MoS 才具有活性。其中，Al_2O_3 是结构型载体，加入碱金属可提高催化剂活性，起促进作用。加入稀土能抑制 $\gamma\text{-}Al_2O_3$ 变成 $\alpha\text{-}Al_2O_3$，可保证催化剂具有一定的活性表面和强度。该催化剂有突出的耐硫和耐其他毒物的性能，可耐原料气中总硫到几十克/米^3，这是 Fe-Cr 系和 Cu-Zn 系变换催化剂所无法比拟的。少量的 NH_3、HCN、C_6H_6 等对 Co-Mo 系催化剂活性均无影响，且其强度好，遇水不粉化，经硫化后，强度还可以提高 50% 以上。Co-Mo 系催化剂寿命长，一般可用 5 年左右，有的可用到 10 年以上；可再硫化，使部分失活的催化剂活性大部分恢复，以延长其寿命。

目前工业上主要型号的宽温变换催化剂性能指标见表 3-15。

表 3-15　宽温变换催化剂型号和性能表

	项目	B301	QCS-04	B303Q	K8-11	C25-402	SSK
化学组成（质量分数）	CoO/%	$2 \sim 3$	1.8 ± 0.3	>1	3.6	$2.7 \sim 3.7$	3
	MoO₃/%	$10 \sim 15$	8 ± 1	$8 \sim 13$	9.5	$11 \sim 13$	10.8
	Al₂O₃/%	√	余量	√	52.9	余量	√
	助催化剂/%	√	√		MgO 22.4 SiO₂ 11	稀土 $0.9 \sim 1.3$	K_2CO_3 13.8
外形颜色		片状 灰蓝色	条状 浅绿色	球状 浅蓝色	条状 浅绿色	条状	球状
粒度/mm		$\phi 5 \times (4 \sim 6)$	$\phi 5 \sim 3$ 长 $8 \sim 12$	$\phi 3 \sim 5$ $\phi 5 \sim 7$	$\phi 4 \times 4$	$\phi 3 \times 10$	$\phi 3 \sim 6$ $\phi 5 \sim 16$
堆密度/(kg/L)		1.05	$0.75 \sim 0.88$	$0.9 \sim 1.1$	0.73	0.70	$0.9 \sim 1.0$
强度	正压/(N/L)	150	—	—	110	50	
	侧压/(N/颗)	—	>30	>30			
操作温度/℃		$210 \sim 460$	$200 \sim 500$	$160 \sim 470$	$280 \sim 500$	$270 \sim 500$	$200 \sim 475$
生产厂家		中国	中国	中国	德国 BASF	美国 UCI	丹麦托普索

注："√"指含有此物质，具体组成不详；"—"指不含该物质。

近年来，国内开发成功的 QDB 系列新型耐硫变换催化剂已广泛应用于大型粉煤、水煤浆和碎煤加压气化煤气的变换装置中，特别是低水/气比耐硫变换催化剂的开发成功，有效解决了高浓度 CO 原料气变换易发生甲烷化副反应和变换深度控制的难题，实现了耐硫变换工艺的重大创新和突破。

Co-Mo 系催化剂价格较 Fe-Cr、Cu-Zn-Al 系催化剂要高。最近几年的实践证明，它可以用高空速、长寿命的特点，折算每年耗用的费用反比其他的催化剂费用低。

② Co-Mo 系催化剂硫化及反硫化

a. 硫化反应　Co-Mo 系宽温变换催化剂使用前呈氧化态，与其他催化剂相似，需要经过活化才能有很好的催化活性。硫化可用未脱硫的工艺气进行，因该气体中含有一定的 H_2S。为了缩短硫化时间，保证活化得好，工业上一般都在干煤气中添加 CS_2 为硫化剂。

硫化是个放热过程，主要反应有：

$$CS_2 + 4H_2 \rightleftharpoons 2H_2S + CH_4 \qquad \Delta H_{298}^0 = -240.6\text{kJ/mol} \qquad (1)$$

$$MoO_3 + 2H_2S + H_2 \rightleftharpoons MoS_2 + 3H_2O \qquad \Delta H_{298}^0 = -48.1\text{kJ/mol} \qquad (2)$$

$$CoO + H_2S \rightleftharpoons CoS + H_2O \qquad \Delta H_{298}^0 = -13.4\text{kJ/mol} \qquad (3)$$

$$COS + H_2O \rightleftharpoons CO_2 + H_2S \qquad \Delta H_{298}^0 = -35.2\text{kJ/mol} \qquad (4)$$

b. 反硫化反应　在硫化时，若工艺条件掌握不好，将会发生反硫化现象，这也是 Co-Mo 系催化剂特性之一。

反硫化主要是讨论 MoS_2 的反硫化。根据热力学计算，CoS 或 Co_9S_8 在通常条件下，难以发生反硫化。而 MoS_2 的反硫化实际上是它的水解反应或是 MoO_2 硫化反应的逆反应。

在反应式（2）中，MoO_3 先被 H_2 还原成 MoO_2。而在一定的反应温度、蒸汽量和 H_2S 浓度下，会导致反应式（5）向右进行，造成催化剂失活。

$$MoS_2 + 2H_2O \rightleftharpoons MoO_2 + 2H_2S \qquad (5)$$

反硫化反应的平衡常数为：

$$K_p = \frac{p_{H_2S}^2}{p_{H_2O}^2} \qquad (6)$$

K_p 取决于温度，在一定温度与汽气比下，要求有一定的 H_2S 量。当 H_2S 含量高于相应的数值时，就不会发生反硫化，故此浓度又称为最低 H_2S 含量，如表 3-16 所示。

反应式（5）是一个吸热反应，K_p 随温度呈指数增加，温度影响很敏感。在操作中，为了保持一定的 CO 转化率，在催化剂逐步老化下，势必增加蒸汽用量或提高温度。这时应特别注意反硫化条件的形成，一般在进口温度较低的情况下，可防止反硫化的形成。

表 3-16　不同汽气比时各温度下最低 H₂S 含量

温度/℃	H₂S 含量/(g/m³ 干气)							
	0.2	0.4	0.6	0.8	1.0	1.2	1.4	1.6
200	0.014	0.02	0.043	0.057	0.071	0.085	0.100	0.114
250	0.041	0.082	0.123	0.164	0.205	0.246	0.286	0.327
300	0.098	0.195	0.293	0.391	0.488	0.586	0.684	0.781
350	0.202	0.404	0.607	0.809	1.011	1.213	1.416	1.618
400	0.357	0.750	1.125	1.50	1.874	2.49	2.624	2.999
450	0.637	1.273	1.91	2.547	2.183	3.82	4.457	5.093
500	1.007	2.015	3.022	4.029	5.037	6.044	7.051	8.059
550	1.504	3.008	4.513	6.017	7.521	9.025	10.53	12.03

钴钼催化剂若失活或床层阻力过大，可经再生以恢复其活性。再生时，根据失活情况，制定出再生条件，然后进行。倘若遇有反硫化现象时，再生后再进行硫化。再硫化后的活性仅能部分恢复，所以必须严格按再生工艺条件进行，防止反硫化反应发生，以确保 Co-Mo 系催化剂始终处于硫化状态，保持优异的变换活性。

（2）宽温变换催化剂的使用

① 温度、汽气比　宽温变换催化剂进口温度是主要控制指标。在确保变换炉出口 CO 含量工艺指标范围内，并超过露点以上 25℃ 的前提下，选择低的进口温度，一般在 180～210℃，热点温度在 210～240℃。提高温度可以加快反应速度，但这是"短期行为"。因为提高温度会降低 CO 的平衡转化率，并可能发生反硫化反应。温度上升经高温操作后，再回到低温时，就会明显地失去低温活性。因此，床层提温须遵守"慢提、少提"的原则，正常情况下，每年提温幅度不得大于 5～10℃。

汽气比与宽温变换催化剂变换率的关系可见图 3-10。

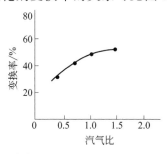

图 3-10　汽气比对 B302Q 催化剂变换率的影响

当汽气比小于 1 时，对变换率影响甚为敏感。但是宽温变换催化剂在低汽气比下仍有高的变换率。应用中变串低变的流程不需另加蒸汽，中变后剩余蒸汽（汽/气＝0.2）也可满足变换炉运行的工艺指标。为了防止反硫化，不要提高操作温度与汽气比，稳定操作条件，要求脱硫后维持 H_2S 浓度在 $30\sim60mg/m^3$。

② 使用注意事项 在中变串低变工艺中，应选择活性好、强度高的中变催化剂。不能认为有低变催化剂"把关"，便可随意使用中变催化剂。中变串低变后，节省蒸汽的原因在于降低中变的变换负荷，从而可以降低中变的汽气比。如果中变催化剂活性差，同样负荷下，其蒸汽消耗也会同样提高。如若中变催化剂强度不好，Fe、Cr、Na 等粉尘就会带到低变上，使低变炉容易结疤、结块、引起偏流，增加床层阻力等。

在全低变流程中，用宽温变换催化剂代替中温变换催化剂，工艺操作条件较为恶劣，要特别注意原料气的质量、水质的净化，防止油、水、氯根带入炉中。严格控制半水煤气中氧含量小于 0.5%。全低变热点温度可高达 350℃，故 H_2S 含量宜保持在 $0.5g/m^3$，需相应地调整脱硫工段的指标并加强后工段的脱硫。

3.5.4 变换工艺流程

我国一氧化碳变换的工艺流程多种多样，由于气化的原料和方法的不同，变换的流程也不同。早期以煤、焦为原料采用常压气化法，变换用常压高温变换流程，后来有些工厂改为加压变换流程。低温变换催化剂开发成功后，特别是天然气蒸汽转换法工业化后，多用中变串低变流程。耐硫宽温变换催化剂问世后，先后有中变串低变流程、中低低流程和全低变流程等。

3.5.4.1 焦炉煤气催化转化气的变换流程

焦炉煤气催化部分氧化转化气变换基本同天然气蒸汽转化法的变换流程，即采用中变串低变的流程，所用的催化剂为不耐硫的中温和低温变换催化剂。典型工艺流程如图 3-11 所示。

焦炉煤气催化转化气中 CO 含量为 16%～18%，压力为 2.0～2.5MPa，汽气比为 0.4～0.5，经废热锅炉后的气体进入变换炉，温度为 300～350℃，入炉前需补入蒸汽将汽气比调至 0.6 左右，才能保证低变出口 CO 达到 0.35% 以下。中变出口温度控制在 400～420℃，出口 CO 在 3%～5%。进入低变炉的入口温度在 180～200℃，出口温度控制在 210～220℃，CO 含量为 0.3%～0.35%。CO 变换为放热反应，其反应热大部分用于发生蒸汽供变换自用。

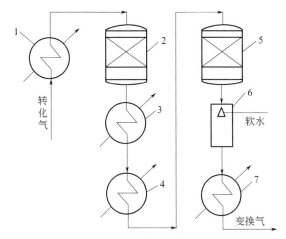

图 3-11　一氧化碳中变串低变流程
1—废热锅炉；2—中温变换炉；3—中变废热锅炉；4—气气换热器；
5—低温变换炉；6—饱和器；7—加热器

焦炉煤气转化的变换气一般用于生产合成氨或提纯氢，其后续的流程，还要经过脱 CO_2 和甲烷化等工序，甲烷化工序一般要在变换工序获取部分高温热源。变换的尾部热量一般用于脱 CO_2 工序再生的用热。有些转化流程中，焦炉煤气初预热器要靠变换尾部的热量换热提温。由此可见，变换工序是整个合成氨或制氢系统的一部分，其具体流程要依全系统优化设计确定。

3.5.4.2　焦炉煤气非催化转化气的变换流程

焦炉煤气非催化转化气中含有 H_2S 等硫化物，需用耐硫变换催化剂，可采用宽温多段变换流程。焦炉煤气非催化转化气中 CO 含量为 $25\%\sim27\%$，汽气比为 0.2 左右，要使变换出口 CO 降至 0.35% 以下，必须将汽气比调至 0.78 左右，需要补入大量的蒸汽。变换流程一般需要采用三段变换，如采用二段变换，其蒸汽耗量还会增加。

为了减少蒸汽的耗量，国内相关单位开发了双甲流程（醇烃化或醇烷化），使变换出口 CO 提高至 1% 以上，这样不仅降低了蒸汽消耗，也使流程大为简化。另外，采用液氮洗、铜洗等精制流程或用于提纯 H_2 时，都不需要将变换出口 CO 降至 0.35% 以下，这样设计的变换系统流程较为经济合理。

3.5.5　等温变换工艺

3.5.5.1　开发背景

催化剂对 CO 变换工艺是极为重要的，它使变换反应成为可能。随着新型催化剂的不断开发，CO 变换工艺技术水平大大提高，对原料的适应性越来越宽，变换反应的温度越来越低，变换效率逐步提升，能量消耗逐渐降低，能量的回收利用更加充分。

但是，无论是什么样的催化剂，也改变不了 CO 变换反应放热的热力学特性。只要有变换反应，就会放出热量；只要放出热量，在绝热床的情况下，床层温度就会升高，平衡变换率就会下降。如果有放热的副反应发生，还可能造成催化剂床层的"飞温"。这是化学热力学和动力学本质决定的，不可改变的。如果用物理方法，及时将反应热移走，就可维持催化剂床层在稳定的低温下操作，保证高的 CO 变换率。现在开发的等温变换炉就较好地解决了这一问题，它开辟了提高 CO 变换工艺技术，不单靠催化剂的另一条路。

CO 等温变换具有如下特点：

① 及时移走反应热，使催化剂床层在较低温度下稳定运行。提高 CO 变换反应的变换率，使操作稳定，不超温，无风险。

② 实现大型高浓度 CO 原料气一段深度变换、一步到位达到工艺要求的目的，简化了流程。

③ 直接回收反应热，提高了有效能的利用率。

④ 减少蒸汽耗量，节约能源。

CO 等温变换特别适合于大型合成氨或甲醇装置、大型制氢或煤制油装置、大型煤化工装置等。

CO 等温变换打破了只依靠催化剂的改进而提高变换工艺技术的历史，它是通过设备结构的改进，用物理方法移走反应热而提高 CO 变换效率的技术，所以是对 CO 变换工艺技术特别是对高 CO 含量变换工艺的历史性的重要贡献。

3.5.5.2 等温变换工艺设计理念

等温变换反应温度近乎恒定，反应放出的热量随之移出，移出热量接近放出热量，这种状况下反应温度变化不大，故称等温变换，亦称均温变换或可控温变换。最有效的移热方式是以（沸腾）水为换热介质，因其在反应器内发生相变，汽化潜热很大，反应热很容易移走，使反应过程温度维持不变；且沸腾水压力与温度呈对应关系，只需控制蒸汽压力，就可有效地控制反应器的温度，操控容易。由于等温变换靠沸腾水及时移走反应热，所以，不受入口 CO 含量的限制，其流程主要取决于变换出口对 CO 的要求。

3.5.5.3 等温变换流程

（1）变换出口 CO 为 1.5％的等温变换流程

来自气化的粗煤气，温度 216℃，CO 体积分数 76％，变换后 CO 体积分数为 1.5％。其流程示意图如图 3-12。

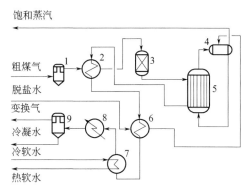

图 3-12　变换出口 CO 为 1.5％的等温变换流程示意图
1—丝网过滤器；2—热交换器；3—净化保护器；4—汽包；5—等温变换炉；
6—脱盐水加热器；7—软水加热器；8—蒸发式水冷器；9—水气分离器

从气化装置来的粗煤气（水/气＝1.5），经丝网过滤器过滤煤气中的粉尘，进入热交换器加热后，去净化保护器除去煤气中含 As、Cl 等的有毒物质，并发生少量 CO 变换反应，出净化保护器的净化煤气从等温变换炉上部进入内外筒环隙，径向通过催化层，在 270℃进行等温变换反应，反应后 CO 体积分数降至 1.5％。变换气从炉底侧出来，返回热交换器管内，与管外未反应的冷气体进行换热，变换气被冷却，进脱盐水加热器，在此把压力为 4.5MPa 脱盐水从 80℃加热到 220℃，作为变换水管锅炉汽包的给水。从脱盐水加热器出来的变换气，温度 90℃，经过软水加热器后，变换气降温至 60℃，再经蒸发式水冷器降至常温，经水气分离器分离冷凝水后，送下一工序，冷凝水可作为软水加热器给水。

（2）变换出口 CO 为 0.4％的等温变换流程

粗煤气压力 4.0MPa，220℃，CO 体积分数 60％，目标产品为合成氨等。变换后 CO 体积分数 0.4％。

根据上述工况和要求，采用等温变换工艺，产生 2.5MPa、温度 224℃的饱和蒸汽，等温变换运行温度 270℃，终端变换温度 222℃，其工艺流程示意见图 3-13。

从气化装置来的粗煤气经丝网过滤器过滤煤气中的粉尘后，去预变换保护器除去煤气中含 As、Cl 等的有毒物质，并发生少量 CO 变换反应。出预变

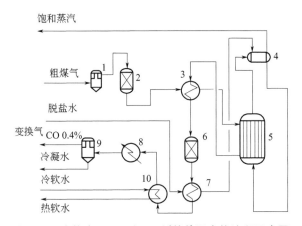

图 3-13　变换出口 CO 为 0.4% 的等温变换流程示意图
1—丝网过滤器；2—预变换保护器；3—热交换器；4—汽包；5—等温变换炉；
6—终端变换炉；7—脱盐水加热器；8—蒸发式水冷器；9—水气分离器；10—软水加热器

换保护器的净化煤气从等温变换炉上侧进入内外筒环隙，径向通过催化层，在 270℃ 进行等温变换反应，反应后 CO 体积分数降至 5%。变换后温度 260℃ 的变换气从炉底侧出来进入热交换器管内，与管外未反应的冷气体进行换热，冷却降温至 192℃，进终端变换炉继续进行变换反应，CO 体积分数降至 0.4%，温度上升至 223℃，CO 只有 0.4% 的变换气进入脱盐水加热器，在此把压力为 4.5MPa 脱盐水从 80℃ 加热到 220℃，作为变换水管锅炉汽包的给水。从脱盐水加热器出来的变换气温度 90℃，经过软水加热器，变换气温度降至 60℃，再经蒸发式水冷器降至常温，经水气分离器分离冷凝水后，送下一工序，冷凝水可作为软水加热器的给水。

上述流程为了既能产生高位能的蒸汽，又要保证变换出口 CO 满足 0.4% 的要求，设置了一台等温和一台绝热变换炉。现在有的公司已改为只用一台等温变换炉，就是把等温变换炉分为两个区，分别产生高位能的蒸汽和低压蒸汽，气体最后通过低压区的床层出口，温度降至 223℃ 以下，保证出口 CO 小于 0.4%。

3.5.6　变换蒸汽消耗

3.5.6.1　蒸汽耗量的计算

一氧化碳变换反应主要消耗为蒸汽，且耗量较大，可以通过 CO 变换反应平衡常数公式 $K_p = \dfrac{p_{H_2} p_{CO_2}}{p_{CO} p_{H_2O}}$ 计算出蒸汽消耗量。由于变换反应为等体积反应，也可用下式计算，即：$K_p = \dfrac{Y_{H_2} Y_{CO_2}}{Y_{CO} Y_{H_2O}}$

反应出口平衡蒸汽为：$Y_{H_2O} = \dfrac{Y_{H_2} Y_{CO_2}}{Y_{CO} K_p}$

式中　Y_i——为变换出口气体组成或气体量；

　　　　i——组分为 CO_2、H_2、CO、H_2O。

现假定入口的气组成为：

组成	H_2	CO	CO_2	CH_4	N_2	合计
含量（体积分数）/%	70.68	17.52	8.46	0.66	2.68	100

要求出口 CO 体积分数达到 0.3%，计算变换出口各气体的气量。

假定入口气量为 $100m^3$，出口一氧化碳量为 $V_{CO'}$（m^3），用下式求取：

$$0.3\% = \frac{V_{CO'}}{100 + (V_{CO} - V_{CO'})}$$

$V_{CO'} = (100 + 17.52 - V_{CO'}) \times 0.003 = 0.3 + 0.05256 - 0.003 V_{CO'}$

$V_{CO'}(1 + 0.003) = 0.35256$

$$V_{CO'} = \frac{0.35256}{1.003} = 0.3515 \ （m^3）$$

出口各气量：

$V_{H_2} = 87.8485 m^3$

$V_{CO_2} = 25.6285 m^3$

$V_{CO} = 0.3515 m^3$

出口 CO 体积分数为 0.3% 时，一般要求低变出口操作温度控制在 220℃ 左右，取反应平衡温距为 10℃，则平衡温度为 220＋10＝230℃，查表 3-12，230℃ 时，$K_p = 118.99$，将上述数值代入式：

$$Y_{H_2O} = \frac{Y_{H_2} Y_{CO_2}}{Y_{CO} K_p} = \frac{87.8485 \times 25.6285}{0.3515 \times 118.99} = 53.83 \ （m^3）$$

即变换出口需要平衡蒸汽量为 $53.83 m^3$。

变换反应耗蒸汽量为 $17.52 - 0.3515 = 17.1685(m^3) \approx 17.17(m^3)$。

所以，变换需要消耗蒸汽量为 $53.83 + 17.17 = 71.0(m^3) \approx 57.05(kg)$。

变换入口：汽/气＝0.71。

上述计算为 $100m^3$ 干气时的变换反应耗蒸汽量，如果每小时处理 $100000m^3$ 的原料气，则需要 57.05t/h 蒸汽。

在气化装置与变换串联时，其补入的蒸汽量需要扣除气化煤气中的含汽量。

3.5.6.2　平衡温距的选取

中温串低温变换或等温变换流程的蒸汽耗量均取决于低温变换或等温变换的出口条件，其蒸汽耗量的计算方法同上，但温距的选取有所不同。

所谓温距，是指在实际生产中，由于受到催化剂的活性、空速、压力等条件的影响，变换反应达不到理论上的平衡，实际操作温度一般要低于理论平衡温度，其差值即为温距。

中温串低温变换时，中温变换出口 CO 控制在 3%～5%，反应出口温度一般在 350℃ 以上，平衡温距一般取 30～40℃。低温变换或等温变换出口，一般操作温度为 250℃ 以下，平衡温距取 10～20℃。平衡温距尚与催化剂的活性、压力、空速等条件有关，上述为经验数据。如有催化剂厂的数据应以该厂数据为准。

3.5.7　评述

等温变换技术成熟可靠，现已广泛应用于煤气化、电石炉气等高浓度的 CO 变换和天然气、焦炉煤气等低 CO 的变换。实践证明该技术具有流程简单、能耗低、操作控制管理方便等优点，可以用一台等温变换炉取代 3～4 台绝热变换炉，是变换技术上的重大突破，解决了高浓度 CO 变换的许多难题。

由于等温变换在工业上的成功应用，目前在设计 CO 变换装置时，首先应考虑采用等温变换技术。不同的原料气如煤气化、油气化、天然气和焦炉煤气的转化气以及铁合金炉气、电石炉气、转炉气等，均可采用等温变换工艺。对于汽/气比较大、H/C 比调整幅度不大的工况，仍可以采用绝热变换工艺。

目前，国内已有湖南安淳、浙江林达、南京国昌和先敦公司等多家单位，先后开发成功了等温变换炉，其结构类似低压甲醇等温合成塔，有列管式、绕管式以及套管式等结构，均有工业化的业绩，用户可根据具体条件和对产品气的要求，择优选用。

第四章

焦炉煤气制甲醇

4.1 概述

焦炉煤气制甲醇具有工艺流程简单、能耗低、投资省的特点，最早被用于工业化生产。目前，我国焦炉煤气生产甲醇的产能已达到 1000 万吨/年，相较于用煤和渣油气化生产甲醇，焦炉煤气制甲醇生产成本更低，且不排放二氧化碳，值得大力推广。

焦炉煤气经甲烷转化后，得到 H_2 和 CO 的甲醇合成气，硫化物控制在 0.1×10^{-6}（体积分数）以下，转化气可不经变换和脱碳等净化装置，经加压后直接进甲醇合成装置生产甲醇。

本章主要介绍焦炉煤气制甲醇工艺。

4.2 甲醇合成的原理

4.2.1 甲醇合成反应机理

自 CO 加氢合成甲醇工业化以来，有关合成反应机理一直在不断探索和研究之中。早期认为，合成甲醇是通过 CO 在催化剂表面吸附生成中间产物而合成的，即 CO 是合成甲醇的原料。20 世纪 70 年代以后，通过同位素示踪研究，证实合成甲醇中的 C 原子来源于 CO_2，因此，有研究认为 CO_2 是合成甲醇的起始原料。为此，分别形成了 CO 和 CO_2 合成甲醇的机理反应学说。但时至今日，有关合成甲醇的反应机理尚无最终定论，有待进一步研究。

为了阐明甲醇合成反应的模式，1987 年朱炳辰等对我国 C301 型铜基催化剂，分别对仅含有 CO_2 或 CO 或同时含有 CO_2 和 CO 的三种原料气进行甲醇合成动力学实验测定，发现在三种情况下，均可生成甲醇。试验说明：在一定条件下，CO 和 CO_2 均可在铜基催化剂表面加氢生成甲醇。因此，基于化学吸附的 CO 连续加氢而生成甲醇的反应机理被人们普遍接受。

对甲醇合成而言，无论是锌铬催化剂还是铜基催化剂，其多相（非均相）催化过程均按下列过程进行：

① 扩散　气体自气相扩散到气体-催化剂界面；

② 吸附　各种气体组分在催化剂活性表面上进行化学吸附；

③ 表面反应　化学吸附的气体，按照不同的动力学假说进行反应形成产物；

④ 解析　反应产物的脱附；

⑤ 扩散　反应产物自气体-催化剂界面扩散到气相中去。

甲醇合成反应的速率，是上述五个过程的每一个过程进行速率的总和，但全过程的速率取决于最慢步骤的完成速率。研究证实，过程①与⑤进行得非常迅速，过程②与④的进行速率较快，而过程③分子在催化剂活性界面的反应速率最慢，因此，整个反应过程的速率取决于过程③表面反应的进行速率。

提高压力、升高温度均可使甲醇合成反应速率加快，但从热力学角度分析，由于 CO、CO_2 和 H_2 合成甲醇的反应是强放热和体积缩小的反应，提高压力、降低温度，有利于化学平衡向生成甲醇方向移动，同时也有利于抑制生成高碳醇、醚等副反应的进行。

4.2.2　甲醇合成的主要反应及平衡常数

4.2.2.1　甲醇合成反应

甲醇合成的主反应为 CO、CO_2 与 H_2 反应生成甲醇。

$$CO + 2H_2 \longrightarrow CH_3OH + 90.37kJ/mol$$

$$CO_2 + 3H_2 \longrightarrow CH_3OH + H_2O + 48.02kJ/mol$$

同时 CO_2 和 H_2 发生逆变换反应。

$$CO_2 + H_2 \Longleftrightarrow CO + H_2O$$

4.2.2.2　甲醇合成副反应

甲醇合成的副反应能生成醇类、烃类、醛、醚类、酸类、酯类等。

$$2CO + 4H_2 \longrightarrow C_2H_5OH + H_2O$$

$$CO + H_2 \longrightarrow HCHO$$

$$2CO + 4H_2 \longrightarrow CH_3OCH_3 + H_2O$$

$$2CO_2 + 4H_2 \longrightarrow HCOOCH_3 + 2H_2O$$

4.2.2.3 甲醇合成的平衡常数

CO、CO_2 与 H_2 合成甲醇是一个气相可逆反应，压力对反应起着重要作用。用气体分压来表示的甲醇合成反应平衡常数如下所示：

$$K_{p1} = \frac{p_{CH_3OH}}{p_{CO}\, p_{H_2}^2}$$

$$K_{p2} = \frac{p_{CH_3OH}\, p_{H_2O}}{p_{CO_2}\, p_{H_2}^3}$$

式中，K_p 为甲醇的平衡常数；p_{CH_3OH}、p_{CO}、p_{H_2}、p_{H_2O}、p_{CO_2} 分别表示甲醇、一氧化碳、氢气、水、二氧化碳的平衡分压。

反应温度也是影响甲醇合成反应平衡的一个重要因素，不同温度下的平衡常数见表4-1。由表可见，平衡常数 K_{p1}、K_{p2} 随着温度的上升而很快减小，意味着甲醇合成不宜在高温下进行，但低温时，反应速率又太慢。因此，目前工业上甲醇生产均选用活性较高的铜基催化剂，反应温度控制在 220～280℃。

表 4-1 不同温度下甲醇反应的平衡常数

温度		CO + 2H₂ ⟶ CH₃OH		CO₂ + 3H₂ ⟶ CH₃OH + H₂O	
		反应热 $-\Delta H$	平衡常数	反应热 $-\Delta H$	平衡常数
°F	℃	英热单位/磅分子	$K_{p1} = \dfrac{p_{CH_3OH}}{p_{CO}\, p_{H_2}^2}$	英热单位/磅分子	$K_{p2} = \dfrac{p_{CH_3OH}\, p_{H_2O}}{p_{CO_2}\, p_{H_2}^3}$
100	37.78	39223.56	4.5738×10^3	21532.74	9.1161×10^{-2}
200	93.33	40156.78	2.0504×10^1	22584.47	4.5241×10^{-3}
300	148.89	40994.09	3.4897×10^{-1}	23583.58	4.4628×10^{-4}
400	204.44	41735.39	1.4413×10^{-2}	24517.24	7.0018×10^{-5}
500	260.00	42384.86	1.1083×10^{-3}	25380.47	1.5295×10^{-5}
600	315.56	42948.14	1.3421×10^{-4}	26172.26	4.2731×10^{-6}
700	371.11	43431.27	2.2891×10^{-5}	26893.72	1.4420×10^{-6}
800	426.67	43840.23	5.0914×10^{-6}	27547.17	5.6464×10^{-7}
900	482.22	44180.81	1.3971×10^{-6}	28135.66	2.4919×10^{-7}
1000	537.78	44458.58	4.5412×10^{-7}	28662.66	1.2129×10^{-7}
1100	593.33	44678.84	1.6955×10^{-7}	29131.93	6.4034×10^{-8}
1200	648.89	44846.70	7.1015×10^{-8}	29547.43	3.6199×10^{-8}

温度		$CO + 2H_2 \longrightarrow CH_3OH$		$CO_2 + 3H_2 \longrightarrow CH_3OH + H_2O$	
		反应热$-\Delta H$	平衡常数	反应热$-\Delta H$	平衡常数
℉	℃	英热单位/磅分子	$K_{p1} = \dfrac{p_{CH_3OH}}{p_{CO} p_{H_2}^2}$	英热单位/磅分子	$K_{p2} = \dfrac{p_{CH_3OH} p_{H_2O}}{p_{CO_2} p_{H_2}^3}$
1300	704.44	44967.04	3.2755×10^{-8}	29913.22	2.1687×10^{-8}
1400	760.00	45044.61	1.6394×10^{-8}	30233.44	1.3657×10^{-8}
1500	815.56	45083.98	8.7987×10^{-9}	30512.30	8.9786×10^{-9}

注：1 英热单位/磅分子＝2.3258kJ/kg。

4.3　甲醇合成催化剂

甲醇合成是基本有机化工中最重要的催化反应过程之一。没有催化剂的存在，甲醇合成反应几乎不能进行。合成甲醇工业的进展，很大程度上取决于催化剂的研制成功以及质量的改进。在合成甲醇的生产中，很多工艺指标和操作条件都由催化剂性质所决定。

4.3.1　甲醇合成催化剂的开发过程

甲醇是醇类最简单的分子，从 19 世纪中叶至 20 世纪初，仅能从木材中蒸馏得到。用 $60 \sim 100kg$ 的木材来分解蒸馏，可得到约 1kg 的甲醇，而 700g 甲烷转化所得的 CO 与 H_2，就可合成同样重量的甲醇。1923 年，德国 BASF 公司在高温高压下，使用 ZnO 及 Cr_2O_3 的催化剂，第一次由 CO 与 H_2 大规模合成甲醇。这家公司最早建立的工业规模的氨合成装置，无疑为甲醇催化过程的发展提供了有益的经验，尤其是高压操作的经验。因此，甲醇工业的发展一开始就与氨合成工业的发展紧密相连，这是由于两者有很多相似之处，它们都属于在高温高压下进行的可逆、放热、催化反应过程。

然而，甲醇的合成还必须克服更多的属于化学本质的困难。在氨合成过程中，氢和氮的分子反应，只生成氨而没有其他副反应；但一氧化碳可通过许多不同的途径与氢气反应，在可能的诸多反应中，合成甲醇是热力学上最不利的反应之一。因此，为寻求使反应过程定向进行的高选择性催化剂，各国都进行了大量的研究和探索，从时间上看，甲醇合成比氨合成在工业上实现整整迟了十年。

经过大量研究，人们逐渐认识到，在各种不同的催化剂中，只含 ZnO 或 CuO 的催化剂才具有实际意义。但是，纯 ZnO 或 CuO 的催化活性相当低，这些化合物与其他金属氧化物构成的某些多组分催化剂则具有较高的活性和较长的寿命。催化剂的活性与制备原料和方法密切相关，对以氧化锌和氧化铜为基本成分的催化剂组成配比及制备方法的研究，是 1930 年以后各国甲醇合成催化剂研究的重要方向，也发表了与此相关的许多专利。

1966 年以前，国外的甲醇合成工厂几乎都使用锌铬催化剂，基本上沿用了 1923 年德国开发的 30MPa 的高压工艺流程。锌铬催化剂的活性温度较高，一般为 320～400℃，同时，为了获得较高的转化率，必须在高压下操作。从 20 世纪 50 年代开始，很多国家着手进行低温甲醇催化剂的研究工作。1966 年以后，英国 ICI 公司和德国 Lurgi 公司先后建设的甲醇装置均采用活性更好的铜基催化剂，催化剂操作温度为 220～280℃，操作压力降至 5MPa，实现了低压甲醇合成工业化。此后，又有公司相继提出了 10～18MPa 的中压流程。目前，低压和中压流程所用的催化剂都是铜基催化剂。

1954 年，中国开始在山西太化、甘肃兰化和吉林吉化三大化工基地分别建设高压法甲醇合成装置，使用锌铬催化剂，合成压力 30MPa。20 世纪 60 年代后期，我国开始了对铜基催化剂的研究，先后开发成功 C207 型铜、锌、铝氧化物联醇催化剂，C301 型铜、锌、铝氧化物催化剂和 C303 型铜、锌、铬氧化物催化剂等多个型号的催化剂产品，已广泛应用于合成氨联醇和甲醇生产装置中。目前，我国已经完全具备自主研发和制造高效甲醇合成催化剂的技术和能力。

4.3.2　甲醇合成催化剂的性能

自一氧化碳加氢合成甲醇工业化以来，甲醇合成催化剂性能研究和制备技术不断改进。就目前来说，虽然实验室研究出了多种甲醇合成催化剂，但应用于工业上的只有锌铬催化剂和铜基催化剂。催化剂的选择性与活性既决定于其组成，又决定于其制备方法。

催化剂的生产分为两个主要阶段——制备阶段和还原活化阶段。对于所有的甲醇合成催化剂来说，有害的杂质是铁、钴、镍以及碱金属。铁、钴、镍等物质能够促进副反应的发生，造成催化床层温度升高。碱金属化合物的存在则降低了选择性，生成高级醇。因此，在催化剂的制备及还原活化阶段中，有害杂质的含量需要严格控制。

锌铬催化剂是最早研制出的工业应用甲醇催化剂，具有耐热、耐毒、机械强度高等优点，但活性低、合成压力高、产品杂质含量多。铜基催化剂的主要特点是活性温度低，对甲醇反应平衡有利，选择性好，允许在较低的压力下操作。

英国 ICI 公司对不同压力条件下，使用锌铬催化剂和铜基催化剂的合成塔出口甲醇含量进行了对比，见表 4-2。由表可知，以操作压力 5MPa 为例，采用铜基催化剂，合成塔出口的甲醇含量为 2.5%，采用锌铬催化剂，甲醇含量为 0.15%，足可见铜基催化剂活性远高于锌铬催化剂。

表 4-2 两种催化剂活性比较

压力/MPa	合成塔出口甲醇含量/%	
	锌铬催化剂(出口温度 375℃)	铜基催化剂(出口温度 270℃)
33	5.5	18.2
20	2.4	12.4
10	0.6	5.5
5	0.15	2.5

注：气体组成为惰性气 25%，进口 $\varphi_{H_2}/\varphi_{(CO+CO_2)}=2$。

另据苏联文献报道，使用两种催化剂得到的甲醇产品质量也有明显的差别，铜基催化剂所得的粗甲醇纯度更高。粗甲醇质量对比详见表 4-3。

表 4-3 用两种催化剂所得粗甲醇质量的比较

组成	铜基催化剂粗甲醇质量分数/%	锌铬催化剂粗甲醇质量分数/%	组成	铜基催化剂粗甲醇质量分数/%	锌铬催化剂粗甲醇质量分数/%
甲醇	99.7090	94.8180	二甲醚	0.1333	4.4642
正丙醇	0.0221	0.2798	甲基丙醚	0.0040	0.0230
异丁醇	0.0090	0.1697	甲酸甲酯	0.0685	0.0343
仲丁醇	0.0128	微量	异丁醛	—	0.0007
正丁醇	—	0.0195	丁酮	0.0014	0.0022
3-戊醇	0.0055	0.0062	乙酸甲酯	0.0036	微量
异戊醇	0.0044	0.0048	丙烯醛	—	0.0007
1-戊醇	0.0023	—			

4.3.3 低压合成甲醇催化剂

甲醇技术的发展离不开甲醇合成催化剂性能的提高。近年来，丹麦 Topsφe、德国 Sud-Chemie（南方化学）、英国 Davy（原 ICI）等公司先后推出多种型号的甲醇合成催化剂，性能不断提高，使用寿命大幅延长，最长使用寿命可达 7 年以上。

催化剂性能的提高可大大降低甲醇合成回路的循环比，降低循环功耗，使得甲醇装置更易实现大型化。

经过多年的研究和技术积累，我国已开发成功多种性能优异的低压甲醇合成催化剂，主要有西南化工研究院的 XNC-98、南京化工研究院的 NC307 等系列产品，已广泛应用于大中型甲醇合成装置。

表 4-4 列出了目前国内外主要低压甲醇合成催化剂的性能指标。

表 4-4　低压甲醇合成催化剂的性能指标

| 国家或公司 | 催化剂型号 | 质量分数/% | | | | | 规格/mm | 操作压力/MPa | 温度/℃ |
		CuO	ZuO	Al_2O_3	Cr_2O_3	V_2O_5			
英国 ICI	51-1	48.75	24.00	8.42			5.4×3.6	5.0	210～270
	51-2	45.41	24.94	8.72			5.4×3.6	5.0～10	210～270
德国 BASF	S3-85	35.44	4.25	2.68			5.0×5.0	5.0	220～280
	S3-86	70.00						4.0～10	200～300
德国 Sud-Chemie	GL104	57.19	28.60	9.17		5.04	5.0×5.0	5.0	210～270
丹麦 Topsφe	LMK-2	36.00	37.00		20.00		4.5×4.5	5.0～15	210～290
苏联	CHM-1	52～54	26～28	5～6			5.0×5.0	5.0	210～280
	CHM-2	38.00	18.7	3.8	22.8		5.0×9.0	25～32	250～280
中国	NC307	50～65	10～25	5～15			5.0×(4.0～5.0)	3～15	205～265
	XNC-98	>52	>20	>8			5.0×(4.5～5.0)	4.0～10	200～290
	C-207	48.0	39.1	3.6			5.0×5.0	10～13	235～315
	C-301	58.01	31.07	3.06			5.0×5.0	10.0	230～285
	C-303	36.3	37.1		20.3		4.5×4.5	10.0	227～270
	C-306						5.0×5.0	3～15.0	210～260

4.4　甲醇合成工艺条件

甲醇合成反应是多个反应同时进行的，除了主反应之外，还有生成二甲醚、异丁醇、甲烷等的副反应。因此，如何提高甲醇合成反应的选择性，提高甲醇收率是非常关键的。除了选择适当的催化剂之外，适宜的工艺条件也是很重要的。最主要的工艺条件是温度、压力、空速及原料气的组成等。

4.4.1 温度

在甲醇合成反应过程中，温度对于反应速率和物料平衡都有很大影响。

对于化学反应来说，温度升高会使分子的运动加快，分子间的有效碰撞增多，并使分子克服化合时阻力的能力增大，从而增加了分子有效结合的机会，使甲醇合成反应的速率加快；但是，由于一氧化碳加氢和二氧化碳加氢生成甲醇的反应均为可逆放热反应，温度升高固然使反应速率增大，但平衡常数会降低。因此，甲醇合成存在一个最适宜温度。催化剂床层的温度分布要尽可能接近最适宜温度曲线。

另一方面，反应温度与所选用的催化剂有关，不同的催化剂有不同的活性温度。一般 Zn-Cr 催化剂的活性温度为 320～400℃，铜基催化剂的活性温度为 200～290℃。每种催化剂在活性温度范围内都有较适宜的操作温度区间，如 Zn-Cr 催化剂为 370～380℃，铜基催化剂为 250～270℃。

为了防止催化剂迅速老化，在催化剂使用初期，反应温度宜维持较低的数值，随着使用时间增长，逐步提高反应温度。但必须指出的是，整个催化剂床层的温度都必须维持在催化剂的活性温度范围内。如果某一部位的温度低于活性温度，则这一部位的催化剂的作用就不能充分发挥，反之，如果某一部位的催化剂温度过高，则有可能引起催化剂过热而失去活性。因此，整个催化剂层温度控制应尽量接近于催化剂的活性温度。

另外，甲醇合成反应温度越高，速率越快，副反应也相应增多，生成的粗甲醇中杂质含量也增多，给后期粗甲醇的精馏加工带来困难。

因此，严格控制反应温度并及时有效移走反应热是甲醇合成反应器设计和操作的关键，一般采用冷激式和间接换热冷却等移热措施。

4.4.2 压力

压力也是甲醇合成反应过程的重要工艺条件之一。从热力学分析，甲醇合成是体积缩小的反应，增加压力对平衡有利，可提高甲醇平衡产率。在高压下，因气体体积缩小了，分子之间互相碰撞的机会和次数就会增加，甲醇合成反应也会加快。因而，无论对于反应平衡或速率，提高压力总是对甲醇合成有利的。但是，合成压力不能单纯由一个因素来决定，它与选用的催化剂、反应温度、空间速度、碳氢比等因素都有关系。而且，甲醇平衡浓度也不是随压力而成比例的增加，当压力提高到一定程度后，平衡浓度增加速率明显降低。另外，过高的反应压力对设备制造、工艺管理及操作都有一定的不利影响，不仅建设投资高，而且增加了生产能耗。目前，工业上广泛使用的铜系催化剂操作压力可降至 5MPa。

需要特别说明的是，对于单系列甲醇日产量 3000～5000t 以上的大型生产装置而言，5MPa 低压流程的设备与管道过于庞大，建议选择压力为 5～10MPa 的低中压甲醇合成技术。

4.4.3　气体组成

甲醇由一氧化碳、二氧化碳与氢反应生成，反应式如下：

$$CO + 2H_2 \rightleftharpoons CH_3OH$$
$$CO_2 + 3H_2 \rightleftharpoons CH_3OH + H_2O$$

从反应式可以看出，氢与一氧化碳合成甲醇的摩尔比为 2，与二氧化碳合成甲醇的摩尔比为 3，当一氧化碳与二氧化碳同时存在时，对原料气中氢碳比（f 或 M 值）有以下两种表达方式。

$$f = \frac{H_2 - CO_2}{CO + CO_2} = 2.05～2.15$$

或

$$M = \frac{H_2}{CO + 1.5CO_2} = 2.0～2.05$$

不同原料采用不同工艺所制得的原料气组成往往偏离 f 值或 M 值。例如，以天然气（主要成分为 CH_4）为原料，采用蒸汽转化法所得的原料气中氢气过多，需要通过补碳的方式来调节 f 值或 M 值，满足氢碳比的要求。用重油或煤为原料所制得的原料气中氢碳比较低，需要通过变换将过量的一氧化碳变换为氢气和二氧化碳，再将过量的二氧化碳脱除。焦炉煤气转化的合成气 H/C(体积比)=2.4～2.5，也需要补碳。

经生产实践的验证，甲醇合成气的组成要求如下：

① 一般来说，新鲜气的氢碳比需控制在 2.05～2.1 为最佳。

② 合成气的 H_2 含量越高，对减少副反应，减少 H_2S 中毒，降低杂质的生成越有利，并延长催化剂使用寿命。

③ 甲醇合成过程中，甲醇是由 H_2 与 CO 和 CO_2 反应生成的，但 CO 的反应速度是 CO_2 的三倍以上，即 CO 与 H_2 反应是甲醇合成最主要的反应，但反应过程中也不能缺少 CO_2 的参与，CO_2 的适量存在可保持催化剂的高活性，对甲醇合成有利。据研究，Cu-Zn-Al 催化剂的活性组分是 Cu，活性状态是 Cu^+，在气体混合物中有一定的氧化气氛，对保持催化剂的良好活性是有利的。若原料气中不存在一定量的 CO_2，催化剂会过度还原为铜，催化剂活

性反而降低，CO_2 可使催化剂保持一种较高的氧化态，使活性组分处在 Cu^+ 的状态。生产实践表明，合成气中 CO_2 含量 $2\%\sim5\%$ 时，与无 CO_2 相比，甲醇合成率更高，但当 CO_2 含量过高时，甲醇转化率又会降低。新鲜合成气中理想的 CO_2 含量（体积分数）一般为 $2\%\sim5\%$，以 CO/CO_2（体积比）不低于 1.0 为 CO_2 含量上限。焦炉煤气转化的合成气中 CO 含量约为 $16\%\sim17\%$，CO_2 含量约为 $7\%\sim8\%$，高出 $2\%\sim5\%$ 的最佳值，但 CO/CO_2 远高于 1.0。

④ 合成气中的惰性气体如 CH_4、N_2、Ar 也将影响甲醇合成的效率。惰性气体含量太高，将降低反应速率，循环动力消耗也大；如果为了降低惰性气体含量而加大驰放气排放，则有效气体的驰放损失也会加大。一般来说，催化剂前期允许较高的惰性气体含量，驰放气可少些；后期活性低，要求惰性气体降低，驰放气量就会大一些。

4.4.4 空速

气体与催化剂接触时间的长短，通常以空速表示，即单位时间内每单位体积催化剂所通过的气体量，其单位是 $m^3/(m^3 \cdot h)$，简写为 h^{-1}。

在甲醇生产中，气体一次通过合成塔仅能得到 $3\%\sim6\%$ 的甲醇，新鲜气的甲醇合成率不高，因此新鲜气必须循环使用。此时，合成塔空速通常由循环机动力、合成系统阻力等因素来决定。

如果采用较低的空速，反应过程中气体混合物的组成与平衡组成较接近，催化剂的生产强度较低，单位甲醇产品所需循环气量较小，气体循环动力消耗较低，预热未反应气体到催化剂进口温度所需的换热面积较小，并且离开反应器气体的温度较高，热能利用价值较高。

如果采用较高的空速，催化剂的生产强度虽可以提高，但增大了预热所需传热面积，出塔气热能利用降低，增大了循环气体通过设备的压力降及动力消耗，并且由于气体中反应产物浓度降低，增加了分离反应产物的费用。

另外，空速增大到一定程度后，催化剂床层温度将不能维持。在甲醇合成生产中，空速一般控制在 $5000\sim10000h^{-1}$ 之间，时空收率随空速增加而增加。空速超过 $10000h^{-1}$，对提高时空收率贡献不大，而系统阻力明显上升。

综上所述，影响甲醇合成反应过程的工艺条件有温度、压力、气体组成、空速等因素。在具体情况下，针对一定的目标，都可以找到该因素的最佳或较佳条件，然而这些因素间又是互相有联系的。例如，调节组成或压力，使反应速率增大，但是如果此时的催化剂床层温度过高，不符合要求，这种增产的潜力就无法发挥。因此，目前固定床甲醇合成催化反应器，在使用活性较高的铜基催化剂情况下，增产的关键环节是移热问题。由此可见，在设计或操作反应器时，必须分析诸条件中的主要矛盾及约束条件，有针对性加以改进解决，才能在总体上获得效益。

4.5　焦炉煤气制甲醇的典型流程

4.5.1　工艺流程说明

由于受焦炉煤气量的限制，独立焦化企业的焦炉煤气制甲醇装置生产规模一般均小于 30 万吨/年，甲醇合成塔多采用管壳式反应器。

甲醇合成的典型工艺流程如图 4-1 所示。

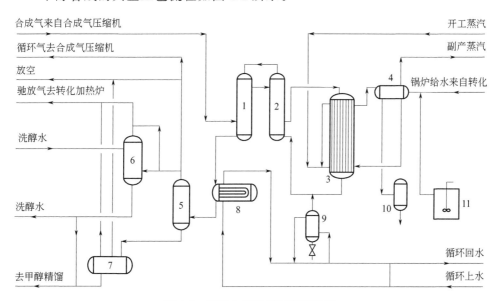

图 4-1　甲醇合成典型工艺流程图

1，2—气气换热器；3—合成塔；4—汽包；5—甲醇分离器；6—洗醇塔；
7—闪蒸槽；8—水冷器；9—取样冷却器；10—排污膨胀槽；11—磷酸盐槽

来自合成气压缩机的甲醇合成气温度 40～60℃、压力 5.9MPa，依次进入两台气气换热器，被来自合成塔反应后的出塔气体加热到 225℃后，进入合成塔顶部。

合成塔为立式绝热-管壳型反应器，管内装有 C306 型或其他低压甲醇合成催化剂。当合成气进入催化剂床层后，在 5.8MPa、220～260℃条件下，

CO、CO_2 与 H_2 反应生产甲醇和水，同时还有微量的有机杂质生成。合成甲醇的两个反应均为强放热反应，释放出的热量大部分由合成塔壳侧的沸腾水带走。通过控制汽包压力来控制催化剂床层温度及合成塔出口温度，合成塔出口压力为 5.6MPa、温度为 255℃ 的热反应气，进入气气换热器的管程与入塔合成气逆流换热，被冷却到 80℃ 左右，此时有一部分甲醇被冷凝为液体。该气液混合物再经水冷器进一步冷却至 ≤40℃，进入甲醇分离器，分离出粗甲醇。

分离出粗甲醇后的气体，压力约为 5.45MPa，温度约为 40℃，返回合成气压缩机，经加压后循环使用。为了防止合成系统中惰性气体的积累，要连续从系统中排放少量的驰放气，驰放气经洗醇塔洗涤甲醇后，回收利用或作为燃料气使用。整个合成系统的压力由驰放气自调阀来控制。

由分离器底部分离出的粗甲醇，温度 40℃，压力 4.5MPa，并联进入一级过滤器和二级过滤器，除去粗甲醇中的石蜡及其他固体杂质。经液位调节阀减压至 0.5MPa 后，进入甲醇闪蒸槽，闪蒸出溶解在粗甲醇中的大部分气体，然后底部排出粗甲醇，与洗醇塔底部排出的含醇水一并送往甲醇精馏系统。

汽包与合成塔壳侧由下降管和汽液上升管连接，形成自然循环锅炉，副产 2.5~3.9MPa 的饱和蒸汽，根据用途，经过热利用或减压去甲醇精馏用。汽包用的锅炉水来自锅炉给水总管，温度为 200℃，压力为 4.1MPa。为保证锅炉给水质量，用磷酸盐泵加入少量磷酸盐溶液。在汽包下部和合成塔下部均设有间断排污，在汽包中部设有连续排污，然后进入排污膨胀槽。

合成塔内催化剂的升温加热，用蒸汽喷射器来完成。加入压力为 3.5MPa 的中压蒸汽，通过开工蒸汽喷射器，带动炉水循环，使催化剂床层温度均匀上升。

4.5.2　主要操作指标

4.5.2.1　压力

入工序合成气	5.9MPa
入合成塔气体	5.8MPa
出合成塔气体	5.6MPa
合成塔压差	≤0.2MPa
驰放气	≤5.42MPa
去转化驰放气	≤0.2MPa

粗甲醇排放　　　　　≤0.5MPa

闪蒸槽　　　　　　　≤0.5MPa

锅炉给水　　　　　　≤4.1MPa

副产蒸汽（汽包）　　≤3.9MPa

稀醇水泵出口　　　　5.5～6.3MPa

水冷器进口气体　　　5.55MPa

水冷器出口气体　　　5.5MPa

4.5.2.2　温度

入工序合成气　　　　40～60℃

入合成塔气体　　　　210℃

出合成塔气体　　　　255℃

锅炉给水　　　　　　200℃

废热锅炉汽包蒸汽　　249℃

水冷器入口气体　　　100℃

水冷器出口气体　　　40℃

循环水入口　　　　　32℃

循环水出口　　　　　42℃

催化剂升温速率　　　40℃/h

脱氧站送出锅炉水　　104～102℃

4.5.2.3　液位

稀醇水槽　　　　　　30%～50%

闪蒸槽　　　　　　　30%～50%

分离器　　　　　　　30%～50%

汽包　　　　　　　　30%～50%

磷酸盐槽　　　　　　30%～50%

洗醇塔　　　　　　　30%～50%

4.5.2.4　新鲜气组成

新鲜气的组成见表4-5。

表 4-5　新鲜气的组成

组分	CO	CO_2	H_2	CH_4	N_2
含量（体积分数）/%	16～18	7～8	70～72	0.5～0.7	2.5～3.0

4.5.2.5 粗甲醇组成

粗甲醇的组成见表4-6。

表 4-6　粗甲醇的组成

组成	CH_3OH	H_2O	CH_3OCH_3	高沸点醇	H_2	CO	CO_2	CH_4	N_2
含量(质量分数)/%	81.1	17.9	0.10	0.33	38×10^{-6}	151×10^{-6}	0.54	67×10^{-6}	48×10^{-6}

4.6　国内外甲醇合成技术

近年来，由于甲醇制烯烃技术的突破，甲醇装置逐渐趋于大型化。一般60万吨/年的甲醇制烯烃工厂需要配套建设180万吨/年的甲醇装置，采用单一焦炉煤气为原料生产180万吨甲醇需要的焦化装置规模高达1500万吨以上，很难实现。因此，目前国内一些大型的焦化企业正在谋划利用煤（或气化焦）气化和焦炉煤气联合生产甲醇，规划建设一批百万吨级的大型甲醇装置。

下面分别对国内外主流甲醇合成技术进行简单的介绍。

4.6.1　国外甲醇合成技术

国外甲醇工艺专利商主要有德国鲁奇、英国戴维、丹麦托普索、瑞士卡萨利等公司。其中，鲁奇和戴维在国内有多个以煤、天然气为原料的5000t/d以上甲醇装置业绩，在国内大甲醇装置（5000t/d以上）的市场占有率极高。卡萨利、托普索在国内部分地区有以煤为原料的甲醇装置（5000t/d以下）业绩，在国外有基于天然气为原料的大甲醇装置业绩。

4.6.1.1　鲁奇甲醇合成技术

鲁奇（Lurgi）公司是化工领域最著名的技术公司之一，拥有多项煤气化、低温甲醇洗、大型低压甲醇合成、甲醇制烯烃等煤化工领域专有技术，在世界各地都有大型的商业化装置在运行。1972年，Lurgi公司研发的低压甲醇技术投入商业化运行，截至目前，已有超过20套百万吨以上的大型甲醇装置投产，是国内外知名的甲醇技术专利商。

Lurgi公司典型的中型甲醇合成装置（3000t/d以下）采用一步法工艺（水冷式反应器），大型甲醇合成装置（5000t/d以上）采用两步法工艺（水冷＋气冷反应器），两种反应器均为管壳式结构。水冷反应器催化剂在管内，壳程是锅炉水，利用反应热副产中压蒸汽；气冷反应器催化剂在壳程，新鲜合成气走管程移走反应热，预热后进入水冷反应器。反应器流程示意如图 4-2 所示。

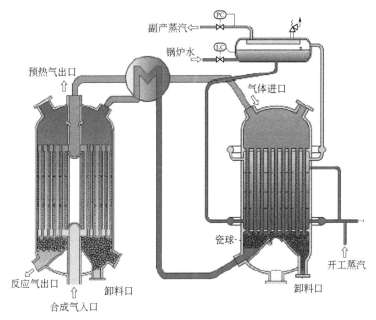

图 4-2　Lurgi 水冷＋气冷反应器流程示意图

主要技术特点如下：

① 水冷反应器为列管式反应器，管内装填催化剂，管间是锅炉水，反应器换热面积大，可迅速移去合成反应热。

② 反应热回收效率高（约 80%），副产饱和中压蒸汽。

③ 反应器取热效果好，催化剂床层温差较小，催化剂不会发生过热现象，延长催化剂寿命。

④ 合成反应接近等温反应，出口醇值高，合成回路循环比低。

4.6.1.2　戴维甲醇合成技术

戴维（Davy）公司隶属于庄信万丰（Johnson Matthey），拥有世界领先的甲醇合成和甲醇催化剂专有技术。Davy 公司在全球 35 个国家和地区授权建设了 100 多个项目，授权的甲醇产能占全球甲醇总产能的 60%，我国 5000t/d 以上的大型甲醇装置有三分之二采用 Davy 公司的技术。

Davy 公司拥有管壳式反应器（TCC）、轴向流反应器（A-SRC）和径向流反应器（R-SRC）设计，其中管壳式、轴向流反应器用于 2000t/d 以下的甲醇装置，径向流蒸汽上升式甲醇合成器用于 3000t/d 以上的甲醇装置。径向流反应器催化剂装填在壳侧，原料气从中心管进入，并从中心向四周辐射流动。

Davy 径向流反应器工艺流程如下图 4-3 所示。

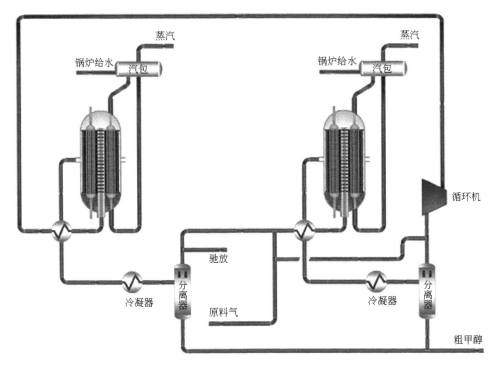

图 4-3　Davy 径向流反应器工艺流程示意图

主要技术特点如下：

① 采用气体径向流动、蒸汽上升、合成器串/并联结构。

② 反应气体沿径向从内到外通过催化剂床层，反应器压降较小。

③ 锅炉给水从反应器底部进入，通过环管排布、竖向的列管束向上流动，产生中压蒸汽带走反应热，通过控制蒸汽压力来控制催化剂床层温度，温度分布接近等温。

④ 反应器制造材料要求较低，合成反应器成本低。

4.6.1.3　托普索甲醇合成技术

托普索（Topsøe）公司总部位于丹麦哥本哈根市郊，主要从事研究和生产催化剂及催化过程生产装置的工程设计工作，在催化剂、催化反应和催化工艺技术领域占据世界领先地位。Topsøe 公司拥有合成氨、甲醇、硫酸、炼油、甲醇制汽油（MTG）和合成天然气（SNG）领域的先进催化剂和工艺技

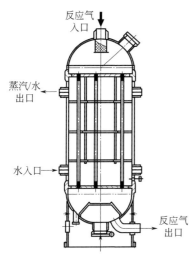

蒸汽/水
出口

水入口

反应气
入口

反应气
出口

图 4-4 Topsøe 甲醇合成塔结构示意图

术，具有很强的技术实力与优势。

Topsøe 大型甲醇合成技术采用三台水冷塔并联流程，甲醇合成塔结构与鲁奇水冷塔类似，结构示意如图 4-4 所示。

主要技术特点如下：

① 催化剂性能好，单程转化率较高，催化剂装量少，反应副产物少。

② 合成回路循环气量小，联合压缩机能耗低。

③ 催化剂床层温度易于控制，操作简单。

④ 反应器传热效率高，热量回收好，副产中压蒸汽。

4.6.2 国外大甲醇技术比较

以某日产 5500t 大型甲醇装置为例，对 Davy、Topsøe、Lurgi 三种技术的工艺流程、设备选择以及主要技术指标等进行对比分析。

4.6.2.1 基础条件

（1）装置范围及工况条件

装置范围包括甲醇合成、甲醇精馏两部分，设计方案满足如下两种工况的要求：

工况 1：日产 5500t MTO 级甲醇。

工况 2：日产 3667t MTO 级甲醇＋日产 1833t AA 级甲醇。

（2）合成气规格（表 4-7）

表 4-7 合成气规格

项目		新鲜气	合成循环气
合成气组成（体积分数）/%	H_2	67.91	66~69
	CO	29.52	28~31
	CO_2	1.91	1.5~3.0
	CH_4	0.13	0.06~0.14
	N_2	0.42	0.36~0.56
	Ar	0.12	0.12~0.18
	H_2S+COS	0.1×10^{-6}	0.1×10^{-6}
	H_2O	≤饱和	

项目		新鲜气	合成循环气
合成气组成（体积分数）/%	氯化物（以 HCl 计）	0.1×10^{-6}	
	砷化物	0.1×10^{-6}	
	羰基化合物	0.1×10^{-6}	
	HCN	0.1×10^{-6}	
	苯	0.1×10^{-6}	
界区温度		30℃	
界区压力		5.2MPa（表压）	5.2～5.4MPa（表压）

（3）年操作时间 8000h，装置负荷 60%～110%。

4.6.2.2 工艺技术方案

三种技术的工艺技术特点及主要方案见表 4-8，设备参数见表 4-9，性能指标见表 4-10。

表 4-8 工艺技术方案比较

序号	项目	Davy	Topsøe	Lurgi
1	原料气净化	原料气预热到 190℃后进入净化床，脱除杂质，催化剂体积为 55m³	原料气中喷入总气量 0.5%的锅炉给水，用以水解 COS，换热到 210℃后，进入保护床	
2	合成单元	合成塔、汽包、气体热交换器、冷却器、分离器都为两台，经过净化后的新鲜气分两路分别进入两个合成塔，其流量比为（2～3）∶1	净化后的新鲜气进入并联的三个合成塔，反应后的气体 1/3 与入口新鲜气换热，2/3 与循环气预热，然后合并入循环气第一预热器，再进入冷却器和分离器	新鲜气与循环气混合进入气冷反应器，反应器出口的气体进入热交换器，再进入并联的水冷反应器；反应后的气体经换热后再次进入气冷反应器，出口气体经锅炉给水加热器、气气换热器后进入冷却器和分离器，如此循环
3	精馏单元	粗甲醇进入稳定塔，除去其中溶解的 CO₂ 等杂质，生产 MTO 级甲醇 需生产精甲醇时，2/3 的粗甲醇进入稳定塔生产 MTO 级甲醇，1/3 的粗甲醇进入预塔和主塔，生产 AA 级甲醇 精甲醇生产采用 2 塔流程	粗甲醇进入脱轻塔，除去溶解的气体和轻组分，生产 MTO 级甲醇 需生产精甲醇时，甲醇分成两路，2/3 作为 MTO 级甲醇产品送出，1/3 进入加压塔和低压塔，生产 AA 级甲醇 精甲醇生产采用 3 塔流程	粗甲醇进入预塔，除去溶解的气体和轻组分，生产 MTO 级甲醇 需生产精甲醇时，甲醇分成两路，2/3 作为 MTO 级甲醇产品送出，1/3 进入加压塔和常压塔，生产 AA 级甲醇 精甲醇生产采用 3 塔流程

序号	项目	Davy	Topsφe	Lurgi
4	反应器设置和类型	2台,串/并联 壳侧装催化剂,管侧副产蒸汽 两台反应器进气比例:初期55/45,末期70/30	3台,并联 管侧装催化剂,壳侧副产蒸汽 3台反应器进气比例均分	2并(水冷)1串(气冷) 水冷反应器管侧装催化剂,壳侧副产蒸汽 气冷反应器壳侧装催化剂,管侧预热原料气
5	反应器操作参数	壳侧:250℃/280℃,7.7MPa,介质为合成气 管侧:220℃,2.0MPa,介质为蒸汽 反应器出口甲醇含量:5.2%	管侧:入口216℃、出口245℃,7.8MPa,介质为合成气 壳侧:温度>230℃,压力>3.0MPa,介质为蒸汽 反应器出口甲醇含量:10.34% 循环比:2.7 反应器压降:≤0.26MPa	水冷反应器 壳侧:265℃,5.1MPa 管侧:280℃,9.5MPa 气冷反应器 壳侧:300℃,9.5MPa 管侧:270℃,9.5MPa 水冷反应器出口甲醇浓度12.1% 气冷反应器出口甲醇浓度17.0% 循环比:1.5
6	驰放气	驰放气量2.24×10^4m³/h,7.5MPa;H_2含量82.7%	驰放气量2.89×10^4m³/h,7.4MPa;H_2含量82.2%	驰放气量2.4×10^4m³/h,7.0MPa;H_2含量84.7%
7	合成气消耗	516000m³/h	5279680m³/h	5266350m³/h
8	公用工程消耗	甲醇合成采用水冷,甲醇精馏采用空冷	甲醇合成、甲醇精馏均采用空冷	甲醇合成、甲醇精馏均采用空冷
8.1	电耗	工况1:106kW·h,折0.46kW·h/t甲醇 工况2:899kW·h,折3.92kW·h/t甲醇	工况2:1680kW·h,折7.33kW·h/t甲醇(其中空冷6.68kW·h)	工况1:1600kW·h,折7.0kW·h/t甲醇 工况2:2200kW·h,折9.6kW·h/t甲醇
8.2	冷却水(10℃温差)	工况1:16700t/h,折73.0t/t甲醇 工况2:17000t/h,折74.1t/t甲醇	工况1:1394t/h,折6.09t/t甲醇 工况2:2100t/h,折9.17t/t甲醇	工况1:3200t/h,折14t/t甲醇 工况2:3800t/h,折16.6t/t甲醇
8.3	锅炉给水	242t/h,折1.05t/t甲醇	291.42t/h,折1.27t/t甲醇	265t/h,折1.16t/t甲醇
8.4	蒸汽4.1MPa 420℃	76.8t/h,折0.34t/t甲醇	59.239t/h,折0.26t/t甲醇	64t/h,折0.28t/t甲醇
8.5	蒸汽1.1MPa 188℃	工况1:10t/h,折0.044t/t甲醇 工况2:151t/h,折0.66t/t甲醇	工况2:156.1t/h,折0.682t/t甲醇	工况1:62t/h,折0.27t/t甲醇 工况2:126t/h,折0.55t/t甲醇

续表

序号	项目		Davy	Topsφe	Lurgi
8.6	副产蒸汽		−232t/h,折1.015t/t甲醇 2.0MPa,212℃ 40t/h用于脱硫床预热,外送192t/h	−286.4t/h,折1.256t/t甲醇 3.2MPa,240℃	−225t/h,折0.986t/t甲醇 3.6MPa,244℃
8.7	冷凝液		透平冷凝液:76.8t/h 蒸汽冷凝液:195t/h	透平冷凝液:59.239t/h 蒸汽冷凝液:156.107t/h	透平冷凝液:64t/h 蒸汽冷凝液:126t/h
9	催化剂				
9.1	甲醇合成催化剂		装填量:189m³ 型号:Katalco-PPT 51—9 供应商:Johnson Matthey 催化剂寿命:期望值4～6年,保证值3年	装填量:105m³ 型号:MK-121 供应商:Topsφe 催化剂寿命:期望值>2年,保证值2年	装填量:211m³ 型号:MegaMax 700 供应商:Süd Chemie 催化剂寿命:期望值>2年,保证值2年
9.2	净化催化剂		装填量:55m³ 型号:Puraspec2084	脱硫剂:107.3m³;型号:HTZ-4 脱氯剂:104.2m³;型号:MG-901	
10	三废排放	废气	火炬气:约245710kg/h	放空气:676m³/h,57.5℃,常压 火炬气:250000kg/h	罐区废气:500m³/h 火炬气:250655kg/h(合成/精馏)
		废液	锅炉排放水:3.9t/h 精馏废水:2.4t/h	锅炉排放水:2.893t/h 精馏排污:1.226t/h	锅炉排放水:5.3t/h 甲醇工艺水:约2.35t/h 罐区废水:约2t/h
		固体废物	废催化剂	废催化剂	废催化剂
11	装置占地		115m×105m		约160m×120m

表4-9 主要设备比较

	项目	Davy	Topsφe	Lurgi
设备概况	容器	19	17	14
	换热器	21	17	21
	塔	3	4	4
	反应器	2	3	3
	大型储罐	3	4	3
	压缩机	3(含透平)	3(含透平)	3(含透平)
	泵	23	18	21
	合计	74	66	69

项目		Davy	Topsφe	Lurgi
主要设备说明	反应器	蒸汽上升式反应器,2台 催化剂装填在壳程,管程副产蒸汽 壳体材料 1-1/4Cr1Mo 或 2-1/4Cr1MoV 换热管材料 1Cr1/2Mo 设备尺寸 φ4m×19.475m 整体重量为 342t	水冷反应器,3台 催化剂装填在管程,壳程副产蒸汽 壳体:低合金钢;反应管:双相钢 管板:1-1/4Cr1/2Mo 封头:1-1/4Cr1/2Mo4 设备尺寸 φ3.995m×13m 整体重量约 230t	2台水冷反应器,1台气冷反应器,共3台 (1)水冷反应器 催化剂装填在管程,壳程副产蒸汽 壳体材料 1-1/4Cr,换热管材料双相钢 设备尺寸 φ4m×8.66m 重量约 250t (2)气冷反应器 催化剂装填在壳程,管程预热原料气 壳体材料 1-1/4Cr,换热管材料不锈钢 设备尺寸 φ4.23m×9.7m 重量约 300t
	稳定塔	两段式: 上段 φ2.4m×3.3m/下段 φ3.6m×5.3m 170℃,0.55MPa 塔体材料为低合金钢,内件为不锈钢鲍尔环 塔底出口为 MTO 级甲醇	未设置	未设置
	脱轻塔	φ3.2m×35m,0.55/-0.1MPa,175℃ 塔体材料为低合金钢 内件为不锈钢筛板塔盘	φ4.7m×26m,0.5MPa,120℃ 塔体材料为低合金钢 内件为不锈钢浮阀塔板 塔底出口为 MTO 级甲醇	φ4.45m×32.8m,0.35/-0.1MPa,150℃ 塔体材料为低合金钢 内件为不锈钢浮阀塔板 塔底出口为 MTO 级甲醇
	精馏塔	φ5.9m×53m,0.8/-0.1MPa,175℃ 塔体材料为低合金钢 内件为不锈钢筛板塔盘	φ4.4m×43m,0.5MPa,120℃ 塔体材料为低合金钢 内件为不锈钢浮阀塔板	φ4.7m×54m,0.3/-0.1MPa,150℃ 塔体材料为低合金钢 内件为不锈钢浮阀塔板
	加压塔	无(两塔流程)	φ3.3m×54m,0.8MPa,170℃ 塔体材料为低合金钢 内件为不锈钢浮阀塔板	φ3.5m×52.5m,1.1/-0.1MPa,200℃ 塔体材料为低合金钢 内件为不锈钢浮阀塔板

项目		Davy	Topsφe	Lurgi
主要设备说明	压缩机/透平	(1)合成气压缩机 离心式,功率8870kW,流量11400m^3/h (2)循环压缩机 离心式,功率7460kW,流量32900m^3/h (3)透平 轴功率16330kW(两台压缩机共用一台); 4.0MPa过热蒸汽驱动	(1)合成气压缩机 离心式,功率15500kW,流量579500m^3/h; 进/出口压力5.2MPa/9.0MPa (2)循环压缩机 离心式,功率3950kW,流量1547000m^3/h; 进/出口压力8.6MPa/9.0MPa (3)透平 轴功率19450kW(两台压缩机共用一台); 4.0MPa过热蒸汽驱动	(1)合成气压缩机 离心式,功率12200kW,流量553000m^3/h; 进/出口压力5.25MPa/8.6MPa (2)循环压缩机 离心式,功率4835kW,流量920000m^3/h; 进/出口压力7.66MPa/8.65MPa (3)透平 轴功率17035kW(两台压缩机共用一台); 4.0MPa过热蒸汽驱动

表 4-10　装置主要性能指标

序号	项目		Davy	Topsφe	Lurgi
1	产品质量				
1.1	MTO级甲醇		全部指标均满足	1项指标不满足	3项指标不满足
	CH_3OH含量(质量分数)/%	≥	95	95	95
	H_2O含量(质量分数)/%	≤	5.0	5.0	5.0
	CO_2含量(质量分数)/10^{-6}	≤	50	50	50
	CH_3OCH_3含量(质量分数)/%	≤	0.1	0.1	0.1
	CH_3CH_2OH含量(质量分数)/%	≤	0.1	0.2	0.16
	$HCOOCH_3$含量(质量分数)/10^{-6}	≤	50	50	50
	CH_3COCH_3含量(质量分数)/10^{-6}	≤	50	50	50
	$N\text{-}C_4H_9OH$含量(质量分数)/10^{-6}	≤	500	500	500
	$I\text{-}C_4H_9OH$含量(质量分数)/10^{-6}	≤	500	500	500
	$C_5H_{11}OH$含量(质量分数)/10^{-6}	≤	200	200	700
	C_8H_{18}含量(质量分数)/10^{-6}	≤	10	10	10
	总酸度/(mgKOH/g)		0.03	0.03	0.03
	碱度(质量分数)/10^{-6}		1	1	1
	总有机氮含量(质量分数)/10^{-6}		1	1	1
	氯化物含量(质量分数)/10^{-6}		1	1	1
	易挥发物含量/(mg/100mL)		1	1	10
1.2	AA级甲醇		满足要求	满足要求	满足要求
1.3	国标优等级		满足要求	满足要求	满足要求
2	合成气消耗/(m^3/t甲醇)		2316	2314	2390
3	反应器压降/MPa		0.05	0.26	水冷0.29 气冷0.26
4	合成回路循环比			3.4	1.5
5	副产蒸汽/(t/t甲醇)		1.03	1.2	0.98
6	精馏蒸汽消耗/(kg/t甲醇)			AA级甲醇:1540 MTO级甲醇:360	MTO级甲醇:270

4.6.3 国内甲醇合成技术

从 20 世纪 70 年代开始，国内先后引进了英国 ICI、德国 Lurgi 的低压甲醇合成技术，国内相关单位也开始了对甲醇催化剂、甲醇合成反应器的研究开发，逐步掌握了低压甲醇合成工艺，形成了一大批专有技术。典型的有华东理工大学、南京国昌、杭州林达、湖南安淳等，上述大学和企业近年来在国内开发了 30～60 万吨/年甲醇装置，其中南京国昌在山东华鲁恒升建设的 120 万吨/年甲醇装置已经开车成功。

4.6.3.1 华东理工大学绝热管壳复合式合成塔

华东理工大学开发的绝热管壳复合式合成塔，在国内已有几十项工业化业绩。该塔在管壳式反应器的管板上部增加一反应层，形成绝热层，催化剂装填量为总量的 10%～30%。反应器结构如图 4-5 所示。

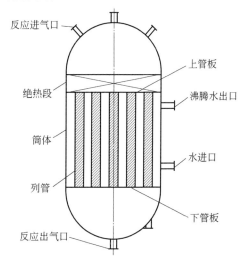

该塔的特点为：

① 能量利用合理，可副产 2.5～4.0MPa 的中压饱和蒸汽，每吨甲醇副产蒸汽量为 1t；

② 催化剂的装填、还原和卸出方便；

③ 操作控制方便，只需控制汽包压力，运行稳定；

图 4-5 管壳绝热复合式甲醇合成反应器

④ 反应温度控制严格，副反应少，催化剂选择性好；

⑤ 反应器阻力小，可节省循环压缩机功耗；

⑥ 运转周期长，微量毒物能被绝热层催化剂吸附，催化剂寿命长。

4.6.3.2 南京国昌水冷折流板径向甲醇合成反应器

南京国昌化工科技有限公司长期致力于氨合成及甲醇合成工艺技术和核心反应器设备的研究，先后完成了反应器气体分布流体力学研究、甲醇合成反应动力学研究、大型低压径向甲醇合成反应器的开发设计等，目前在国内已有四十多套甲醇合成装置的工业业绩。

甲醇合成反应器是甲醇合成装置的核心设备，国昌公司通过多年的潜心研究，成功开发出 GC 水冷折流板径向甲醇合成反应器，目前该系列产品已应用于国内大中型甲醇合成装置。

GC 型水冷折流板径向甲醇反应器由外筒和内件组成，内件由径向分布器、径向集气筒、分水联箱、集水联箱、换热板束等元件组成，板内走水，板间装填催化剂，结构如图 4-6 所示。

技术特点如下：

① 传热系数大，移热能力强，催化剂床层温度平稳；

② 气体分布均匀，催化剂层温差小，催化剂利用充分；

③ 气体径向流动，流体阻力较小，节省压缩功耗；

④ 催化剂装填系数高，生产能力大；

⑤ 合成甲醇的净值高，5.0MPa 醇净值 5%～7%，8.0MPa 醇净值 9%～12%；

⑥ 可制成高径比很大的塔，利于大型化和运输。

4.6.3.3　林达甲醇合成反应器

杭州林达化工技术工程有限公司是一家集反应器开发、工艺设计、设备制造于一体的技术型公司，有近 30 年的甲醇合成反应器开发和制造经验，拥有国内外专利 40 余项。多年来，林达公司致力于均温高效大甲醇装置生产技术和反应器的研究和开发，以均温高效、安全可靠、低投资、易大型化为目标，先后成功开发了均温型联醇塔、JW 低压均温型塔、立式水冷塔、卧式水冷塔和绕管式合成塔共 5 代反应器技术，取得了国内 40 多套甲醇装置的工业业绩。

JW 低压气冷型均温甲醇合成塔具有不同于现有国内外甲醇塔的全新反应器结构，以独特的大小二种弯头的双 U 形管冷管胆结构作为换热元件。小弯头 U 形管套在大弯头 U 形管内构成一对双 U 形管，双 U 形管中大小弯头 U 形管反向排列套装，气体在每二根相邻的冷管内上下流动，方向均为逆流，达到催化剂层等温均温反应的目的。该塔结构示意见图 4-7。

其主要技术特点：

① 采用 U 形冷管或上行冷管和下行冷管全床层连续移热，温差小；

② 环管位于催化剂上方的自由空间，双 U 形管位于催化剂层中，冷管没有焊接点，结构可靠；

③ 催化剂装在换热管之间，装填量大，装卸方便；

④ 换热管采用普通不锈钢，性价比高，制造周期短，合成塔投资省。

在上述气冷型均温甲醇合成塔成功的基础上，林达公司又开发了立式水冷型低压甲醇合成塔。该塔结构示意见图 4-8。

其主要技术特点：

① 采用水冷连续移热，传热效果好；

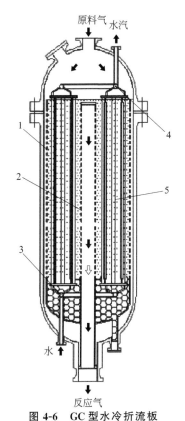

图 4-6　GC 型水冷折流板
径向甲醇反应器

1—径向分布器；2—径向集气筒；
3—分水联箱；4—集水联箱；
5—换热板

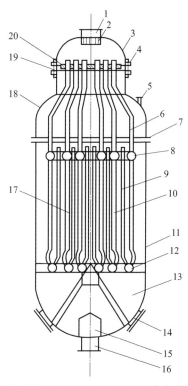

图 4-7　JW 低压气冷型均温甲醇合成塔

1—进气口；2—分布器；3—小封头；4—小法兰；
5—测温口；6—引气管；7—大法兰；8—上环管；
9—上行管；10—下行管；11—外筒；12—下环管；
13—支承板；14—卸料口；15—锥形帽；16—出气口；
17—催化剂；18—大封头；19—隔板；20—填料函

② 反应移热及时，催化剂床层温差小，时空产率高，催化剂用量少；

③ 反应热利用率高，副产中压蒸汽；

④ 循环比小，循环压缩机动力消耗和冷却水消耗低，运行成本低；

⑤ 催化剂装在管外，流通截面大，合成塔阻力小。

4.6.3.4　湖南安淳 JJD 低压恒温水管式甲醇合成塔

湖南安淳高新技术有限公司自主开发成功 JJD 低压恒温水管式甲醇合成塔，是一种管内冷却、管间放催化剂的恒温合成塔，气体径向流动，冷却水管采用套管式结构，结构如图 4-9 所示。

其主要技术特点：

① 冷却水套管为悬挂结构，只焊一端，另一端为自由伸缩空间，不受热胀应力约束；

② 催化剂容积系数大，径向流阻力小；

③ 单位容积水管传热面积较大；

④ 冷却水套管，可以用普通不锈钢制造；

⑤ 合成回路简单，出口甲醇浓度可达 5.5%～6.0%。

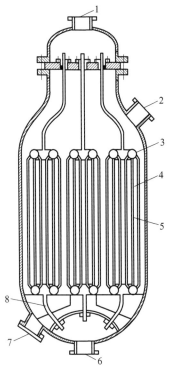

图 4-8　立式水冷型低压甲醇合成塔

1—汽水出口；2—进气口；3—上环管；
4—催化剂；5—水管；6—锅炉水入口；
7—出气口；8—下环管

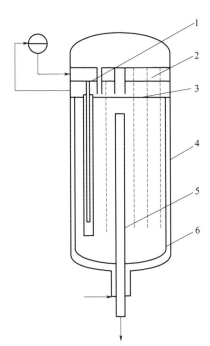

图 4-9　JJD 低压恒温水管式甲醇合成塔

1—内外套管；2—上管板；3—下管板；
4—壳体；5—中心管；6—径向筐

4.7　甲醇精馏

目前，工业上常见的甲醇精馏工艺主要有如下几种，分别为双塔精馏、三塔精馏、（3+1）四塔精馏、"五塔三效"精馏以及 MTO 级甲醇精馏工艺等。

双塔精馏工艺是一种传统的甲醇精馏方式，应用的时间比较早，有着较长的发展历程，具有投资少、操作简单、建设周期短等优点，被我国众多中、小甲醇生产企业广泛采用，尤其在联醇装置中得到了迅速的推广。

三塔精馏工艺是为减少甲醇在精馏过程中的损耗、提高利用率而开发的一种先进、高效、能耗较低的工艺技术，可以对蒸汽进行多效利用、降低甲醇精馏的成本、提高甲醇精馏的质量与效率，近年来在大、中型甲醇装置中得到了广泛的推广和应用。

随着装置规模的不断扩大，尤其是以煤为原料生产的粗甲醇中杂质含量较高，目前大型甲醇装置中通常采用（3＋1）四塔精馏工艺，即在原三塔精馏的基础上，增加甲醇回收塔，提浓杂醇油，同时回收甲醇，提高甲醇收率，经济效益明显。

精馏塔是精馏分离的核心设备，按内件型式可分为填料塔和板式塔两种。填料塔根据填料型式可分为规整填料和乱堆填料，板式塔根据塔盘型式可分为浮阀塔、筛板塔、泡罩塔等。

传统的精馏塔大都是以浮阀为主的板式塔，浮阀塔的主要特点是：操作弹性大，板效率高，结构较为简单。近年来，随着新型板式塔的开发成功，又出现了导向浮阀、斜孔筛板等结构。

近年来，我国规整填料技术不断成熟，以高效丝网波纹填料和配套的分布器为代表的精馏技术得到了快速发展。规整填料塔具有效率高，同样高度上可以完成更多的理论塔板数效果，操作易于控制，操作弹性大，结构简单，易于安装等优点，已成为精馏塔的主要发展方向。

4.7.1　双塔精馏工艺

传统的主、初精馏塔几乎都选用板式塔结构，工艺流程示意见图4-10。

来自合成工段含醇90%的粗甲醇，经减压进入粗甲醇储槽，经粗甲醇预热器加热到45℃后进入初精馏塔。甲醇的精馏分为两个阶段：先在初馏塔中脱除轻馏分，主要是二甲醚；而后进入主精馏塔，进一步把高沸点的重馏分杂质脱除，经精馏甲醇冷却器冷却至常温后，得到纯度在99.9%以上的符合国家指标的精甲醇产品。

4.7.2　三塔精馏工艺

在双塔甲醇精馏技术的基础上，国内开发了生产能力大、消耗低、产品质量高的三塔甲醇精馏工艺，工艺流程示意见图4-11。

预精馏塔后的冷凝器，用以脱除二甲醚等低沸点的杂质，控制冷凝器气体出口温度在一定范围内。在该温度下，几乎所有的低沸点馏分都为气相，不造成冷凝回流。脱除低沸点组分后，采用加压精馏的方法，提高甲醇气体分压与沸点，并减少甲醇的气相挥发，从而提高了甲醇的收率，然后再进行

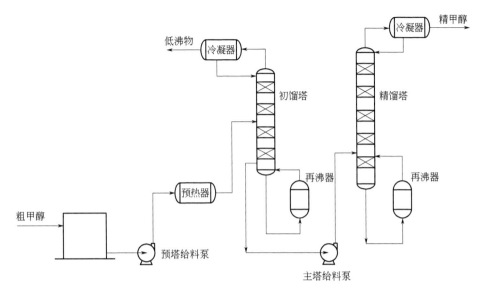

图 4-10 甲醇精馏双塔工艺流程图

常压分离。加压塔和常压塔同时采出精甲醇，常压塔的再沸器热量由加压塔的塔顶气提供，不需要外加热源。粗甲醇预热器的热量由精甲醇提供，也不需要外供热量。因此，三塔精馏工艺技术生产能力大，节能效果显著。

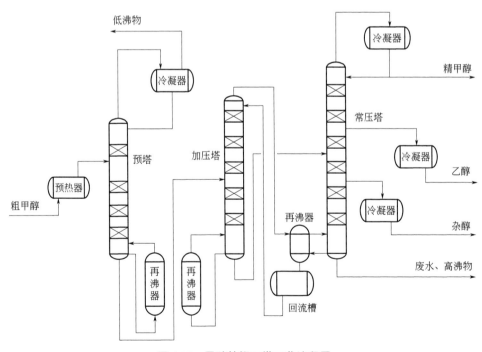

图 4-11 甲醇精馏三塔工艺流程图

4.7.3 （3+1）四塔精馏工艺

四塔精馏工艺流程示意见图 4-12。

来自甲醇合成工段或甲醇罐区的粗甲醇加入适量碱液，经预热后进入预塔，预塔顶部加水萃取，除去粗甲醇中的不凝气和影响精甲醇产品质量的低沸点轻馏分，预塔塔釜采用蒸汽再沸器和冷凝液再沸器，经预塔处理后的预后甲醇继续进入后续甲醇精馏塔精馏。

甲醇精馏塔由加压精馏塔和常压精馏塔组成。加压精馏塔在一定压力下精馏，塔顶蒸汽冷凝热作为常压精馏塔塔底再沸器的热源，从加压塔回流槽中采出部分精甲醇产品，塔底甲醇进入常压精馏塔，加压塔塔釜采用蒸汽再沸器。

常压精馏塔采用加压塔塔顶蒸汽冷凝作为塔底再沸器的热源，从塔顶回流液中采出精甲醇产品，从塔下部测线采出异丁基油，塔底废水甲醇含量小于 100mg/kg，由泵送出界区。

杂醇油回收塔采用蒸汽再沸器，塔顶采出精甲醇产品，塔底废水中含甲醇小于 100mg/kg，与常压塔废水一起，经废水泵加压后送出界区。从塔下部侧线采出经过浓缩的杂醇油，可外售，也可直接燃烧。

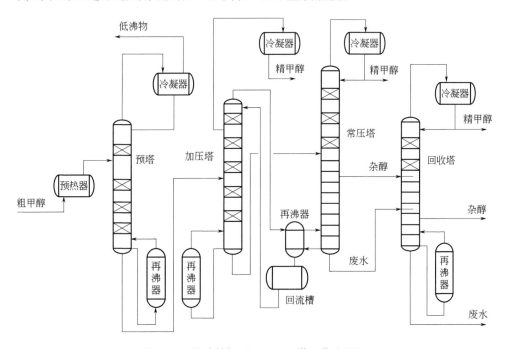

图 4-12　甲醇精馏（3+1）四塔工艺流程图

4.7.4 "五塔三效"精馏工艺

近年来，我国自主开发的"五塔三效"精馏工艺技术，已在国内一些工厂开始实施。经生产实践证明，该流程具有技术可靠、处理能力大、产品质量高、蒸汽消耗低（用 1.0MPa 蒸汽）等优点。与目前普遍采用的三塔精馏、（3+1）四塔等"三塔二效"流程相比，蒸汽消耗可由 1.1～1.2t/t 甲醇降至 0.8～0.9t/t 甲醇，产品甲醇中的乙醇含量可由 600mg/kg 降至 100mg/kg 以下。

主要技术特点是：在现有四塔流程的基础上增加一台高压塔，高压塔塔顶气作为原加压塔再沸器的热源，形成"五塔三效"精馏工艺。

4.7.5 MTO 级甲醇精馏工艺

MTO 级甲醇精馏主要是满足甲醇制烯烃（MTO）反应及产品对原料甲醇的要求。

国标 GB 338—2011《工业用甲醇》中甲醇的技术要求如表 4-11 所示。MTO 级甲醇质量要求及一般设计要求如表 4-12 所示。

表 4-11　GB 338—2011《工业用甲醇》中甲醇的技术要求

项目	色度，Hazen 单位（铂-钴色号）	密度 ρ_{20} /（kg/m³）	沸程（包括 64.6℃±0.1℃）/℃	高锰酸钾试验时间/min	水混溶性试验	水质量分数/%
优等品	≤5	791～792	≤0.8	≥50	通过试验(1+3)	≤0.10
一等品	≤5	791～793	≤1.0	≥30	通过试验(1+9)	≤0.15
合格品	≤10	791～793	≤1.5	≥20	/	≤0.20

项目	酸度（以 HCOOH 质量分数计）/%	碱度（以 NH_3 质量分数计）/%	羰基化合物（以 HCHO 质量分数计）/%	蒸发残渣质量分数/%	硫酸洗涤试验，Hazen 单位（铂-钴色号）	乙醇质量分数/%
优等品	≤0.0015	≤0.0002	≤0.002	≤0.001	50	供需双方协商
一等品	≤0.0030	≤0.0008	≤0.005	≤0.003	≤50	
合格品	≤0.0050	≤0.0015	≤0.010	≤0.005	/	

表 4-12　MTO 级甲醇质量要求及一般设计要求

项目	色度，Hazen 单位（铂-钴色号）/%	酸度（以 HCOOH 质量分数计）/%	碱度（以 NH_3 质量分数计）/%	羰基化合物（以 HCHO 质量分数计）/%	蒸发残渣质量分数/%	总氨氮质量浓度/（mg/L）	碱金属质量浓度/（mg/L）	总金属质量浓度/（mg/L）	水质量分数/%
设计要求	≤5	≤0.003	≤0.0008	≤0.005	≤0.003	≤1	≤0.1	≤0.5	≤5
客户要求	≤5	≤0.0015	≤0.00015	≤0.005	≤0.003	≤1	≤0.1	≤0.5	≤5

目前，我国没有 MTO 级甲醇产品的国家标准，行业内暂按上述要求执行。

由上述两表对比可以发现，MTO 级甲醇对产品色度、酸/碱度、羰基化合物含量和蒸发残渣含量的要求基本与 GB 338—2011《工业用甲醇》一等品甲醇质量标准相当，对水分含量要求较宽，≤5.0% 即可，但增加了对总氨氮、碱金属、总金属含量的质量要求。碱金属和总金属含量超标会造成 MTO 装置催化剂永久失活，总氨氮超标则 MTO 反应副产物会大幅增加，蒸发残渣对 MTO 产品中杂质含量有影响，色度对最终产品外观有影响，羰基化合物会增加一氧化碳和二氧化碳的副产物，因此，这几项指标必须达标，才能保证 MTO 产品的质量。

鉴于 MTO 级甲醇与工业甲醇的质量指标要求有所不同，因此精馏方法和流程也有不同，MTO 级甲醇精馏工艺流程示意如图 4-13 所示。

粗甲醇进入稳定塔，部分轻组分经精馏除去，不凝气从塔顶排出，精馏所需的热量由塔底再沸器提供，再沸器与 1、2、3 号蒸发器构成一个整体，通过多效蒸发的方式，使重金属有效浓缩并脱除。废液从 1 号蒸发器底部排出，该股废液中含质量分数为 0.3% 的甲醇和几乎所有的金属，三台蒸发器出口的甲醇蒸汽经冷凝后，得到符合 MTO 级要求的甲醇产品。

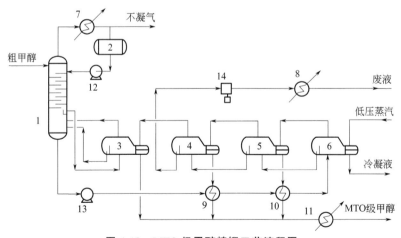

图 4-13 MTO 级甲醇精馏工艺流程图

1—稳定塔；2—稳定塔回流罐；3—稳定塔再沸器；4—1 号蒸发器；5—2 号蒸发器；
6—3 号蒸发器；7—回流冷却器；8—废液冷却器；9—1 号甲醇预热器；10—2 号甲醇预热器；
11—MTO 级甲醇冷却器；12—回流泵；13—塔釜泵；14—废液泵

4.8 焦炉煤气与煤气化生产甲醇的对比

4.8.1 条件

（1）原料气的生产方法

① 焦炉煤气采用纯氧催化转化法生产合成气。

② 煤气化采用德士古法气化生产水煤气经净化制合成气。

（2）甲醇产能

20 万吨/年精甲醇。

（3）合成条件（以下两种气体的设施均相同）

① 合成塔采用绝热等温反应器。

② 合成压力：5.3MPa（绝压）。

③ 催化剂：NC307。

（4）甲醇精馏

采用三塔流程。

4.8.2 不同方法的对比

4.8.2.1 新鲜气体成分

德士古煤气精制后的新鲜合成气与焦炉煤气精制后的新鲜合成气组成对比列于表 4-13。

表 4-13 新鲜气体组成对比　　　　　　　　　％（体积分数）

气体	CO	CO_2	H_2	CH_4	N_2	Ar	H_2O
水煤气	27.39	3.24	68.53	0.01	0.66	0.16	0.01
焦炉煤气	15.53	8.23	71.86	0.45	3.21		0.43

4.8.2.2 入塔气体组成

德士古水煤气制甲醇合成循环气与焦炉煤气制甲醇循环气气体组成对比见表 4-14。

表 4-14 入塔气体组成对比　　　　　　　　　％（体积分数）

气体	CO	CO_2	H_2	CH_4	N_2	Ar	H_2O
水煤气	9.7534	3.1780	78.6216	0.0817	1.4624	6.3699	0.0248
焦炉煤气	4.598	7.813	72.18	2.04	12.07	—	0.03

通过计算，水煤气制甲醇中粗甲醇时空产率最大可达 $1.2t/(m^3 \cdot h)$，一般为 $0.82t/(m^3 \cdot h)$；焦炉煤气制甲醇中粗甲醇时空产率最大可达 $1.2t/(m^3 \cdot h)$，一般为 $0.9t/(m^3 \cdot h)$。

入塔气中氢碳比与 CO/CO_2（体积比）存在较大差别，造成合成粗甲醇含醇量有明显差别。表 4-15 为入塔气氢碳比和 CO/CO_2 及粗甲醇含醇量的对比。

表 4-15　入塔气氢碳比和 CO/CO_2 及粗甲醇含醇量的对比

气体	入塔氢碳比（体积比）	CO/CO_2（体积比）	粗甲醇含醇量质量分数/%
水煤气	5.83	3.060	94.5
焦炉煤气	5.04	0.634	86.33

在实际生产运行中，由于制气工艺条件的不同，德士古水煤气气体成分相对稳定，合成的粗甲醇含量相对稳定。C307 催化剂有较好的耐热性能，所以，在一定的使用时期，CO 体积分数可高达 $15\% \sim 16\%$；CO_2 体积分数较低，为 $2\% \sim 3\%$。且未发现合成甲醇受到影响，相反，单位甲醇产率较高，能够获得较好效益，但催化剂使用寿命较短。

焦炉煤气由于受炼焦过程中各煤种配比的限制，其气体成分有较小波动，此间造成了合成入塔气体成分不稳定，有的时候 CO/CO_2 比较低，甚至出现 CO_2 体积分数为 $6\% \sim 9\%$，CO 体积分数为 $2\% \sim 6\%$。在此种工艺条件下，合成甲醇产率尚未受到不良影响，但粗甲醇含醇量约下降 74.26%（最低分析记录值）。

4.8.2.3　精甲醇产品质量

通过对比水煤气甲醇和焦炉煤气甲醇两套精馏装置的操作条件和运行参数，可知德士古水煤浆制气生产的粗甲醇 pH 值偏低，约为 7.2。在精馏过程中需要加碱调整 pH 值，而焦炉煤气生产的粗甲醇 pH 值不稳定，为 $7.4 \sim 7.8$，中性或略接近碱性，在精馏过程中，只需要加少量烧碱来调整 pH 值。

烧碱消耗定额对比见表 4-16。

表 4-16　烧碱消耗定额对比

名称	规格	加入设备名称	消耗定额/kg	年消耗量/kg	备注
水煤气甲醇	98%固碱	碱液槽	0.07	16554	设计
焦炉煤气甲醇	98%固碱	碱液槽	0.03	7095	设计

注：烧碱年消耗量为正常值。

通过对比水煤气甲醇和焦炉煤气甲醇精馏甲醇蒸汽的消耗，发现焦炉煤气甲醇在精馏中蒸汽消耗较大，杂醇含量低，常压塔基本无杂醇采出，精馏预塔不凝气体较少。水煤气甲醇蒸汽消耗量较低，预塔不凝气体较多，常压塔侧线需要采出适当杂醇来调整常压塔操作。

两种精甲醇的质量对比见表 4-17（执行标准：GB/T 338—2011）。

表 4-17　两种精甲醇质量分析对比

项目	指标			实测结果	
	优等品	一等品	合格品	水煤气甲醇	焦炉煤气甲醇
外观	均为无异臭味	无色透明液体	无可见杂质	符合	符合
色度（铂-钴色号）	$\leqslant 5$	$\leqslant 10$		$\leqslant 5$	$\leqslant 5$
密度(20℃)/(g/cm³)	0.791～0.792	0.791～0.793	0.791～0.793	0.7910	0.7911
温度范围(0℃，101325Pa)/℃	64.0～65.5	64.0～65.5	64.0～65.5	64.7	64.65
沸程（包括 64.6℃±0.1℃）/℃	$\leqslant 0.8$	$\leqslant 1.0$	$\leqslant 1.5$	$\leqslant 0.6$	$\leqslant 0.5$
高锰酸钾实验时间/min	$\geqslant 50$	$\geqslant 30$	$\geqslant 20$	$\geqslant 62$	$\geqslant 65$
水混溶性实验	通过实验(1+3)	通过实验(1+9)	—	(1+3)澄清	(1+3)澄清
水的质量分数/%	$\leqslant 0.01$	$\leqslant 0.15$	—	$\leqslant 0.06$	$\leqslant 0.07$
酸度（以 HCOOH 计）/%	$\leqslant 0.0015$	$\leqslant 0.0030$	$\leqslant 0.0050$	$\leqslant 0.0009$	$\leqslant 0.0006$
碱度（以 NH₃ 计）/%	$\leqslant 0.0002$	$\leqslant 0.0008$	$\leqslant 0.0015$	$\leqslant 0.0001$	$\leqslant 0.0000$
碳基化合物含量（以 CH₂O 计）/%	$\leqslant 0.002$	$\leqslant 0.005$	$\leqslant 0.010$	$\leqslant 0.0013$	$\leqslant 0.0015$
蒸发残渣含量/%	$\leqslant 0.001$	$\leqslant 0.003$	$\leqslant 0.005$	$\leqslant 0.0006$	$\leqslant 0.0008$
硫酸洗涤实验/Hazen 单位（铂-钴色号）	$\leqslant 50$	$\leqslant 50$	—	合格	合格
乙醇的质量分数/×10⁻⁴	均为≤90（或根据客户需要）			$\leqslant 60$	$\leqslant 53$
等级判定				优等品	优等品

4.8.3　结论

通过两种含 CO_2、CO 不同的气体合成甲醇产品的对比，验证了此前存在争议的甲醇合成机理，即在高的 CO_2 含量（体积分数 $6\%\sim9\%$）条件下，甲醇合成反应主要是以甲酰基途径合成。此条件下对催化剂活性影响较小，时空产率较高，但粗甲醇浓度较低，精馏能耗较高。在高 CO（体积分数 15%～16%）条件下，甲醇合成反应主要是以甲酸基途径合成，反应热较高，副产蒸汽多，粗甲醇浓度高，精馏能耗低，对催化剂的活性有一定的影响，催化剂的使用寿命较短，但单位产出较大。

上述对比说明，对于含有高 CO_2 焦炉煤气制合成气，对甲醇合成催化剂无不利影响。但过高的 CO_2 要多耗 H_2，使产能受影响，且精馏甲醇能耗要稍高。

第五章

焦炉煤气制合成氨

5.1 概述

氨是重要的无机化工产品之一，在国民经济中占有重要地位。目前，全世界每年合成氨产量已达到 1 亿吨以上，其中约有 80％被用来生产化学肥料，20％为其他化工产品的原料。我国是世界上合成氨产量最大的国家，也是合成氨工厂最多的国家，合成氨产能近 7000 万吨/年，产量约 4500 万吨/年。

氨主要用于制造氮肥和复合肥料，如尿素、硝酸铵、磷酸铵、氯化铵以及各种含氮复合肥，都以氨为原料，液氨也可直接用作化肥。除了生产化肥外，氨还是生产各种含氮无机盐及有机中间体、磺胺药、聚氨酯、聚酰胺纤维和丁腈橡胶等的基础原料，液氨还常被用作制冷剂。近年来，为满足国家日益严格的环保要求，氨也被大量用作锅炉烟气氨法脱硫剂，并副产硫铵。同时为了降低柴油汽车的污染，采用添加特制的尿素溶液的方式，将尾气中有害的氮氧化物还原成氮气和水，从而来控制排烟的污染物。

当前，氢能经济已成为全球广泛关注的焦点，氨作为一种良好的储氢载体和富氢燃料，在以氢燃料电池为代表的氢经济中有很好的应用前景。氨是富氢物质，分子中氢的质量百分比为 17.65％。常压下，气态氨很容易转化为液态，液氨储能高，对应的储能密度（热值）比同样体积下的液氢高40％，而且便于储存和运输，是氢能的理想载体。氨作为燃料，燃烧值和辛烷值高，也可以直接作为发动机的燃料和燃料电池的燃料。另外，氨是一种非碳基氢源，不含 CO_x，可以为价廉高效的碱性燃料电池的推广作基础。随着科技的不断进步，氨可能成为新能源经济的主要清洁能源之一。

5.2　氨合成工艺

5.2.1　氨合成热力学

5.2.1.1　反应平衡常数

氨合成反应是一个放热和体积缩小的可逆反应，其反应式为：

$$\frac{1}{2}N_2 + \frac{3}{2}H_2 \rightleftharpoons NH_3 + \Delta H \tag{5-1}$$

ΔH 为反应热，在 1 个大气压、0℃时，为 -11000kcal/kmol。

氨合成反应在常压下的平衡常数［量纲为（MPa）$^{-1}$］仅是温度的函数，可表示为：

$$\lg K_p\ (p \to o) = \lg K_f = \frac{2001.6}{T} - 2.69112\lg T - 5.5193 \times 10^{-5}T +$$
$$1.8489 \times 10^{-7}T^2 + 3.6842 \tag{5-2}$$

加压下的化学平衡常数 K_p 不仅与温度有关，而且与压力和气体组成有关，即：

$$K_f = \frac{f_{NH_3}^*}{(f_{N_2}^*)^{1/2}\ (f_{H_2}^*)^{3/2}} = \frac{P_{NH_3}^*\gamma_{NH_3}}{(P_{N_2}^*\gamma_{N_2})^{1/2}\ (P_{H_2}^*\gamma_{H_2})^{3/2}} \tag{5-3}$$

式中，f 和 γ 为各平衡组分的逸度和逸度系数。

高压下气体混合物为非理想溶液，各组分的 γ 不仅与温度、压力有关，而且还取决于气体组成。

不同温度、压力下，氢：氮＝3：1时氨合成反应的 K_p 值如表5-1所列。

表 5-1　不同温度、压力下氨合成反应的 K_p 值

温度/℃	K_p/(MPa^{-1})					
	0.1013MPa	10.13MPa	15.20MPa	20.27MPa	30.39MPa	40.53MPa
350	2.5961×10^{-1}	2.9796×10^{-1}	3.2933×10^{-1}	3.5270×10^{-1}	4.2346×10^{-1}	5.1357×10^{-1}
400	1.2540×10^{-1}	1.3842×10^{-1}	1.4742×10^{-1}	1.5759×10^{-1}	1.8175×10^{-1}	2.1146×10^{-1}
450	6.4086×10^{-2}	7.1310×10^{-2}	7.4939×10^{-2}	7.8990×10^{-2}	8.8350×10^{-2}	9.9615×10^{-2}
500	3.6555×10^{-2}	3.9882×10^{-2}	4.1570×10^{-2}	4.3359×10^{-2}	4.7461×10^{-2}	5.2259×10^{-2}
550	2.1302×10^{-2}	2.3870×10^{-2}	2.4707×10^{-2}	2.5630×10^{-2}	2.7618×10^{-2}	2.9883×10^{-2}

5.2.1.2　平衡组成

平衡常数 K_p 可表示为：

$$K_p = \frac{p^*_{NH_3}}{(p^*_{N_2})^{1/2}(p^*_{H_2})^{3/2}} = \frac{1}{p} \times \frac{y^*_{NH_3}}{(y^*_{N_2})^{1/2}(y^*_{H_2})^{3/2}} \tag{5-4}$$

将 $y^*_{H_2}$ 和 $y^*_{N_2}$ 表示成平衡态氨含量 $y^*_{NH_3}$、惰性气含量 y^*_i 和氢氮比 r^* 的函数：

$$y^*_{H_2} = (1 - y^*_{NH_3} - y^*_i)\frac{1}{1+r^*}$$

$$y^*_{N_2} = (1 - y^*_{NH_3} - y^*_i)\frac{r^*}{1+r^*}$$

可以用无氨基惰性气含量 y_{i0} 来表达 y^*_i，即

$$y^*_i = y_{i0}(1 + y^*_{NH_3})$$

将上列各式代入式（5-4），得到：

$$K_p = \frac{1}{P} \times \frac{y^*_{NH_3}}{[1 - y^*_{NH_3} - y_{i0}(1+y^*_{NH_3})]^2} \times \frac{(1+r^*)^2}{(r^*)^{1.5}} \tag{5-5}$$

当 $r=3$ 时，则可简化为：

$$\frac{y^*_{NH_3}}{[1 - y^*_{NH_3} - y_{i0}(1+y^*_{NH_3})]^2} = 0.325 K_p p \tag{5-6}$$

利用式（5-5）或式（5-6），可在已知 K_p 的条件下，计算出不同温度、压力和惰气含量下的平衡氨含量。同时，式（5-6）也提供了一个由氢氮气（3∶1）的平衡氨含量计算不同温度压力下平衡常数的方法。如果系理想溶液，则此平衡常数又可用式（5-6）计算出该温度压力下任何组成时的平衡氨浓度。表 5-2 列出了氢氮气（3∶1）的平衡氨含量。

表 5-2　纯（$3H_2 + N_2$）混合气体的平衡氨含量

温度/℃	$y^*_{NH_3}$/%					
	0.1013MPa	10.13MPa	15.20MPa	20.27MPa	30.40MPa	40.53MPa
350	0.84	37.86	46.21	52.46	61.61	68.23
360	0.72	35.10	43.35	49.62	58.91	65.72
380	0.54	29.95	37.89	44.08	53.50	60.59
400	0.41	25.37	32.83	38.82	48.18	55.39
420	0.31	21.36	28.25	33.93	43.04	50.25
440	0.24	17.92	24.17	29.46	38.18	45.26
460	0.19	15.00	20.60	25.45	33.66	40.49
480	0.15	12.55	17.51	21.91	29.52	36.03
500	0.12	10.51	14.87	18.81	25.80	31.90
520	0.10	8.82	12.62	16.13	22.48	28.14
540	0.08	7.43	10.73	13.84	19.55	24.75
560	0.07	6.82	9.90	12.82	18.23	23.20

由式（5-5）可见，平衡氨含量随压力升高、温度降低和惰性气含量减少而增加。如果不考虑组成对平衡常数 K_p 的影响，$r=3$ 时，平衡氨含量具有最大值。当考虑组成对平衡常数 K_p 的影响，具有最大 $y_{NH_3}^*$ 的氢氮比略小于3，其值随压力而异，约在 $2.68 \sim 2.90$ 之间。

实验证明，当 $y_{i_0} < 0.2$ 时，惰性气含量对平衡氨的影响，可以用下式足够准确地来代表；

$$y_{NH_3}^* = (y_{NH_3}^0)^* \times \frac{1-y_{i_0}}{1+y_{i_0}} \tag{5-7}$$

式中，$(y_{NH_3}^0)^*$ 为惰性气含量为零时的平衡氨含量。

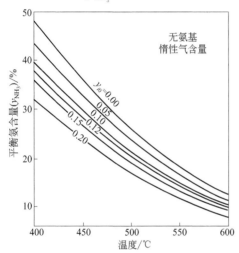

图 5-1　30.4MPa 下不同惰性气含量
对平衡氨含量的影响（$H_2 : N_2 = 3 : 1$）

由式（5-7）可见，惰性气对平衡氨含量的影响是很显著的。图 5-1 示出了 30.40MPa 下，不同惰性气含量对平衡氨含量的影响。

由图 5-1 可见：

① 压力升高、温度降低、低的惰性气含量和合适的氢氮比（近于 3：1）有利于平衡氨含量的提高。

② 即便在 30.40MPa 的高压下，450℃、$y_{i_0} = 0.15$ 时，平衡氨含量仅为 26% 左右，实际反应还不能达到极限值。因此，氨合成通常都采用循环流程，即将未反应的氢氮气与生成的氨分离以后，送回氨合成塔继续反应，以提高原料气的利用率。

5.2.1.3 反应的热效应

合成氨反应的热效应，不仅取决于温度，而且与压力、气体组成有关。

在不同温度、压力下，纯氢氮混合气完全转化为氨的反应热 ΔH_F（kJ/kmol）可由下式计算：

$$-\Delta H_F = 38338.9 + (0.23131 + \frac{356.61}{T} + \frac{159.03 \times 10^6}{T^3}) \times p$$
$$+ 22.3864T + 10.572 \times 10^{-4} T^2 - 7.0828 \times 10^{-6} T^3 \tag{5-8}$$

工业生产中，反应产物为氮、氢、氨及惰性气体的混合物，热效应是上述反应热与气体混合热之和。由于混合时吸热，实际热效应较式（5-8）计算值小，表 5-3 为氨浓度 17.6% 的混合热 ΔH_M。混合热是气体混合物非理想性的标志,它随压力提高、温度降低而增大。当反应压力较高时,总反应热效应 ΔH_R 应为 ΔH_F 与 ΔH_M 两者之和。

由表 5-3 中 ΔH_R 数值可知,在相同的压力下,ΔH_R 与温度呈直线关系,计算中可利用此类关系进行内插。

表 5-3 由 $3H_2 + N_2$ 生成 17.6%NH_3 系统的 ΔH_F、ΔH_M 和 ΔH_R 值

项目		反应热/(kJ/kmol 氨)				
		0.1013MPa	10.13MPa	20.27MPa	30.40MPa	40.53MPa
150℃	ΔH_F	−48450	−53491	−62467	−63723	−64368
	ΔH_M	0	2470	11940	13084	13000
	ΔH_R	−48450	−51021	−50527	−50639	−51368
200℃	ΔH_F	−49764	−52963	−57338	−61098	−62647
	ΔH_M	0	1453	5996	9826	11016
	ΔH_R	−49764	−51510	−51342	−51272	51631
300℃	ΔH_F	−51129	−53026	−55337	−57518	−59511
	ΔH_M	0	419	2470	5091	7398
	ΔH_R	−51129	−52607	−52867	−52427	−52113
400℃	ΔH_F	−52670	−53800	−55316	−56773	−58238
	ΔH_M	0	251	1193	2742	4647
	ΔH_R	−52670	−53549	−54123	−54031	−53591
500℃	ΔH_F	−53989	−54722	−55546	−56497	−57560
	ΔH_M	0	126	356	1193	3098
	ΔH_R	−53989	−54596	−55150	−55304	−54462

5.2.2 氨合成工艺过程及反应条件

5.2.2.1 氨合成过程

氨合成过程是放热和摩尔数减少的可逆反应。提高平衡氨含量的途径为降低温度、提高压力、保持氢氮比为 3 左右并减少惰性气体含量。从氨合成反应动力学来说,氨合成反应是多相气体催化反应,提高压力可以加快氨的生成速度,使气体中氨含量迅速增加;其次,氨合成反应的速度随着温度的升高显著加快,但温度高对氨合成反应的平衡不利。因此,在操作中应尽可能使氨合成反应在接近最佳反应温度下进行,以获得较大的生产能力和较高的氨合成率。

氨合成属于气固催化反应过程,反应是在较高压力下进行。由于反应后气体中氨含量不高,一般只有 10%～20%,为了提高氢氮气的利用率,通常

将未反应的氢氮气用循环机增压，循环操作。

5.2.2.2　反应条件

氨合成的工艺条件包括压力、温度、空速、氢氮比、惰性气含量和进塔氨含量等，这些工艺条件的选择，涉及到工艺生产的经济性问题。

（1）压力

氨合成的压力高低直接影响到设备的制造和投资，并影响到合成氨功耗的大小。

氨合成的压力决定了高压压缩机的最终压力。就目前大型氨厂使用的离心式压缩机而言，最终压力越高，离心式压缩机的设计越困难。这是因为3∶1氢氮气密度很小，压力越高则压缩态的流量越小，因而借助于离心力的透平机的设计越困难。因此，大型氨厂的合成压力通常在10～22MPa。

氨合成压力的选择主要涉及到功消耗，例如，压力降低，虽会导致高压机功耗的下降，但因氨合成率的降低，则会造成循环机功耗增大，而且因低压下氨难于冷凝，冷冻功也趋于增大。图5-2示出了德国BASF公司日产900t氨厂合成压力与功耗的关系。

由图 5-2 可见，合成压力在22～27MPa 之间时，总功耗较低。

然而，随着氨合成工艺的改进，例如，采用多级氨冷以及按不同蒸发压力分级由离心式氨压缩机抽吸的方法，可使冷冻机功耗有较大的降低；同时，采用低压降的径向氨合成塔，充填高活性的催化剂，都会有效地提高氨合成率并降低循环机功耗。在这种条件下，氨合成压力可降低至10～15MPa，而并不引起总功耗的上升。

（2）温度

氨合成反应温度决定于所使用的催化剂型号和氨合成塔的结构。床层进口温度的低限由催化剂起始

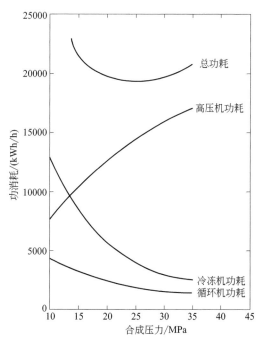

图 5-2　氨合成压力与功耗的关系

反应温度所决定，床层热点温度（即最高温度）的高限则由催化剂的耐热温度所决定。就目前国内外已有的低温催化剂而言，起始反应温度已能降低至

350～360℃，而耐热温度则不超过 500℃。

氨合成塔反应温度的分布决定于氨合成塔结构和选用的设计参数。目前工业上较多采用的多段式合成塔设计温度分布由床层升温和层间冷却所组合。一般而言，各段出口温度随段的序数增加而下降，而进口温度却随段的序数而上升，催化剂填充量随段的序数而增大。

为了保护催化剂的活性，反应初期，床层温度应维持得低一些，随着使用期的延长，逐渐适当提高，以延长催化剂的使用寿命。

（3）空速

增加空速，虽能增加催化剂的生产强度，但必然导致合成塔出口氨含量的下降，表 5-4 给出了空速与出口氨含量、生产强度之间的关系。

表 5-4　空速的影响（30.40MPa，500℃，$H_2 : N_2 = 3 : 1$）

空速/h^{-1}	1×10^4	2×10^4	3×10^4	4×10^4	5×10^4
出口氨含量/%	21.7	19.02	17.33	16.07	15.0
生产强度/$[kg\ 氨/(m^3 \cdot h)]$	1350	2417	3370	4160	4920

采用高空速强化生产的方法，在我国合成氨生产能力不足的过去曾被广泛采用。然而，高空速造成的出口氨浓度下降，将使循环气量和循环压降增大，增加了循环机的功耗和冰机的功耗，而且还降低了反应热的回收效率。因此，高空速的操作方法，目前已不再被人们所推荐。

一般而言，氨合成的操作压力高、反应速率快，所采用的空速可以高一些；而操作压力低、反应速率慢，空速则可低一些。例如，30MPa 的中型合成氨系统，空速一般控制在 20000～30000h^{-1}；27MPa 的大型氨厂径向塔，空速为 16000h^{-1}；15MPa 的大型氨厂多层冷激塔，空速为 10000h^{-1}。

（4）循环气氢氮比

最适宜氢氮比与离平衡远近有关。当离平衡很近时，氢氮比为 3 可获得最大的平衡氨含量，当离平衡很远时，氢氮比为 1 最适宜。图 5-3 示出了最佳氢氮比随空速的变化曲线，而此最适氢氮比的改变实际上也是距离平衡远近变化所致。由此可见，在工业上采用的空速 10000～30000h^{-1} 范围内，最合适的循环氢氮比在 2.5～2.9 之间。近年来，含钴催化剂获得广泛的推广和应用，与之匹配的最合适循环氢氮比在 2.2 左右。

（5）循环气惰性气含量

惰性气不利于氨的合成，含量过高会造成合成压力升高和循环功耗增大，

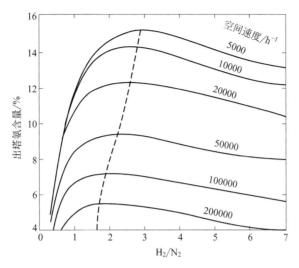

图 5-3　氢氮比的影响

过低会导致原料气消耗定额增高，不利于工厂节能。一般而言，当无排放气回收装置时，在系统压力不超过额定指标时，应尽可能提高惰性气浓度，以降低原料气消耗；当有排放气回收装置时，由于排放气中可回收氢，则循环系统的惰性气浓度可维持的低一些，以降低合成系统压力，使高压机和循环机的动力消耗减少。

目前工业生产中，循环气中的惰性气含量一般控制在 10%～20%之间。

（6）进塔氨含量

进塔氨含量对氨冷凝的冷冻功耗和循环功耗有直接的影响，它的选定与氨冷的级数有关。通常 25～30MPa 下合成采用一级氨冷时，进塔氨含量控制在 3%～4%；20MPa 下合成二级氨冷和 15MPa 下合成三级氨冷时，进塔氨含量可降低至 1.5%～2%左右。

（7）催化剂的毒物

硫、磷、砷、卤素等会造成氨合成催化剂永久中毒，含氧化合物会造成暂时中毒。

① 硫、磷、砷及其化合物能与催化剂形成稳定的化合物，造成永久中毒，催化剂中含有 0.1%以下的硫就会导致催化剂严重中毒，这时催化剂热点会迅速下移至催化剂床层最低层，甚至需要被迫更换催化剂。卤素及其化合物也可造成催化剂永久中毒，要求控制在 5mg/kg 以下。

② 氧和水蒸气是通过在活性中心上吸附而使催化剂中的 α-Fe 氧化成氧化物，而此氧化物在合成气中再还原成 Fe，引起催化剂反复氧化-还原，表现

为强的暂时性中毒和弱的永久性中毒。

③ CO_2 会与催化剂中的 K_2O 发生化学反应,并和氨反应生成碳酸氢铵和氨基甲酸铵,导致设备及管道堵塞。CO 能产生甲烷化反应,引起催化剂局部高温而导致催化剂烧结,应严格控制在 $10×10^{-6}$(体积分数)以下。乙炔、不饱和烃也有和 CO 相同的中毒效应。

④ 有些重金属也是催化剂的毒物。

5.2.3 氨合成压力的选择

5.2.3.1 氨合成压力等级

20 世纪 70 年代,我国先后引进了 13 套日产 1000t 级大型氨合成装置,大多采用 15.0MPa 等级设计,只有少数几套由于受惰性气含量等因素的影响,采用 26.9MPa 设计。

20 世纪 80 年代,由于受世界性能源危机和原材料价格上涨等因素的影响,国内各大合成氨装置纷纷对合成系统进行节能改造:很多装置采用了托普索 S-200 新型内件,将原来 S-100 型的床层间冷激降温改为间接换热,同时将原来设置在塔底的进出口气体换热器移至塔外,改为废热锅炉生产高压蒸汽。系统压力降低 1.0～2.5MPa,氨净值提高 1.5%～4.58%,综合能耗降至 $8×10^6$ kcal/tNH_3(1kcal=4.1868kJ)。

20 世纪 90 年代,随着先进的低温甲醇洗和液氮洗净化工艺在合成氨系统的广泛应用,国内一些公司又引进了一批 15.0MPa 压力等级的托普索 S-200 氨合成装置,主要有陕西渭河、大连大化、南化等,设计综合能耗一般为 $7.3×10^6$ kcal/tNH_3 左右;同期,河南中原大化、海南富岛等公司也引进了英国帝国化学工业公司开发的 ICI-AMV 氨合成工艺,该技术是典型的低温低压(10.8MPa)氨合成工艺,氨合成系统的核心采用了 Uhde 公司设计的三层全径向流间接换热氨合成塔,催化剂选用 ICI74-1 铁钴基催化剂,使用压力降低,节省了合成气压缩机的功耗,但由于分氨压力降低,导致冷冻功耗相应增加。

近年来,瑞士 Casale 公司推出了 Casale300B 型内件,采用三轴径向催化剂床层,层间采用间接换热,从而提高氨净值,达到节能的目的,丹麦托普索公司也推出 S-300 型合成塔内件,由三个径向换热式床层组成。两种工艺均为 15.0MPa 等级压力设计,采用三个全径向层、两个层间换热器移热和全气量通过所有催化剂床层的结构,氨净值可达到 17.5% 以上。

综上所述,目前国内日产千吨级氨合成工艺主要有 11.0MPa、15.0MPa、

22.0MPa、26.0MPa 等多种压力等级。在工程设计中，需要综合分析各种工艺和外部条件，以提高氨净值和节能降耗为目的，选择经济合理的氨合成压力。

5.2.3.2 氨合成压力的选择

现以国内某大型合成氨装置为例，简单分析说明合成氨装置压力选择与综合能耗之间的关系。

针对新鲜气为纯氢氮气的条件，利用国内自主开发的合成塔和系统计算软件，分别在 11.0MPa、15.0MPa、22.0MPa 三个压力等级下产量 1100t/d（110%负荷）时，对合成系统的水耗、动力消耗、余热利用等进行综合模拟计算，同时从经济运行、系统匹配、操作弹性、投资等方面，对全流程进行综合分析对比。不同压力等级下的氨合成系统主要公用工程及能量消耗对比如表 5-5 所示。

表 5-5　不同压力等级的合成系统公用工程及能量消耗对比表

序号	项目	单位	11.0MPa	15.0MPa	22.0MPa
1	合成氨产量	t/d	1100(110%负荷)		
2	锅炉给水流量	t/h	41.8	44.2	55.0
3	副产过热蒸汽流量 （表压 4.0MPa）	t/h	41.6(400℃)	44.0(400℃)	42.7(400℃)
		t/tNH₃	0.91	0.96	0.93
4	副产热水 （表压 4.0MPa,250℃）	t/h	0	0	12.3
5	合成系统冷却水消耗	t/h	660	1100	1265
		t/tNH₃	14.40	23.99	27.60
6	压缩冷却水消耗 （不含表面冷却水）	t/h	620	830	1050
		t/tNH₃	13.5	18.1	22.9
7	氨制冷冷却水消耗	t/h	3379	1900	1391
		t/tNH₃	73.7	41.5	30.3
8	压缩机电耗 （5.0MPa 压缩到操作压力，含循环段电耗）	kW·h	6741	7635	8917
		kW·h/tNH₃	151.67	166.58	194.55
9	氨制冷压缩机电耗	kW·h	4901	2753	2017
		kW·h/tNH₃	106.9	60.1	44.0

由上表可见，15.0MPa 与 22.0MPa 等级相比，冷冻功耗有所上升，但压缩功耗下降很多，（冷冻＋压缩）总电耗低 11.87kW·h/tNH₃；冷却水消耗高 2.79t/tNH₃，根据《石油化工设计能耗计算标准》（GB/T 50441—2016），

冷却水折电耗为 1.07kW·h/tNH₃；因此，15.0MPa 较 22.0MPa 等级的（电＋冷却水）两项消耗合计低 10.8kW·h/tNH₃。另一方面，考虑到氨塔、废锅、软水加热器、热交换器的热平衡，在保证合成气进入水冷器温度 80℃以下的情况下，22.0MPa 等级副产的热水过量，不能完全被废锅利用，约有 11.2t/h 的热水需要外送，而 15MPa 等级副产的过热蒸汽产量 [4.0MPa（表压）、400℃] 比 22.0MPa 多 0.03t/tNH₃，表明 15MPa 较 22.0MPa 在余热利用上更加合理。

同样，15.0MPa 与 11.0MPa 等级相比，冷冻功耗下降很多，但压缩功耗上升不多，其差值为 31.89kW·h/tNH₃；从冷却水消耗看，15.0MPa 等级比 11.0MPa 也低很多，差值为 17.41t/tNH₃，折电耗为 6.7kW·h/tNH₃；（电＋冷却水）两项消耗合计低 38.59kW·h/tNH₃。

综上分析，15.0MPa 等级的氨合成工艺节能效果较佳。

5.2.4　氨合成催化剂

自 1905 年哈伯（F-Haber）等人开发了以铁为主体的氨合成催化剂，并于 1913 年在德国奥堡 BASF 公司建成第一个日产 30t 的合成氨厂，至今的 100 多年主要沿用铁系催化剂。近几十年有所突破，1979 年 BP 公司开发了石墨负载钌的氨合成催化剂，并于 1990 年应用于工业中，合成压力降至 7.0MPa，温度为 350～470℃，催化剂的活性比传统催化剂高了 10～20 倍，但因钌的资源少，价格昂贵，至今未能广泛应用。

现工业上仍以铁系催化剂为主，合成氨工业的发展离不开催化剂的改进和提高，由于催化剂技术的不断进步，合成氨的操作条件得到了很大的改善。主要体现在如下几个方面：

① 操作压力从 30MPa 降至 10～15MPa，近年来更是向 8.0MPa 等级发展。

② 操作温度由 500～600℃降到 350～500℃。

③ 由于制造加工工艺的改进，提高了铁比，活性大大改善，同时也增强了催化剂的耐热性和抗毒性，极易还原。

④ 通过多年的研究和开发，国产 A 系催化剂的反应速度常数由 2.18 增加到 12.85，提高了近 6 倍。

我国自主研发的催化剂，目前已达到国际先进水平，不仅能满足国内众多化肥厂的需要，还有部分产品出口。

国内外主要催化剂性能指标如表 5-6 所示。

表5-6　国内外主要催化剂性能指标表

国别	型号	化学组成/%							颗粒外形尺寸/mm	堆积密度/(kg/L)	起始还原温度/℃	最终还原温度/℃	使用温度范围/℃
		总铁	Fe²⁺/Fe³⁺	Al₂O	K₂O	CaO	SiO₂	其他					
中国	A106	66~69	$\dfrac{0.55}{0.65}$	3.5~4.1	1.0~1.4	0.7~1.0	<0.45	/	不规则 2.2~9.4	2.7~3.0	375~385	约525	395~540
	A109	65~69	$\dfrac{0.5}{0.6}$	2.6~4.2	0.5~0.8	2.8~3.4	0.7~1.0	/	不规则 2.2~20	2.7~2.9	330~340	500~510	380~550
	A110	67~70	$\dfrac{0.5}{0.6}$	2.4~2.8	0.5~0.8	1.9~2.3	<0.45	BaO 0.2~0.4	不规则 2.2~20	2.7~2.9	300~320	约500	370~510
	A221	67~70	$\dfrac{0.45}{0.6}$	1.9~2.6	0.65~0.7	1.0~1.8	<0.4	CoO 1.0~1.2	不规则 2.2~9.4	2.6~2.9	320~330	495~500	350~500
	A301	72~73	4~9	/	/	/	/	/	不规则 1.5~9.4	2.8~3.2	280~300	480	330~500
丹麦	KMI	Fe₃O₄,Al₂O₃,K₂O,CaO,MgO,SiO₂							黑色颗粒	2.35~2.8	390	耐热550	380~550-
	KMI	KM型预还原催化剂							黑色颗粒	1.83~2.18			
英国	ICI35-4	Fe₃O₄,Al₂O₃,K₂O,CaO,MgO,SiO₂							黑色颗粒	2.65~2.85		耐热530	350~530
美国	C73-1	Fe₃O₄,Al₂O₃,K₂O,CaO,SiO₂							黑色颗粒	2.88±0.16			370~550
	C73-2-03	Fe₃O₄,Al₂O₃,K₂O,CaO,CoO							黑色颗粒	2.88±0.16			370~550

5.3　焦炉煤气生产合成氨工艺及设备

利用焦炉煤气生产合成氨，主要有如下几种工艺流程：

① 采用催化、非催化部分氧化工艺，将焦炉煤气中的 CH_4、C_nH_m 转化为 H_2 和 CO，经变换、脱碳等净化工序，得到（$3H_2+N_2$）比例的合成气，去氨合成。

② 焦炉煤气采用 PSA 提出纯 H_2，补入纯 N_2，得到（$3H_2+N_2$）比例的合成气，去氨合成。

③ 焦炉煤气通过深冷分离提出 CH_4，得到 LNG 产品，富 H_2 气通过液氮洗，得到（$3H_2+N_2$）比例的合成气，去氨合成。

焦炉煤气制取合成气，一般均需要经过加压输送、预净化、精脱硫、转化、变换、脱 CO_2、微量 CO 净化等工序，才能得到纯净的氨合成气，上述工序在本书有关章节均有叙述，本节主要介绍氨合成回路工艺。

现以国内某焦炉煤气为原料生产 12 万吨/年合成氨装置为例，对合成氨装置的主要技术工艺、生产运行状况等进行简单的介绍。

5.3.1 氨合成回路

氨合成回路采用 15.0MPa 低压合成工艺，流程示意参见图 5-4。

由循环压缩机来的合成气分两股，一股进入塔前换热器，另一股直接进入合成塔下部，用于冷却塔体。换热后的合成气进入合成塔，经轴径向四层催化剂床，分别经二次激冷和二次换热，出合成塔温度为 430～435℃，进入废热锅炉产生中压蒸汽，温度降至 280℃ 左右，再依次经塔前换热器、水冷却器、冷交换器、一级氨分离器、二个串联的氨冷器，将循环气冷至 −15℃，最后经二级氨分离器，出口气体返回循环压缩机。一、二级氨分离器分离出的液氨经减压进入闪蒸罐，液氨去氨库。新鲜合成气补入二级氨冷器前，驰放气在一级氨分后排出去氨回收。

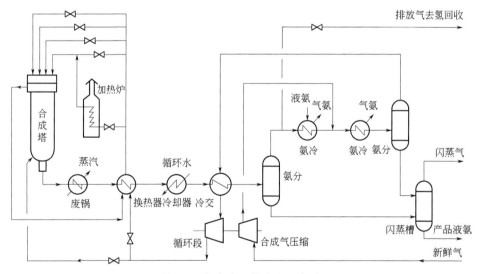

图 5-4 氨合成工艺流程示意图

5.3.2 氨合成塔

5.3.2.1 轴径向氨合成塔

氨合成回路的核心设备采用国内自主开发的 GC-R123 型 $\phi2000$ 氨合成

塔，具有阻力低、净值高、副产蒸汽量大、操控维修方便的特点，并带有催化剂自卸功能。

氨合成塔设置四层绝热型催化剂床，其中第一层为轴向层，其余三层均为径向层，共装有 34.5m³ 左右的 A301 亚铁基氨合成催化剂。轴向层与径向层之间装有用于调节温度的菱形冷激分布器，在催化剂床 2～3 与 3～4 层之间的位置，装有上下二个可拆卸的列管式层间换热器。

四个床层的温度可以分别调节，第一床层入口温度通过零米副线阀调节，第二床层入口温度通过冷激气阀调节，第三、第四床层入口温度分别由上下两个中间换热器的冷气进口阀调节。第四催化剂床层出口工艺气中的氨浓度 15%～16%，温度 430℃ 左右，进入废热锅炉副产 4.2～4.7MPa 中压蒸汽。

5.3.2.2 内件的设计参数

生产能力   360t/d

操作弹性   60～100%

操作压力   ≤15MPa

设计温度   ≤550℃

新鲜气量   ≤42000m³/h

循环气量   ≤176500m³/h

新鲜气组成见表 5-7。

表 5-7 新鲜气组成

组分	H_2	N_2	Ar	CH_4	$CO+CO_2$	总硫
含量(体积分数)/%	74～75	24～24.7	0.01～0.04	0.9～1.0	≤10×10⁻⁴	≤0.1×10⁻⁴

循环气组成（入塔气）成分见表 5-8。

表 5-8 循环气组成

组分	H_2	N_2	Ar	CH_4	NH_3	H_2O	油类
含量(体积分数)/%	66.40	22.20	0.4	7.5	3.50	0.1×10⁻⁴	0.1×10⁻⁴

5.3.3 主要设备技术规格

5.3.3.1 氨合成塔内件

① 设备规格：ϕ2000mm，H 20000mm。

② 结构：一轴三径，催化剂自卸。

③ 最大工作压力/设计温度：15MPa/550℃。

④ 内件最大升降温、升降压速率：40～60℃/h、0.5MPa/min。

⑤ 主要材质：OCr18Ni9（正常使用寿命≥15年）。

⑥ 催化剂装填量：34.5m³。

5.3.3.2 塔前换热器

① 设备规格：DN1250。

② 最高工作压力：15MPa。

③ 操作温度：管程进/出口 280/60℃，壳程进/出口 35/248℃。

④ 主要材质：管程 20、OCr18Ni9，壳程 16MnR、16Mn。

5.3.3.3 废热锅炉

① 设备规格：$\phi2000mm/\phi1900mm$。

② 设计压力：管程 16.0MPa，壳程 5.0MPa。

③ 最高工作压力：管程 15.0MPa，壳程 4.7MPa。

④ 操作温度：管程进/出口 420/280℃，壳程进/出口 105/262℃。

5.3.4 氨合成装置的运行数据

表5-9、表5-10为2012年9月1～3日的实际生产数据。

由表可见，氨合成系统压力 12.5～12.8MPa、合成塔压差 0.16MPa，催化剂床层温度的调节非常简单，且实际生产的温度分布比较理想，各床层热点温度分别为 476℃、464℃、446.5℃、431℃，床层同平面温差最大值 9.0℃，远远优于该项目的设计指标要求，表明该合成塔运行非常良好。

目前该装置实际氨产量为 300～310t/d，合成压力 12.5～12.8MPa，系统压差 0.55～0.60MPa，合成塔压差 0.18～0.20MPa、氨净值 14.8%～15.2%。根据实际生产数据及负荷变化情况分析，氨合成单元完全可以达到设计能力360t/d。另外，通过对系统压差、合成塔压差以及氨净值数据进行分析，预计该系统氨产量最高可达到450t/d。

表5-9 2012年9月1日～3日氨合成运行参数

项目	入塔压力/MPa	合成塔压差/kPa	蒸汽产量/(kg/h)	塔后放空气流量/(m³/h)	二级氨冷出口温度/℃	产品流量/(t/h)	入塔循环气流量/(m³/h)
9月1日	12.85	165.5	9600	2150	−14.5	13.2	123000
9月2日	12.7	163	9450	2100	−15.0	12.8	122000
9月3日	12.5	161	9300	2000	−14.5	12.6	121000

表 5-10　2012 年 9 月 1 日~3 日氨合成塔组成分析

时间	入塔气体组成(摩尔分数)/%					出塔气体组成(摩尔分数)/%				
	H_2	N_2	NH_3	CH_4	Ar	H_2	N_2	NH_3	CH_4	Ar
9 月 1 日	63.5	23.2	3.19	10.15	<0.01	51.4	17.68	18.4	12.2	<0.01
9 月 2 日	63.2	24.1	3.15	10.01	<0.01	51	18.10	18.2	11.9	<0.01
9 月 3 日	61.5	24.0	3.20	9.85	<0.01	52.1	19.63	17.5	11.0	<0.01

由表 5-11 可见，氨合成系统总体运行良好，运行指标完全达到设计要求，其主要有以下几点：

① 合成塔操作平稳，氨净值比设计值高 2% 左右，塔阻力<200kPa。

② 合成塔负荷操作范围大。由于焦炉煤气气量波动较大，氨合成系统负荷低于 48% 时，生产运行良好。

③ 合成废热锅炉运行稳定，投产运行以来未发生任何故障。

④ 催化剂已运行两年，活性良好。第一层温度调节阀仍需 100% 全开，二、三、四层调节阀开度 60%~70%，与两年前相比基本没有变化。

表 5-11　氨合成系统目前运行值、100% 负荷期望值、100% 负荷保证值

性能指标	运行值	期望值	保证值
系统压力/MPa(表压力)	12.6	13.2	14.8
系统阻力/MPa	0.55	0.75	1.0
合成塔阻力/MPa	0.16	0.25	0.4
氨产量/(t/d)	310	360	360
入塔氨含量/(摩尔分数)/%	3.2	3.4	3.5
出塔氨含量/(摩尔分数)/%	18.4	18.5	16.0
水冷器进口温度/℃	93.5	65.0	75.0
氨冷后温度/℃	−15.0	−8.0~12.0	−8.0~12.0
蒸汽产量[4.8MPa(表压)]/(t/tNH₃)	0.76	0.90	0.85

5.3.5　评价

该套 15MPa 级低压氨合成塔系统是国内首套焦炉煤气制合成氨工业化装置，运行效果良好，为企业带来了显著的经济效益和社会效益。该技术的成功应用，为焦炉煤气综合利用生产合成氨打下了良好的基础。

5.4 国内氨合成技术

经过多年的开发研究和工业实践，我国已具备独立建设大型氨厂的能力。国内先后推出了一大批具有自主知识产权的氨合成技术，有力推动了国内合成氨工业的进步和发展。

现将目前应用较多的湖南安淳、南京国昌、石家庄正元三家企业的氨合成技术介绍如下。

5.4.1 氨合成塔及考核评价指标

中国氮肥工业协会组织相关单位对国内主要氨合成塔进行了专项考核和评价，现将湖南安淳 JD 型、南京国昌 GC 型、河北正元 JR 型氨合成塔的技术状况及考核评价指标分别列出，具体详见图 5-5～图 5-7 及表 5-12～表 5-14。

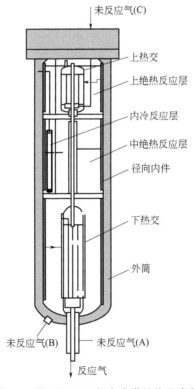

图 5-5　Ⅲ JD-3000 氨合成塔结构示意图

表 5-12　Ⅲ JD3000-φ2500 氨合成主要考核评价指标表

序号	指标名称	单位	保证值	考核期运行值	年度实际运行值	备注
1	重要工况					
1.1	新鲜气中 CH_4＋Ar	％			2.6	
1.2	放空循环气中 CH_4 含量	％	20		15.5	
2	氨合成塔					
2.1	单塔生产能力	t/d	800		1076	
2.2	单塔产量	t/d	800		1076	
2.3	催化剂生产强度	$t/(d \cdot m^3)$	11.85		15.9	催化剂 XA201
2.4	新鲜气进合成塔系统压力	MPa	18		17.3	
2.5	合成塔出口气氨含量	％	15		15	
2.6	合成塔压力降	MPa	＜0.5		0.65	
3	氨合成系统					
3.1	反应热总回收率	％	≥75		76	
3.1.1	副产蒸汽压力	MPa	2.5		2.42	过热蒸汽
3.1.2	副产蒸汽量	kg/tNH_3	850		860	
3.1.3	水冷前循环气温度	℃	≤80		70	
3.2	合成塔进口循环气氨含量	％	≤3.0		3	
3.3	氨冷冻负荷	$kcal/tNH_3$	245000			
3.4	合成系统压力降		1.8		1.74	
4	氨合成装备情况					
4.1	合成塔直径			DN2500		
4.2	催化剂卸出方式			自卸式		
4.3	合成塔与废热锅炉连接形式			塔锅一体		
4.4	冷量回收方式			冷交换器		
4.5	装置其他特点			轴径向流动,换热＋冷管＋冷激。见图 5-5		

注：1. 数据来源为湖南安淳高新技术有限公司。
　　2. 工程设计单位为湖南安淳高新技术有限公司。
　　3. 生产企业为湖北潜江金华润化肥有限公司。

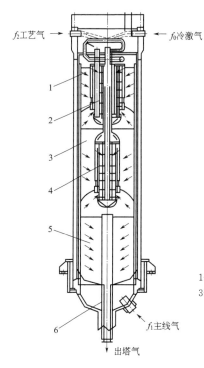

图 5-6　GC-R023 型
氨合成塔结构示意图

1—第 1 径向层催化剂筐；2—上部换热器；
3—第 2 径向层催化剂筐；4—下部换热器；
5—第 3 径向层催化剂筐；6—出气管

表 5-13　GC-ϕ2600 氨合成主要考核评价指标表

序号	指标名称	单位	保证值	考核期运行值	年度实际运行值	备注
1	重要工况条件					
1.1	新鲜气中 CH_4+Ar	$\times 10^{-6}$	50		30	
1.2	放空循环气中 CH_4 含量	%				无放空气
2	氨合成塔					
2.1	单塔生产能力	t/d	1200		1080	工艺气量不足
2.2	单塔产量	t/d	1200		1080	
2.3	催化剂生产强度	t/(d·m³)	18.0		16.1	A207
2.4	新鲜气进合成塔系统压力	MPa	14.5		12.5	
2.5	合成塔出口气氨含量	%	19.4		19.4	
2.6	合成塔压力降	MPa	0.35		0.20	
3	氨合成系统					
3.1	反应热总回收率	%	90		90.5	
3.1.1	副产蒸汽压力	MPa	2.8		2.5	饱和蒸汽
3.1.2	副产蒸汽量	t/tNH₃	1.1		1.12	
3.1.3	水冷前循环气温度	℃	75		70	
3.2	合成塔进口循环气氨含量	%	2.5		2.3	

序号	指标名称	单位	保证值	考核期运行值	年度实际运行值	备注
3.3	氨冷冻负荷	kcal/tNH$_3$	2×10^5		2.05×10^5	
3.4	合成系统压力降	MPa	1.0		0.6	
4	氨合成装备情况		全部国产化			
4.1	合成塔直径		DN2600			
4.2	催化剂卸出方式		真空抽吸			
4.3	合成塔与废热锅炉连接形式		直连式结构,合成塔内件一轴三径结构,见图5-6			
4.4	冷量回收方式		冷交换器			

注:1.数据来源为南京国昌化工科技有限公司。
    2.工程设计单位为鲁西化工集团股份有限公司设计院。
    3.生产企业为鲁西化工集团股份有限公司煤化工二分公司。

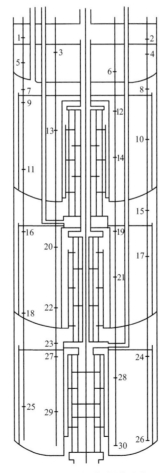

图 5-7 JR-ϕ2400 氨合成塔结构示意图

表 5-14　JR-φ2400 氨合成主要考核评价指标表

序号	指标名称	单位	保证值	考核期运行值	年度实际运行值	备注
1	重要工况条件					
1.1	新鲜气中 CH$_4$+Ar	%	≤2.5	2+0.25	2+0.25	
1.2	放空循环气中 CH$_4$ 含量	%	≥21	26	28	
2	氨合成塔					
2.1	单塔生产能力	t/d	≥650	730	550	
2.2	单塔产量	t/d	650	730	550	
2.3	催化剂生产强度	t/(d·m^3)	15.22	17.4	13.1	
2.4	新鲜气进合成塔系统压力	MPa	≤22	17	16	
2.5	合成塔出口气氨含量	%	≥14.3	14.4	13.5	
2.6	合成塔压力降	MPa	≤0.35	0.31	0.18	
3	氨合成系统					
3.1	反应热总回收率	%	≥85	90	91	
3.1.1	副产蒸汽压力	MPa(表压)	2.5/0.4	2.24/0.55	1.33/0.45	饱和蒸汽
3.1.2	副产蒸汽量	kg/tNH$_3$	440/560	546/518	647/535	
3.1.3	水冷前循环气温度	℃	≤60	52.5	49.2	
3.2	合成塔进口循环气氨含量	%	≤3.3	2.86	2.94	
3.3	氨冷冻负荷	kcal/t NH$_3$	80000	72416	88264	
3.4	合成系统压力降	MPa	≤1.0	1.0	0.75	
4	氨合成装备情况					
4.1	合成塔直径	DN2400				
4.2	催化剂卸出方式	自卸				
4.3	合成塔与废热锅炉连接形式	直连				
4.4	冷量回收方式	双冷交串联回收冷量				
4.5	装置其他特点	两级废锅、两级水冷(其中一级为蒸发冷,二级为溴化锂制冷),JR型 2400 合成塔内件,一轴三径结构,塔外燃烧炉升温。见图 5-7				

注：1. 数据来源为石家庄正元塔器设备有限公司。
　　2. 工程设计单位为河北正元化工工程设计有限公司。
　　3. 生产企业为石家庄正元化肥有限公司。

5.4.2　蒸汽过热器及废热锅炉

为了回收氨合成塔出口的高温热能，产生高位能蒸汽，现设计的废热锅炉压力一般都在 4.0MPa 以上，并且将其过热至 400℃，以便供汽轮机使用，产生价值更高的动能。图 5-8、图 5-9 分别示出了直连式蒸汽过热器和废热锅炉的结构图。废热锅炉采用三重套管结构，使高温气体先流过不受压的内套管，温度降低后，再进入受高压的外套管，这样炉管管材易解决，同时管束不会产生 U 管型管束末端的震动破坏现象。

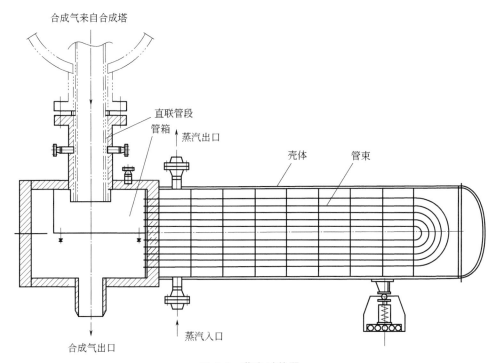

图 5-8　蒸汽过热器

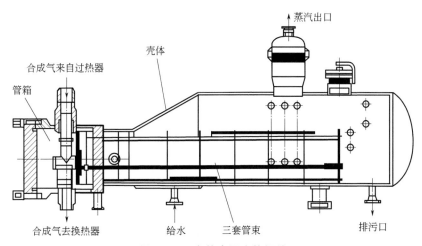

图 5-9　三套管高温废热锅炉

合成塔出口与蒸汽过热器或与废热锅炉（蒸汽不过热时）的连接，现均设计直连式，解决了高温高压管道的热补偿问题，节省了高级合金钢管，弹簧支吊架的投资，塔下的连接锻件由于增加了保护气，使锻件承受的温度降低，装置运行更为安全可靠。

5.5 国外大型合成氨技术特点及比较

5.5.1 国外成熟的氨合成技术概况

随着合成氨技术的不断发展，大型合成氨装置（≥30 万吨/年）普遍采用中、低压合成工艺，合成回路操作压力通常在 $8\sim22MPa$ 之间。目前在国际上具有代表性的低能耗氨合成工艺主要有：美国 Kellogg 工艺（现为KBR）、丹麦托普索工艺、瑞士卡萨利工艺、德国伍德工艺等。这几种氨合成工艺流程类似，主要差别在于合成塔内件形式，其设计理念都是围绕着提高氨净值和节能为最终目的。

由于合成塔内件的迅速发展，各种内件在近十几年里均得到广泛应用。塔内件的形式多样化，很难用一种标准来划分。以反应床论，可分为绝热式和内冷式，即床层内含有移热装置，如单冷管等；以移热方式论，可分为冷激式、层间换热式、内冷式以及冷激间换热复合式；以反应气体流向论，可分为轴向型、径向型以及轴径向混流型，其各有所长。

轴向流塔操作稳定，催化剂装量多；径向流塔效率高，压力降小，操作敏感性强，要求高效催化剂。根据催化剂床层中是否设置冷管（内冷）方式可划分为：①引进型内件（国外型）；②传统冷管型内件；③内件冷管改进型内件；④全冷激式内件；⑤多层绝热复合换热式内件。

就目前我国的大型合成氨工程的业绩来看，主要是以 KBR、托普索、卡萨利公司的氨合成技术为主。伍德公司氨合成技术在国外的应用较多，国内的业绩不多。

本书主要针对国内应用较多的 3 家公司的氨合成工艺进行讨论。

5.5.1.1 美国 KBR 工艺

美国 KBR 公司（Kellogg Brown & Root 公司）的 KBR 工艺技术代表了当今世界同类型技术的先进水平，具有节能、运行稳定、操作简单以及不需要漫长的开车时间等特点，目前获授权使用该技术的企业已超过 200 家。KBR 工艺一般多用在以天然气为原料的大型合成氨装置中，目前在煤化工中也被广泛应用，采用卧式径向流氨合成塔内件，组合氨冷冻系统制冷。

（1）工艺流程

净化装置出口的氢气与来自空分获得的高纯度氮气，按摩尔比3∶1进行混合，混合后的合成气在合成气压缩机内压缩到15.5MPa，进料与产物进行换热预热，然后进入合成反应器。出氨合成塔的反应气温度约441.5℃，氨含量体积分数约20.3％。塔出口的热量用于副产蒸汽或预热锅炉给水，回收热量后的气体进入热交换器预热合成气压缩机出口气体，再经水冷器、组合式氨冷器，最终冷却至0℃后，进入氨分离器，分离冷凝的液氨。分氨后的循环气经组合式氨冷器回收冷量后，进入压缩机循环段与新鲜气汇合，重复上述循环。氨分离器分离出的液氨进入闪蒸槽，通过减压闪蒸出溶解的气体。闪蒸后的液氨送往冷冻工段，闪蒸出来的气体送往燃料气管网。

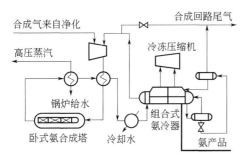

图 5-10 KBR 氨合成工艺路线图

KBR 氨合成工艺路线见图 5-10。

（2）氨合成塔

KBR 合成反应器是卧式反应器，合成塔包括可以拆卸的催化剂内件和压力外壳，在内件和外壳之间有环形空隙，给外壳冷却气提供通道。

合成塔内件由三段催化剂床层和两个中间换热器组成，第三段催化剂床包括 a 床和 b 床，每个催化剂床层使用金属丝网支持。中间换热器都采用冷气流走管内，热气走管外的流程。两个换热器的结构形式分别是 U 形管结构和活动管板结构，以此来解决热膨胀问题。换热器都采用较短的管子，以便气体流经管程时压力降低一些。换热管的管子采用适宜的支持结构，以避免振动的发生。合成塔的外壳装设在铁轨上，装内件不需要大吨位吊车，检修时也方便抽拉内件。全部装卸维修工作约可在地面上进行，安全方便省时经济。

KBR 采用的这种三段中间换热式卧式合成塔实际上是一种径向流动的合成塔，具有径向合成塔的一些优点，与传统的轴向流反应床相比，阻力大幅度降低。合成效率的提高，也使合成的循环气量保持在较低的水平，从而降低了合成气压缩机循环段与冰机的功耗，运行比较稳定，在操作中不会因床层下沉而影响气流的分布，甚至出现短路现象。

典型的 KBR 卧式合成反应器见图 5-11。

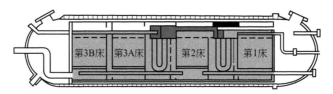

图 5-11 典型 KBR 卧式合成反应器

（3）其他技术特点

合成反应器的出口物料在 KBR 专有的组合氨冷器中急冷并析出产品氨。组合氨冷器是一个多流股换热器，合成塔出口气体通过中心管环隙流动，循环气通过中心管内管流动，不同温度和压力下的制冷液氨在各个外壳隔箱闪蒸，使得反应器出口反应气同时被循环气和液氨两种介质冷却。

组合氨冷器采用同心管和一个分隔式的外壳，将多个换热器、分离器和高压连接管组合在一个单一的设备中，这种设计相对于其他工艺采用的常规氨冷器，减少了系统阻力降。

组合氨冷器工艺流程示意见图 5-12。

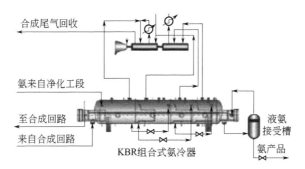

图 5-12 KBR 组合氨冷器工艺流程示意图

5.5.1.2 丹麦托普索（Topsøe）工艺

托普索是合成氨工艺技术专利商中的佼佼者，拥有 1990 年后新建设的所有合成氨装置总产能 50% 的市场份额，这样的地位来源于托普索公司几十年来不断的努力以及在合成氨生产和合成氨装置设计上所有重要学科上的经验。此外，托普索的科研人员致力于相关合成氨生产的催化剂领域的研究，研究范围从催化剂的热力学和表面科学的基础研究，到有关催化剂和催化工艺的应用研究和开发，因此，托普索氨合成技术只能使用其开发的 KM 型催化剂。

（1）工艺流程

来自气体净化单元的合成气通过离心式合成气压缩机压缩至 17.8MPa，与循环气在合成气压缩机循环段缸内混合压缩到合成压力 18.5MPa，然后进入热交换器。在热交换器中，合成气被来自成塔出口气体加热至合成塔进口温度 126℃，在合成塔发生合成气反应后，合成塔出口氨浓度约 22.39%，反应气出口温度为 441℃。反应器出口气体带出的绝大部分热量在锅炉给水预热器得到了回收，然后气体依次通过热交换器、水冷器、冷交换器、第一氨冷器、第二氨冷器得到冷却。此时，反应生成的氨绝大部分已被冷凝并在高压氨分离器中分离，高压氨分离器出来的气体含氨 3.84%，温度 0℃，通过冷交换器加热后，进入合成气压缩机循环段与新鲜气混合，然后重复上述循环。高压氨分离器出口液氨送往中压分离器，减压至 2.8MPa 后，气相送往合成气压缩机新鲜段进口，液相产品氨送往下游。

托普索氨合成工艺流程图 5-13。

（2）氨合成塔

托普索氨合成塔是径向合成塔，由压力壳体及催化剂内件组成。塔内件由三个催化剂床层和第一与第二、第二与第三催化剂床层间的内置换热器组成，塔底出口处根据需要可再设置一个换热器。

托普索工艺的氨合成塔最先引进径向流概念，使得合成塔阻力大幅下降，即使使用小颗粒高活性催化剂也不会产生较大的阻力降。托普索氨合成塔最初为两床径向流床间冷激型的 S-100 型内件，后来逐渐发展为 S-200、S-250、S-300 型内件（图 5-14），在低阻力降基础上进一步提高了氨净值，降低了系统循环量，使合成能耗下降。大部分合成气经合成塔底部进入，向上通过合成塔壳体与床间内件之间的空隙，这样可以防止合成塔壳体过热，降低壳体的设计温度，减小设备成本。合成反应热回收有预热锅炉给水或副产中压蒸汽两种方式供选择。

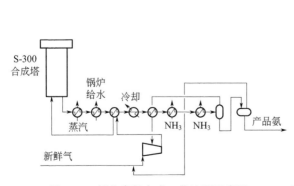

图 5-13　托普索氨合成工艺流程示意图

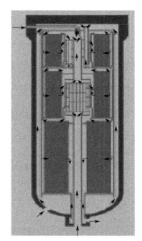

图 5-14　托普索 S-300 合成反应器

5.5.1.3 瑞士卡萨利（CASALE）工艺

瑞士卡萨利公司的氨合成工艺是目前中国应用业绩最多的一种先进氨合成技术。卡萨利内件设计灵活、形式多样，通常采用三床层—冷激—换热的结构形式。该工艺在国内 Kellogg 流程大型合成氨厂合成塔改造中有多家应用实例，同时还参与了多项热壁塔、钌催化剂合成塔的改造项目。

（1）工艺流程

来自净化装置的新鲜合成气和来自中压氨分离器的气体送入合成气压缩机，在新鲜段压缩并冷却后，与循环气在合成气压缩机循环段压缩至14.07MPa，然后送入热交换器。送入热交换器的气体与来自锅炉给水预热器出口的反应气换热，温度升至 199.5℃后送入合成塔。入塔气的温度由该侧的旁路管线控制，并同时控制第三床的入口温度。入塔气被送至氨合成塔，在适当的氨合成催化剂作用下产生氨合成反应，使出口氨含量升至 19.75%。第一层和第二层床层进口温度由内部换热器的旁路气体控制。出合成塔反应气进入锅炉给水预热器中回收热量，接着冷却后的反应气送至热交换器、水冷器、冷交换器。在冷交换器中用来自高压氨分离器的冷循环气使反应气中的液氨得以进一步冷凝下来。冷交换器的出口气体进入两个氨冷凝器继续冷却，完成冷凝并在高压氨分离器中分离出液氨，闪蒸的循环气送至冷交换器冷却反应气，接着送至压缩机的循环段。高压氨分离器的液氨在中压分离器中降至约 2.81MPa 闪蒸，闪蒸气回收至压缩机新鲜段进口，完成上述循环。

（2）氨合成塔

最新型的卡萨利合成塔是三床层＋两个中间换热器的结构形式，内部换热器位于第一、第二床之间和第二、第三床层，这样的设计使得氨单程转化率最高，催化剂装填量最低，热力学效率最高。合成塔三床层底部不带底部换热器，从而使反应热回收达到最大。此种设计自 1988 年以来已经得到广泛的应用，目前全世界已经有超过 50 个采用这种设计的合成塔成功投入运行。

卡萨利采用轴径向合成塔，具有三床层的轴径混流型催化剂筐，每个床层都有轴径向流路，气体在轴向和径向同时通过催化剂床层。大多数气体径向通过催化剂床层，同时其余气体轴向通过顶层的催化剂，从而消除了催化剂床对顶封头的需要，催化剂体积得到了全部应用，同时也使得床层压力降减小。这些特点使得卡萨利内件与其他技术相比制造简便，操作可靠，更换催化剂也更加容易。

轴径向流气体分布示意见图 5-15。

通常径向合成塔顶部和底部用气密性的封头密封起来，理想情况下径向塔的这种安排可以提供床层内规则的气体流速分布，从而保证催化剂的最佳利用率，然而在实际操作中，催化剂会收缩下沉，在顶封头下方形成一个空隙空间。为了避免气体短路，催化剂筐壁的顶部不能开孔，这样装填在这里的催化剂只能起密封作用，而不能起催化作用，见图 5-16（a）。卡萨利轴径向塔移去了顶部封头，壁上适当开孔，允许一部分气体轴向流进床层，通过对打孔壁开孔进行适当设计，可以控制轴径向流动的气体量，这样原来作"密封"用的催化剂就在和径向部分催化剂相同的条件下起催化作用，从而有效利用床层内（包括顶层）的全部催化剂的活性，不仅保证了几乎 100% 的催化剂利用率，而且机械结构也更为简单，见图 5-16（b）。

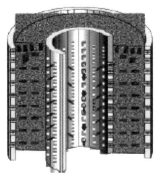

图 5-15 轴径向流气体分布示意图

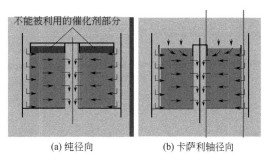

(a) 纯径向 (b) 卡萨利轴径向

图 5-16 轴径向流动示意图

（3）其他特点

卡萨利的设计避免了氨合成塔出口至下游换热器的连接管道，将下游换热器与合成塔连成一体，虽然结构上复杂一些，但减少了投资和运行风险，同时降低了施工过程中对于材质焊接、热处理的要求。

卡萨利采用的是一种开放式的冷冻回路，从而将液氨中的惰性组分降到最低（如液氨中的 H_2 体积分数可小于 100×10^{-6}），以满足下游工序要求。

5.5.2 大型合成氨工艺技术的综合比较

以煤基 50 万吨/年合成氨为例，分别对 KBR、托普索、卡萨利三种氨合成工艺进行综合对比，主要技术参数对比见表 5-15。

表 5-15 几种氨合成工艺技术参数对比

序号	项目名称	KBR（云南天安）	托普索（云南沾化）	卡萨利（呼伦贝尔金新）
1	日产量/(t/d)	1660	1630	1632

续表

序号	项目名称	KBR （云南天安）	托普索 （云南沾化）	卡萨利 （呼伦贝尔金新）
2	反应温度，压力（绝压） （入口/出口）	197.8℃，15.3MPa/ 441.5℃，15.1MPa	126℃，18.5MPa/ 414℃，18.2MPa	213.4℃，14.48MPa/ 443.5℃，14.19MPa
3	氨合成塔类型	卧式，三段两换热器，径向反应器	立式，三段两换热器	立式，三段两换热器
4	反应器尺寸（D/H）/mm	2750/26700	2500/27830	2500/26400
5	反应热回收	预热锅炉给水	预热锅炉给水	预热锅炉给水
6	氨净值（摩尔分数）/%	16.73	19.72（保证值）	15.9（保证值）
7	催化剂型号	国产，1.5～3mm	进口，KMIR&KMI	国产，1.5～3mm
8	催化剂装填量/m³	85.1	67.8	70
9	循环比	3.6	3.1	3.8
10	系统阻力降/MPa	0.7	0.9	1.05
11	合成塔阻力降/MPa	0.24		
12	吨氨新鲜气耗量（保证值）	2670	2660	2650
13	合成圈设计压力（绝压）/MPa	16.275	20.7	16.0
14	合成气压缩机功率/kW	15797	18.905	16.524

由表 5-15 可以得到以下结论：

① 托普索采用的合成压力略高（18.5MPa），因此氨净值高出其他两家，但其反应压力较高导致压缩机能耗增加，增加了操作费用。

② 催化剂方面，除了托普索指定用其专利催化剂（以确保达到其技术的性能保证值），其他二者都能选择国产催化剂。国产催化剂在大型合成氨厂也有良好的业绩，在保证较好催化活性和较长寿命的前提下，增加了催化剂选择范围并降低了投资。

③ 吨氨新鲜气耗量托普索略少，新鲜气耗量对综合能耗而言占主导地位，因此，综合能耗托普索技术最小。

5.5.3 评述

增加氨合成转化率（提高氨净值），降低合成压力，减少合成回路压降，合理利用能量，同时开发气体分布更加均匀、阻力更小、结构更加合理的合成塔及其内件；开发低压、高活性合成催化剂，实现"等压合成"是未来合成氨技术的发展趋势。

目前大型合成氨技术应用国内技术的业绩不多，在合成氨装置大型化的技术开发过程中，其焦点在关键性工序和设备上。

实现我国化肥工业从工业技术到装备制造能力的国产化，打破大型氮肥生产技术长期依赖国外引进的局面。提高采用自主创新技术，还可以快速提升我国氮肥业务的整体技术水平和综合实力，带动国产化装备水平和工程化能力的提高，为推进国家经济发展方式的转变提供技术支撑和有力保障。

5.6　焦炉煤气纯氧与富氧转化生产合成氨的比较

利用焦炉煤气生产合成氨是综合利用焦炉煤气较为经济实用的途径，技术成熟可靠、能耗较低、经济效益和社会效益较好。

用焦炉煤气生产合成氨的工艺，首先是要将焦炉煤气中的 CH_4、C_nH_m 转化为 H_2，一般转化焦炉煤气的方法有催化法和非催化法，两种方法均已工业化，以催化法居多。其原因主要是非催化法转化温度较高，所以氧耗较高，消耗有效气体较多，因而 NH_3 产量较催化法少 11.0% 左右，但非催化法脱硫较催化法要简单、投资低（详见 3.4 节催化法与非催化法生产甲醇的比较）。

催化法转化焦炉煤气又分为纯氧转化法和富氧转化法，我国早期利用焦炉煤气生产合成氨的工厂，多采用富氧转化法。主要原因是，富氧转化较纯氧转化可节省一半以上的氧气，20 世纪六七十年代，国内空分装置制造能力有限，且空分设备需要较多的铜材，费用昂贵，采用富氧转化节省氧气意义重大。目前，随着我国综合国力的大幅提升，装备制造能力和水平已不可同日而语。在这样的条件下，选择纯氧还是富氧转化技术，需要综合比较后确定。

5.6.1　生产方法及产品规模

5.6.1.1　生产方法

以 $47000\text{m}^3/\text{h}$ 焦炉煤气为原料，分别采用纯氧和富氧催化转化工艺生产合成氨原料气，经变换、PSA 脱碳、补氮后甲烷化等工序，得到合格的 $H_2:N_2=3$ 的合成气，在 15.0MPa 压力下合成氨。

5.6.1.2　产品及规模

产品：合成氨。

规模：22 万吨/年。

5.6.2 采用的主要技术

① 选用两台螺杆压缩机为焦炉煤气加压至 0.7MPa（绝压），由于螺杆压缩机不怕焦油和尘，可由气柜直接吸入，也不必设备用压缩机。

② 采用 TSA 法预净化焦炉煤气，在 0.7MPa（绝压）压力下脱除焦炉煤气中的焦油和萘至 $1mg/m^3$ 以下，确保系统不堵塞。

③ 采用两级铁钼（或镍钼）加氢转化有机硫和两级氧化锌脱硫流程，将焦炉煤气中的总硫脱至 0.1×10^{-6}（体积分数）以下，确保转化催化剂的安全运行。

④ 选用纯氧和富氧催化转化焦炉煤气，将转化气中甲烷含量控制在 1.0% 以下。转化后气体经热量回收后，降温至 350℃ 左右进入等温变换炉，出口 CO 控制在 0.3% 以下。

⑤ 采用 PSA 脱除变换气中的 CO_2，出口 CO_2 控制在 0.2% 以下。用 PSA 法的好处是不消耗蒸汽，但气体损耗稍多，投资和占地较大。MDEA 法净化度较高，但能耗太大，不如 PSA 法经济。

⑥ 采用甲烷化法作为合成气的最终净化手段，其优点是流程简单，易于控制，投资较低，且纯氮气也经甲烷化装置，确保进合成氨系统的安全运行。

⑦ 采用 15.0MPa 低压氨合成工艺。

5.6.3 方块流程及气体平衡表

焦炉煤气纯氧转化生产合成氨的方块流程图见图 5-17、气体平衡表见表 5-16。

焦炉煤气富氧转化生产合成氨的方块流程图见图 5-18、气体平衡表见表 5-17。

表 5-16　焦炉煤气纯氧转化生产合成氨气体平衡表

项目		①		②		③		④		⑤		⑥		⑦		⑧	
		%[①]	m³/h	%	m³/h	%	m³/h	%	m³/h	%	m³/h	%	m³/h	%	m³/h	%	m³/h
1	H_2	58.0	27260	58.0	27260	56.63	26085	71.11	49820	75.0	46085	95.14	60496	74.24	59292	64.17	3224
2	CO	8.0	3760	8.0	3760	8.16	3760	16.1	11280	0.3	241	0.36	232	—		—	
3	CO_2	3.0	1410	3.0	1410	3.06	1410	8.72	6110	21.14	17149	0.20	127	—		—	
4	CH_4	22.0	10340	22.0	10340	22.45	10340	0.67	470	0.58	470	0.66	422	0.98	781	13.99	703
5	C_nH_m	2.5	1175	2.5	1175	2.55	1175	—		—		—		—		—	

项目		①		②		③		④		⑤		⑥		⑦		⑧	
		%[①]	m³/h	%	m³/h	%	m³/h	%	m³/h	%	m³/h	%	m³/h	%	m³/h	%	m³/h
6	N₂	5.0	2350	5.0	2350	5.1	2350	3.35	2350	2.9	2350	3.59	2280	24.74	19764	21.26	1068
7	Ar	—	—	—	—	—	—	0.05	33	0.04	33	0.05	32	0.04	32	0.58	29
8	O₂	0.5	235	0.5	235	—	—										
9	水及其他	1.0	470	1.0	470	2.04	940										
10	合计（干基）	100	47000	100	47000	100	46060	100	70063	100	81102	100	63589	100	79869	100	5024
11	H₂S/有机物/(mg/m³)	50/250		40/200		<0.1×10⁻⁶		—		—		—		—		—	
12	温度/℃	40		40		380				40		40		40		40	
13	压力/MPa	0.004		0.60		2.60		2.40		2.30		2.20		2.10		0.20	

①均为体积分数。

表 5-17 焦炉煤气富氧转化生产合成氨气体平衡表

项目		①		②		③		④		⑤		⑥		⑦		⑧	
		%[①]	m³/h	%	m³/h	%	m³/h	%	m³/h	%	m³/h	%	m³/h	%	m³/h	%	m³/h
1	H₂	58.0	27260	58.0	27260	56.63	26085	56.44	48880	61.13	59919	74.44	59560	74.01	58224	66.76	4147
2	CO	8.0	3760	8.0	3760	8.16	3760	13.02	11280	0.25	241	0.29	232	—	—	—	—
3	CO₂	3.0	1410	3.0	1410	3.06	1410	7.06	6110	17.5	17149	0.20	160	—	—	—	—
4	CH₄	22.0	10340	22.0	10340	22.45	10340	0.54	470	0.48	470	0.53	423	1.04	815	11.82	734
5	CₙHₘ	2.5	1175	2.5	1175	2.55	1175	—	—	—	—	—	—	—	—	—	—
6	N₂	5.0	2350	5.0	2350	5.10	2350	22.68	20008	20.41	20008	24.26	19408	24.67	19408	18.22	1132
7	Ar	—	—	—	—	—	—	0.26	228	0.23	228	0.28	221	0.28	221	3.2	199
8	O₂	0.5	235	0.5	235												
9	水及其他	1.0	470	1.0	470	2.04	940										
10	合计（干基）	100	47000	100	47000	100	46060	100	86976	100	98015	100	80004	100	78668	100	6212
11	H₂S/有机物/(mg/m³)	50/250		40/200		<0.1×10⁻⁶（体积分数）		—		—		—		—		—	
12	温度/℃	40		40		380				40		40		40		40	
13	压力/MPa	0.004		0.60		2.60		2.40		2.30		2.20		2.10		0.20	

①均为体积分数。

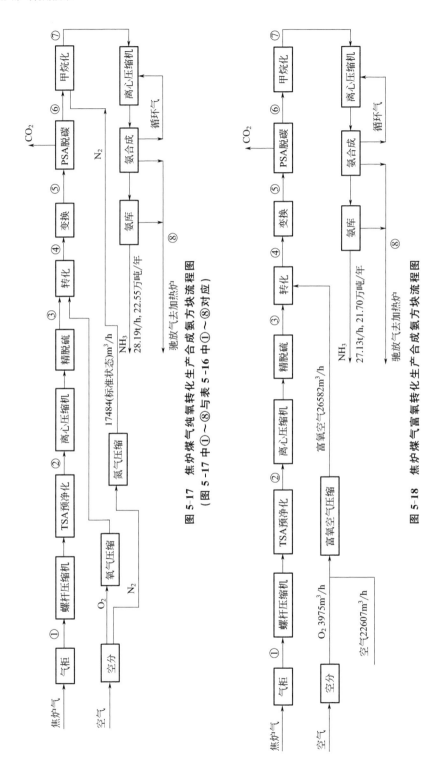

图 5-17 焦炉煤气纯氧转化生产合成氨方块流程图
（图 5-17 中①～⑧与表 5-16 中①～⑧对应）

图 5-18 焦炉煤气富氧转化生产合成氨方块流程图
（图 5-18 中①～⑧与表 5-17 中①～⑧对应）

5.6.4 主要技术经济指标的比较

主要技术经济指标的比较见表 5-18。

表 5-18 主要技术经济指标的比较

序号	项目	纯氧气化小时(单耗)	富氧气化小时(单耗)	备注
1	产品合成氨产量	28.19t/h 22.55 万吨/年	27.13t/h 21.7 万吨/年	产量差值 8500 吨/年
2	主要消耗			
2.1	焦炉煤气	47000m³/h 1667.3m³/t	47000m³/h 1732.4m³/t	
2.2	氧气 99.6%	8252m³/h 293m³/t	3975m³/h 109.7m³/t	
2.3	空气	—	22607m³/h 833m³/t	
2.4	氮气	17484m³/h 620.2m³/t	—	
2.5	转化产中压蒸汽	10.31t/h 0.366t/t	19.07t/h 0.703t/t	自给后,富余外送蒸汽
2.6	合成氨产中压蒸汽	28.19t/h 1.0t/t	27.13t/h 1.0t/t	
2.7	变换产低压蒸汽	20.35t/h 0.722t/t	18.7t/h 0.689t/t	
2.8	合成副产燃料气(驰放气)	0.139×10^6kcal/t	3.387×10^6kcal/t	供管式炉后,富余气
2.9	变换补中压蒸汽	0.58t/h 0.021t/t	5.00t/h 0.184t/t	自产不够,由合成产汽补足
2.10	合成氨总耗电	28034kW·h 995 kW/t	26241kW·h 967 kW/t	
2.11	合成氨耗新水	350t/h 12.4t/t	350t/h 12.9t/t	
2.12	合成氨能耗	8.799×10^6kcal/t	8.618×10^6kcal/t	
3	投资	5.04 亿元	5.03 亿元	
4	产值(合成氨按 2700 元/t 计)	6.09 亿元/年	5.86 亿元/年	△2300 万元/年

由上表可以看出,两个方案的消耗和投资相差无几,主要差别在于氨产量相差较大,纯氧转化法较富氧转化法高 8500t/a,年效益相差 2300 万元。其主要原因有:

① 由于富氧转化法有大量的氮气进入转化炉，在转化过程中要将氮气也提升至转化温度（950～1000℃），然后再降温，造成较大的热损失，需要多消耗氧气和焦炉煤气来提供热量，因此，富氧转化法较纯氧转化法多耗 $470m^3/h$ 氧气，同样也要多消耗 $940m^3/h$ 的氢气。

② 由于富氧转化是将空气与部分纯氧混合后，直接进入转化炉，空气中的氩气也随之进入转化气中，这样转化气中的氩气含量要较纯氧转化高 0.21%，合成气中要高 0.24%，造成合成气消耗定额较纯氧转化高 $67m^3/t$ NH_3，每小时高近 $1900m^3$ 合成气。

由于上述原因，富氧转化法较纯氧转化法少产合成氨 8500t/a（低 3.9%），产值低 2300 万元/年。

5.6.5 评述

由于纯氧转化法生产合成氨的产能大、效益好，目前利用焦炉煤气生产合成氨的工厂，以选用纯氧转化法为佳。纯氧转化法的操作控制要较富氧转化法简单，转化、变换、PSA 净化的设备体积较富氧转化小，合成气中惰性气含量低，合成氨的效率较高，因此，纯氧转化法要优于富氧转化法。

第六章

焦炉煤气甲烷化制天然气

6.1 概述

甲烷又称天然气，是优质高效、绿色清洁的低碳能源。我国 14 亿人口如全部采用天然气作为燃料，每年仅民用燃气就需要 2000 亿立方米。按照民用燃气量占全社会总用气量的 25% 估算，则全国每年天然气总需求量可达 8000 亿立方米。截至 2019 年，我国天然气、页岩气、煤层气已探明储量约为 15 万亿立方米，仅可用 18 年。据统计，2019 年我国天然气消费量为 3073 亿立方米，天然气产量为 1736 亿立方米，进口量约为 1337 亿立方米，对外依存度达 43.5%，呈逐年增长的态势。我国天然气资源量已经不能满足经济快速发展的需要，必须采取适当的补充和替代措施。

用焦炉煤气制天然气是制取低碳燃料较好的方法，也是对我国天然气资源不足的最好补充。焦炉煤气中氢多碳少，合成甲烷时不排放二氧化碳，尚需补碳，对减排温室气体具有积极意义，社会效益显著。

我国是焦炭生产大国。2019 年焦炭产量为 4.7 亿吨，副产焦炉煤气约 1800 亿立方米/年，如用 25% 的焦炉煤气，可生产天然气 180 亿立方米/年，相当现用天然气量的 6.4%，对缓解我国天然气供应紧张局面，减少进口，具有重要意义。

6.2 天然气利用政策及质量标准

6.2.1 天然气利用政策

一直以来，焦炉煤气的高效利用都是国家相关部门和焦化行业关注的重点和热点，国家相继出台了一系列政策。

2011 年 3 月，国家发改委颁布的《产业结构调整指导目录（2011 年本）》，将"焦炉煤气高附加值利用先进技术的研发与应用"列入鼓励类项目。

2012 年 6 月，国家发改委、环保部、科技部、工信部颁布的《国家鼓励的循环经济技术、工艺和设备名录（第一批）》，"焦炉煤气制天然气技术"位列其中。

2012 年 10 月，国家发改委发布《天然气利用政策》，将我国包括煤制合成天然气在内的天然气利用领域归纳为城镇燃气、工业燃料、天然气发电和天然气化工四大类，规定了天然气在四大领域利用的优先顺序，要求确保天然气优先用于城镇燃气，限制、禁止天然气用于化工。

焦炉煤气制天然气作为我国天然气资源的一个重要组成部分，也应该遵循上述规定。

6.2.2　天然气产品质量标准

6.2.2.1　天然气国家标准

2012 年，我国发布实施国家天然气强制性标准《天然气》（GB 17820—2012），以高位热值、硫的含量等来区分不同等级的天然气产品，该标准主要适用于常规天然气。

常规天然气也称矿产天然气，主要来源于油田、气田等，是有机物经过长期复杂分解过程的结果，是一种多组分的混合气态化石燃料，主要成分是甲烷，另有少量的乙烷、丙烷和丁烷等。

2018 年 11 月，为适应国外多气源引入及国内非常规天然气并网的需要，国家对天然气产品的发热量、总硫、硫化氢、二氧化碳等质量指标进行了修订，发布了《天然气》（GB 17820—2018），2019 年 6 月 1 日正式实施。

6.2.2.2　煤制合成天然气标准

煤制合成天然气是指以煤炭（包括焦炉煤气）为原料制取的，以甲烷为主要成分、符合天然气热值标准的气体，一般含有少量的 H_2、CO 等。

相对于常规天然气，由于煤制合成天然气在组成上具有一定的差别，因此，GB 17820—2012 并不完全适用于煤制合成天然气。鉴于此，国家和地方相关部门组织研究煤制合成天然气产品标准，2016 年发布了《煤制合成天然气》（GB/T 33445—2016）国家标准，2017 年 7 月 1 日起实施。

天然气国家标准（GB 17820—2018）与煤制合成天然气国家标准（GB/T

33445—2016）的指标对比详见表6-1。

表 6-1　煤制合成天然气标准与天然气国家标准对比

项目	煤制合成天然气国家标准[①]			天然气国家标准[①]	
	一类	二类	三类	一类	二类
HHV(标准)/(MJ/m³)	≥35.0	≥31.4	≥31.4	≥34	≥31.4
CH_4/%	无规定			无规定	
CO_2/%	≤2.0	≤3.0	供需商定	≤3.0	≤4.0
H_2/%	≤3.5	≤5.0			
CO/%	≤0.15			无规定	
N_2+Ar/%	无规定			无规定	
H_2S/(mg/m³)	≤1.0			≤6.0	≤20
总硫(以硫计)/(mg/m³)	无规定			≤20	≤100
氨(NH_3)/%	$50×10^{-4}$			无规定	
固体颗粒/(mg/m³)	≤1.0			无规定	
露点[②][③]/℃	在天然气交接点压力下，水露点应比输送条件下最低环境温度低5℃			在天然气交接点的压力和温度条件下，天然气中应不存在液态水和液态烃。	

①气体组成为体积分数，体积的标准参比条件为101.325kPa，20℃。
②在输送条件下，当管道预埋地温度为0℃时，水露点应不高于-5℃。
③进入输气管道的天然气或煤制合成天然气，水露点的压力应是最高输送压力。

6.2.3　焦炉煤气甲烷化制天然气

由于焦炉煤气中氢多碳少，且含有4%～5%的N_2，经甲烷化后气体组成一般为$CH_4$75%～80%、$N_2$8%～12%、$H_2$6%～15%、CO+CO_2≤50×10^{-6}（体积分数）。该气体如直接作为天然气使用，显然达不到天然气或煤制天然气国家标准，必须经过进一步的净化和提纯。目前，工业上一般采用深冷分离法将CH_4组分分离出来，直接得到液化天然气（LNG）产品，其组成一般为（CH_4+C_nH_m）98%～99%、N_2<1.5%，其余（H_2+CO+CO_2）合计在0.15%以下，质量指标能够达到《液化天然气的一般特性》（GB/T 19204—2020）国家标准的要求，见表6-2。

表 6-2 LNG 实例（GB/T 19204—2020）

常压下在沸点时的性质		LNG 例 1	LNG 例 2	LNG 例 3	LNG 例 3	LNG 例 4	LNG 例 5
摩尔分数/%	N_2	0.13	0.12	1.79	0.11	0.36	0.11
	CH_4	99.80	99.84	93.90	90.31	87.20	84.71
	C_2H_6	0.07	0.04	3.26	5.35	8.61	12.33
	C_2H_8	—	—	0.69	3.21	2.74	2.64
	$i\text{-}C_4H_{10}$	—	—	0.12	0.59	0.42	0.11
	$n\text{-}C_4H_{10}$	—	—	0.15	0.40	0.65	0.10
	C_5H_{12}	—	—	0.09	0.03	0.02	—
摩尔质量/(kg/kmol)		16.07	16.06	17.07	18.14	18.52	61
沸点温度/℃		−162.0	−161.9	−166.5	−160.9	−161.5	−160.2
密度/(kg/m³)		424.7	424.5	452.4	462.2	470.7	471.1
单位体积液体汽化后产生的气体体积（0℃和101325Pa）/(m³/m³)		590.7	590.6	592	568.9	567.3	649.9
单位质量液体汽化后产生的气体体积（0℃和101325Pa）/(m³/t)		1391	1391	1309	1231	1205	1199
单位质量汽化潜热/(kJ/kg)		525.6	522.5	679.5	673.0	675.5	564.9
单位体积高热值/(MJ/m³)		37.75	37.75	38.76	41.96	42.59	42.94

注：以上特性数据是基于实测组分数据的模拟数据。

由于焦炉煤气甲烷化制天然气必须采用深冷法提纯，所以焦炉煤气甲烷化制天然气的产品应以液化天然气（LNG）为主。

本章主要介绍焦炉煤气甲烷化生产 LNG 的工艺技术，焦炉煤气直接液化分离甲烷的联产流程请参见 8.5 焦炉煤气深冷液化分离装置。

6.3 焦炉煤气制天然气技术现状

20 世纪 70 年代，世界上出现了第一次石油危机，煤制油、煤制天然气引起了人们的广泛关注。德国鲁奇公司在工业试验成功的基础上，于 1984 年在美国大平原建成世界第一套人工合成天然气工业化装置，开创了合成气甲烷化生产天然气的先例。近年来，随着天然气工业的快速发展，用焦炉煤气或煤气化合成气生产替代天然气受到业界的普遍重视，多家国内外公司纷纷推出甲烷化技术。

焦炉煤气甲烷化技术因甲烷化反应移换热方式不同，分为绝热反应和等温反应两种。下面简单介绍几个主要的技术。

6.3.1　绝热床甲烷化技术

6.3.1.1　英国戴维公司甲烷化技术（CRG）

CRG 技术是英国燃气公司（BG 公司）于 20 世纪 80 年代开发成功的合成气甲烷化制天然气技术，后来英国戴维公司（Davy 公司）获得了 CRG 技术的对外转让专有权，并进一步开发成功 CEG-LH 催化剂。该催化剂具有变换功能，合成气不需要调节 H/C，转化率高，催化剂适用温度范围宽，在 300～700℃ 范围内都有很高的活性。

内蒙古恒坤化工有限公司在内蒙古鄂尔多斯市鄂托克前旗上海庙镇精细化工园区，采用 Davy 公司甲烷化技术建设了 1.2 亿立方米/年焦炉煤气制 LNG 装置，处理焦炉煤气量约 35000m³/h。该装置于 2013 年 1 月投产，采用中国科学院理化技术研究所的深冷分离制 LNG 工艺。

6.3.1.2　丹麦托普索甲烷化技术

合成气甲烷化制天然气是丹麦托普索公司（Topsφe 公司）的主要技术之一，该公司拥有甲烷化专利技术五项。1978 年，该公司在美国建成 72000m³/d 的甲烷化制天然气装置，1981 年由于油价降低到无法维持生产，被迫关停。该公司的 MCR-2X 催化剂无论在低温下（250℃）还是在高温下（700℃），都能稳定运行。甲烷化反应在高绝热温升下运行，可减少循环气量，降低功耗。该技术反应热回收率高，反应热的 84.4% 通过副产高压蒸汽回收，9.1% 通过副产低压蒸汽回收，3% 以预热锅炉给水的方式回收。

中石油昆仑能源旗下的华油天然气有限责任公司，采用托普索甲烷化技术、美国康斯泰 BV 公司深冷液化技术，2011 年在内蒙古乌海市开工建设处理气量 15 亿立方米/年的焦炉煤气制 LNG 装置，2012 年 10 月一期投产，2014 年 1 月全面投产。

6.3.1.3　西南化工研究设计院甲烷化技术

国内甲烷化技术研究起步较晚，最初是针对合成氨原料气中微量 CO、CO_2 的净化和城市煤气中 CO 的部分甲烷化。2006 年，西南化工研究设计院在合成氨净化甲烷化催化剂 CN3-2 的基础上，开展了焦炉煤气甲烷化研究工作，进行了 24000m³/d 焦炉煤气甲烷化中试，并通过了四川省科技厅组织的鉴定。该院开发的催化剂同时具有甲烷化、脱氧和高碳烃转化等功能。

河北省裕泰燃气公司在邯郸市磁县经济开发区，采用西南化工研究设计院甲烷化技术建设了处理气量 30000m³/h 的焦炉煤气制 CNG 装置，2013 年底投产。

6.3.1.4 新地能源工程技术有限公司甲烷化技术

新地能源工程技术有限公司于 2006 年开始焦炉煤气甲烷化研发工作，进行了 1000m³/d 焦炉煤气甲烷化中试，2010 年通过了河北省科技厅组织的技术鉴定，后续又完成了国家"863"项目"煤基合成天然气液化分离技术"的研发，2011 年 11 月通过了专家成果鉴定。该公司开发的催化剂采用预还原技术，可以缩短开车时间，催化剂可以同时完成甲烷化反应、脱氧、高碳烃转化等功能。

河南京宝焦化有限责任公司与新奥燃气公司合作，采用新地能源工程技术有限公司甲烷化技术，在河南宝丰县循环经济产业园区建设了处理气量 30000m³/h 的焦炉煤气制 LNG 装置，2013 年 5 月投产。

6.3.1.5 武汉科林精细化工有限公司甲烷化技术

武汉科林精细化工有限公司以武汉理工大学、武汉大学和武汉工程大学为技术依托，多年从事焦炉煤气甲烷化技术开发。该公司开发的甲烷化催化剂活性高、热稳定性好、抗积炭，同时具有将高碳烃转化的功能。

冀中能源井陉矿业集团采用武汉科林精细化工有限公司甲烷化技术，在井陉矿区建设了处理气量 2.3 亿立方米/年的焦炉煤气制 CNG 装置，2013 年 6 月投产。

6.3.1.6 大连凯特利催化剂工程技术有限公司甲烷化技术

大连凯特利催化剂工程技术有限公司是中国科学院大连化学物理研究所（大连化物所）、大连国有资产经营有限公司发起，由原大连普瑞特化工科技有限公司和大连圣迈化工有限公司重组设立的高科技企业。该公司依托大连化物所雄厚的技术实力，在大连化物所水煤气甲烷化技术的基础上，开发出耐高温、高活性、高稳定性的甲烷化催化剂，并完成了中试。

云南省富源华鑫能源有限公司采用大连凯特利催化剂工程技术有限公司甲烷化催化剂，由成都恒绿能源技术有限公司、成都华智石油天然气工程有限公司设计，建设了处理气量 20000m³/h 的焦炉煤气制 LNG 装置，2013 年 4 月投产。

6.3.2 等温床甲烷化技术

6.3.2.1 上海华西化工科技有限公司甲烷化技术

上海华西化工科技有限公司（华西公司）是在变压吸附（PSA）气体制取与提纯、干气与天然气制氢、汽柴油加氢、焦炉煤气净化等领域具有先进技术和众多业绩的高新技术企业。该公司在多年技术积累的基础上，成功开发了等温甲烷化技术，并研制了特殊的等温列管式甲烷化反应器。由于等温列管式甲烷化反应器的操作温度大大低于绝热甲烷化的操作温度，可使甲烷化反应在较低温度且近于等温条件下运行，保证了 CO、CO_2 的较高转化率。等温甲烷化技术比绝热甲烷化技术减少了 1～2 个甲烷化反应器、两套换热装置和一台循环压缩机。等温甲烷化技术工艺流程短、投资省、能耗低。华西公司还自主研发了高活性、抗积炭、耐高温的焦炉煤气甲烷化专用催化剂。

云南麒麟气体能源公司采用华西公司的一段等温甲烷化技术，在云南曲靖建设了总处理气量 $10000m^3/h$ 的甲烷化装置（焦炉煤气 $8500m^3/h$＋高炉煤气 $1500m^3/h$），2012 年底投产。该装置是世界首套焦炉煤气补加高炉煤气、采用一段等温甲烷化技术制 LNG 的装置。

内蒙古建元煤焦化有限公司采用上海华西化工科技有限公司一段等温甲烷化技术，在内蒙古鄂尔多斯市棋盘井工业园区建设了处理气量 $17000m^3/h$ 的焦炉煤气甲烷化制 LNG 装置，2013 年底投产。

6.3.2.2　神雾集团北京华福工程有限公司

神雾集团北京华福工程有限公司联合大连瑞克、中煤龙化等公司，经过数年攻关，首次开发出了无循环甲烷化新工艺，实现了对传统工艺的创新，使我国煤制天然气技术跻身世界先进行列。

我国已建成或正在建设的大型煤制天然气项目，其核心甲烷化装置全部采用国外循环甲烷化工艺。这种工艺的反应温度通过循环气量的调节来控制，存在循环气量大、需配置高温循环压缩机、核心装备及催化剂依赖进口、投资与能耗高、易"飞温"等弊端。

神雾集团北京华福工程有限公司的无循环甲烷化工艺，与传统工艺相比，具有四大创新与优势：一是取消了循环气压缩机，实现了工艺技术、催化剂及核心装备的国产化，装置综合能耗降低 25％以上，投资降低 20％以上；二是通过氢碳比的分级调节，实现了氢碳比的精准控制，产品质量更加稳定易控；三是采用自主开发的耐高温甲烷化催化剂，性价比更优，运行费用低；四是开发了内置废热锅炉的轴径向甲烷化反应器，流程简洁，易于大型化，降低整个项目的投资与运行成本。

中煤龙化采用新工艺建设的 $330m^3/h$（现已扩改为 $580m^3/h$）合成天然气（SNG）无循环甲烷化中试装置，于 2015 年 10 月 24—27 日，接受了中国石油和化学工业联合会组织专家对其进行的 72h 现场标定。结果表明，该中试装置实现了连续稳定运行，各项参数达到或优于设计指标，实现了无循环甲烷化和碳氢比的分级调节,产品中 $CH_4 > 95\%$、$H_2 < 2\%$、CO 未检出。同年 11 月 23 日,该工艺技术成果通过了由中国石油和化学工业联合会组织的鉴定。专家组一致认为,该成果创新性强,具有自主知识产权,节省了循环压缩机的投资,降低了能耗,节能效果明显,综合技术达到国际先进水平。

综上所述,截至 2016 年底,我国先后有 13 家技术公司,建设了 30 多个利用焦炉煤气制天然气项目,天然气总产能达 46 亿立方米/年。

6.4　焦炉煤气甲烷化工艺过程及原理

焦炉煤气甲烷化前必须经加压、预净化脱除焦油、萘和苯及精脱硫后才能进甲烷化装置。要求入口焦炉煤气总硫小于 0.1×10^{-6}(体积分数),焦油和萘分别小于 $1.0mg/m^3$,苯小于 $10mg/m^3$,进入甲烷化装置的焦炉煤气在镍催化剂作用下进行 CO、CO_2 的甲烷化反应。

焦炉煤气甲烷化生产液化天然气的工艺过程如下:

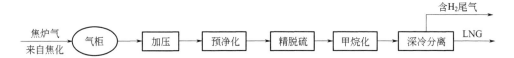

6.4.1　甲烷化反应机理

6.4.1.1　主要甲烷化反应

$$CO + 3H_2 \rightleftharpoons CH_4 + H_2O \qquad \Delta H^0 = -206.2kJ/mol$$
$$CO_2 + 4H_2 \rightleftharpoons CH_4 + 2H_2O \qquad \Delta H^0 = -165.0kJ/mol$$

上述甲烷化反应都是强放热反应,并且是缩小体积的反应,因此低温加压对反应有利。在活性好的催化剂作用下,甲烷化反应速度极快,且很容易达到接近理论上的平衡状态。

6.4.1.2　反应热效应及平衡常数

表 6-3、表 6-4 是甲烷化反应的平衡常数及热效应。

表 6-3　甲烷化反应的平衡常数

温度 /℃	$K_{P1} = \dfrac{p_{CH_4} p_{H_2O}}{p_{CO} p_{H_2}^3}$	$K_{P2} = \dfrac{p_{CH_4} p_{H_2O}^2}{p_{CO_2} p_{H_2}^4}$	温度 /℃	$K_{P1} = \dfrac{p_{CH_4} p_{H_2O}}{p_{CO} p_{H_2}^3}$	$K_{P2} = \dfrac{p_{CH_4} p_{H_2O}^2}{p_{CO_2} p_{H_2}^4}$
200	0.21547×10^{12}	0.93748×10^9	240	0.30353×10^{10}	0.29435×10^8
220	0.23473×10^{11}	0.15589×10^9	260	0.45626×10^9	0.62706×10^7

续表

温度/℃	$K_{P1}=\dfrac{p_{CH_4}p_{H_2O}}{p_{CO}p_{H_2}^3}$	$K_{P2}=\dfrac{p_{CH_4}p_{H_2O}^2}{p_{CO_2}p_{H_2}^4}$	温度/℃	$K_{P1}=\dfrac{p_{CH_4}p_{H_2O}}{p_{CO}p_{H_2}^3}$	$K_{P2}=\dfrac{p_{CH_4}p_{H_2O}^2}{p_{CO_2}p_{H_2}^4}$
280	0.78369×10^8	0.14863×10^7	460	0.67099×10^3	0.10023×10^3
300	0.15161×10^8	0.38747×10^6	480	0.25564×10^3	0.44995×10^2
320	0.32635×10^7	0.11001×10^6	500	0.10219×10^3	0.20997×10^2
340	0.77350×10^6	0.33737×10^5	520	0.42710×10^2	0.10157×10^2
360	0.20004×10^6	0.11094×10^5	540	0.18605×10^2	0.50814×10^1
380	0.56011×10^5	0.38882×10^4	560	0.84234×10^1	0.26225×10^1
400	0.16862×10^5	0.14442×10^4	580	0.39532×10^1	0.13936×10^1
420	0.54247×10^4	0.56582×10^3	600	0.19186×10^1	0.76104×10^0
440	0.18550×10^4	0.23282×10^3			

表6-4　甲烷化反应的反应热及平衡常数

温度		$CO + 3H_2 \rightleftharpoons CH_4 + H_2O$		$CO + 4H_2 \rightleftharpoons CH_4 + 2H_2O$	
		反应热$-\Delta H$	平衡常数	反应热$-\Delta H$	平衡常数
℉	℃	英热单位/磅分子	$K_p=\dfrac{p_{CH_4}p_{H_2O}}{p_{CO}p_{H_2}^3}$	英热单位/磅分子	$K_p=\dfrac{p_{CH_4}p_{H_2O}^2}{p_{CO_2}p_{H_2}^4}$
100	37.78	88921.90	2.5700×10^{23}	71231.07	5.1223×10^{18}
200	93.33	90002.10	1.8051×10^{18}	72429.78	2.8797×10^{14}
300	148.89	91016.31	1.4763×10^{14}	73605.80	1.8880×10^{11}
400	204.44	91948.50	1.2827×10^{11}	74730.35	6.2311×10^8
500	260.00	92795.02	4.5849×10^9	75790.63	6.3272×10^6
600	315.58	93557.42	4.5603×10^7	76781.54	1.4520×10^5
700	371.11	94289.43	9.7524×10^4	77701.88	6.1342×10^3
800	426.67	94845.63	3.7558×10^3	78552.58	4.1651×10^2
900	482.22	95380.88	2.2964×10^2	79335.73	4.0958×10^1
1000	537.78	95850.00	2.0330×10^1	80054.07	5.4297
1100	593.33	96257.64	2.4342	80710.73	9.1864×10^{-1}
1200	648.89	96608.30	3.7312×10^{-1}	81309.04	1.9019×10^{-1}
1300	704.44	96906.24	7.0431×10^{-2}	81852.42	4.6634×10^{-2}
1400	760.00	97155.55	1.5839×10^{-2}	82344.39	1.3195×10^{-2}
1500	815.56	97360.13	4.1349×10^{-3}	82788.45	4.2194×10^{-3}

注：本表数据选自美国CCI公司的资料。

由表 6-4 可见，甲烷化反应是放热量很大的反应，在绝热反应的条件下，气体中每转化 1% 的 CO，其绝热温升约为 75℃，每转化 1% 的 CO_2，其绝热温升约为 60℃。焦炉煤气在甲烷化前，（CO＋CO_2）含量一般为 10%～14%，如采用一段绝热甲烷化，其温升将超过 700℃，催化剂难以承受，所以必须采取有效的移热措施，确保运行安全。

6.4.2 反应器移热

按照移热方式的不同，焦炉煤气甲烷化反应器主要有绝热床反应器和等温床反应器两种。

6.4.2.1 绝热床反应器

由于一段绝热床反应器不能承受反应温升高达 700℃ 的高温，需要采用多段反应器，同时为控制反应器的放热量及析炭等副反应，还要采取用冷激气降低入口气的温度，用循环气降低反应物浓度，以及添加蒸汽防止析炭和控制甲烷化的过多反应等措施。

焦炉煤气绝热床反应器的甲烷化流程主要有：串联二床反应器加循环压缩流程，串联三床反应器加蒸汽汽喷射循环流程等，各专有技术公司根据所采用的催化剂特性及专有技术制定了多种流程，具体流程参见 6.5 节。

6.4.2.2 等温床反应器

采用管式反应器，用水移走反应热。由于甲烷化反应速度快，反应热量大，要有极强的移热能力，才能确保催化剂及反应管不被烧损，在这方面国内相关单位已开发成功并用于工业生产。典型流程是采用一段式等温反应器，焦炉煤气精脱硫后直接进入反应器，床层温度 260～280℃，出口（CO＋CO_2）小于 50×10^{-6}（体积分数），副产 4.0MPa 饱和蒸汽，不必脱 CO_2，可直接进深冷分离装置，不用采取气体循环及冷激等措施，流程简单、投资小、能耗低。

6.5 甲烷化催化剂

对 CO 甲烷化反应具有活性的元素对 CO_2 同样具有活性。不同元素的活性顺序如下：Ni＞Co＞Fe＞Cu＞Mn＞Cr＞V。除此以外，Ru 的活性也较高，但价格太贵，且在相同的操作条件下，Ru 并不比 Ni 更加活泼。Co 的选择性较差，Fe 系催化剂活性低，需要在高温高压条件下操作，且较易结炭，一般不予采用。目前工业上广泛应用的甲烷化催化剂，活性组分大都为 Ni 系，通常 Ni 含量在 $10\%\sim40\%$ 之间。

6.5.1　Topsøe 甲烷化催化剂

Topsøe 公司针对焦炉煤气中高碳烃含量较高的特点，专门开发了 AR-411 焦炉煤气甲烷化催化剂。该催化剂同时具有抗碳和转化的功能，$C_nH_m+nH_2O\longrightarrow nCO+(n+\dfrac{1}{2}m)H_2$，主要应用于 450℃ 以上的反应器中。

该公司同时拥有低温 PK-7R 催化剂，该催化剂具有超强的活性和稳定性，一般应用于 450℃ 以下的反应器。

表 6-5 列出了上述两种催化剂的性能指标。

表 6-5　AR-411、PK-7R 甲烷化催化剂性能

规格	AR-411	PK-7R	规格	AR-411	PK-7R
构型	1. 七孔圆柱,孔径 2mm	挤压环形	使用温度/℃	250~700	230~450
	直径×高 11mm×6mm	5.0mm	使用压力/MPa	1~7	1~7
	2. 柱形		预期寿命	3 年	3 年
	直径×高 4.5mm×4.5mm		保证寿命	2 年	2 年
主要活性组分	Ni(>25%)	Ni	堆密度/(kg/m³)	1100	
主要载体	$MgAl_2O_4$	Al_2O_3			

Topsøe 公司一般采用三塔甲烷化流程，一塔装 AR-411，三塔装 PK-7R，二塔装 AR-411 或 PK-7R。

6.5.2　Davy 甲烷化催化剂

Davy 甲烷化催化剂为 CRG-S2 系列，有圆柱形和苜蓿叶型两种，有氧化态和预还原态可供选择，其物化特性见表 6-6。

表 6-6　Davy 公司 CRG-S2 催化剂理化特性

规格	CRG-S2S 圆柱形	CRG-S2C 苜蓿叶型	规格	CRG-S2S 圆柱形	CRG-S2C 苜蓿叶型
直径/mm	3.4	8.0	使用温度/℃	250~750	250~750
长度/mm	3.5	5.4	使用压力/MPa	1~7	1~7
堆密度/(kg/m³)	1450	930	使用空速/h⁻¹	5000~30000	5000~30000
径向挤压强度/kgf	>16	>12	预期寿命	3 年	3 年
主要活性成分	NiO,Ni	NiO,Ni	保证寿命	2 年	2 年
主要载体	Al_2O_3	Al_2O_3			

注：1kgf=9.80665N。

CRG-S2 系列催化剂的典型化学组成如下：

NiO	47%（中温 25%）	CaO	7.8%
SiO_2	4.3%	载体	Al_2O_3
Cr_2O_3	1.5%		

上述甲烷化催化剂主要应用于煤制天然气中，焦炉煤气甲烷化也同样适用。Davy 公司推荐的焦炉煤气甲烷化工艺为二塔流程，主甲烷反应器和辅助甲烷反应器都采用 CRG-S2 催化剂。

6.5.3 其他

美国大平原工厂是世界上首套煤制天然气工业化装置。该工程采用德国 Lurgi 公司的甲烷化工艺，投产初期使用的是 BASF 公司的 G1-85 和 G1-86HT 型催化剂，后期采用过 Davy 公司的 CRG-S2 型催化剂。由于 Lurgi 公司和 BASF 公司的催化剂在中国焦炉煤气制天然气工程中尚没有业绩，在此不作详细介绍。

国内现有西南化工研究设计院、大唐国际化工技术研究院、新地能源工程技术有限公司、武汉科林精细化工有限公司、大连凯特利催化剂工程技术有限公司、上海华西化工科技有限公司等多家单位均声称开发了焦炉煤气甲烷化催化剂，但未见公开报道其理化特性。

6.6　焦炉煤气甲烷化的典型流程及设备

6.6.1　绝热床甲烷化流程

6.6.1.1　Davy 工艺流程

Davy 焦炉煤气甲烷化工艺目前在国内使用较多，又被称为 HlCOM 工艺，基本流程为绝热反应器＋循环压缩机的多塔串（并）联，见图 6-1。焦炉煤气甲烷化工艺一般采用二塔串联压缩机循环的流程。

来自精脱硫装置的焦炉煤气温度约 350℃，经换热降至 230℃，进入甲烷化装置，首先在脱硫槽中将总硫进一步脱至 0.02×10^{-6}（体积分数），然后与循环气混合进入主甲烷反应塔，出塔气体经废热锅炉和换热器后，一部分去副反应塔，大部分经冷却后由循环机返回主反应塔，副反应塔出口的气体经热回收和冷却后作为产品送出装置。主要物流表见表 6-7。

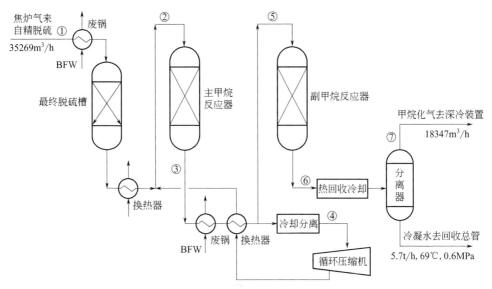

图 6-1　Davy 焦炉煤气甲烷化工艺物料流程图

表 6-7　Davy 工艺流程主要物流表

物流		①装置入口焦炉煤气(体积分数)/%	②主甲烷化入口(体积分数)/%	③主甲烷化出口(体积分数)/%	④循环气入气(体积分数)/%	⑤副甲烷化入口(体积分数)/%	⑥副甲烷化出口(体积分数)/%	⑦出装置甲烷气(体积分数)/%
组分含量(体积分数)/%	H_2O	0.99	2.02	9.61	2.64	9.61	12.74	0.36
	H_2	54.19	28.99	12.92	13.92	12.92	7.26	8.29
	CO	8.22	3.37	0.44	0.48	0.44	0.00	0.00
	CO_2	5.63	2.88	1.14	1.23	1.14	0.00	0.00
	CH_4	23.17	54.21	67.56	72.78	67.56	71.41	81.55
	C_2H_6	2.70	1.01	—	—	—	—	—
	N_2	5.10	7.51	8.31	8.95	8.31	8.58	9.80
合计/(m³/h)		35269	94257	85174	58988	21636	20950	18347
温度/℃		350	320	550	85	280	346	40
压力(表压)/MPa		2.5	2.3	2.26	2.1	2.18	2.13	1.94

6.6.1.2　Topsφe 工艺流程

Topsφe 循环节能甲烷化工艺又称 TREMP™ 工艺,用于焦炉煤气甲烷化的工艺流程是三塔加蒸汽喷射泵循环的流程,见图 6-2。

来自精脱硫装置的焦炉煤气温度为 350℃ 左右,硫保护槽要求温度为

150℃，需经换热降温后进入硫净化保护槽，将总硫脱至 0.02×10^{-6}（体积分数）以下，出口焦炉煤气经换热后与喷射泵吸引的循环气混合进入第一甲烷反应塔，出塔气体经废锅降温后，一部分气体去第二反应塔，另一部分气体由喷射泵循环至第一反应塔入口。第二反应器出口气体经废锅冷却至80℃，除掉大部分水分后经换热升温进入第三反应塔，出口气体经热回收并冷却至42℃，作为产品气送出装置。主要物流表见表6-8。

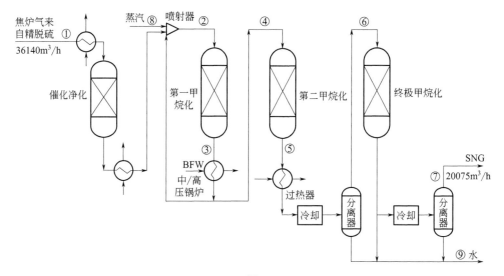

图 6-2　托普索 TREMP^TM 甲烷化工艺物料流程图

表 6-8　Topsøe 工艺流程主要物流表

项目		①装置入口焦炉煤气	②第一甲烷化入口	③第一甲烷化出口	④第二甲烷化入口	⑤第二甲烷化出口	⑥第三甲烷化入口	⑦出装置甲烷气	⑧喷射蒸汽	⑨冷凝水
组分含量（体积分数）/%	H_2	52.04	30.47	16.70	16.70	7.82	14.28	6.51		
	CO	9.85	2.22	0.36	0.36	0.02	0.04	2×10^{-6}		
	CO_2	3.48	4.76	3.15	3.15	1.15	2.09	43×10^{-6}		
	CH_4	24.35	25.42	35.16	35.16	39.45	71.97	82.73		
	C_2H_6	2.49	1.01	—	—	—	—	—		
	C_3H_8	1.05	0.43	—	—	—	—	—		
	N_2	5.73	4.46	4.82	4.82	5.06	9.23	10.31		
	H_2O	1.00	31.24	39.80	39.80	46.49	2.39	0.44	100%（质量分数）	100%（质量分数）

续表

项目	①装置入口焦炉煤气	②第一甲烷化入口	③第一甲烷化出口	④第二甲烷化入口	⑤第二甲烷化出口	⑥第三甲烷化入口	⑦出装置甲烷气	⑧喷射蒸汽	⑨冷凝水
合计/(m³/h)	36140	88965	82265	42967	40905	22416	20075	8661 kg/h	15982 kg/h
温度/℃	350	329	540	310	412	250	42	480	77
压力(表压)/MPa	2.5	—	—	2.2	2.12	1.92	1.80	4.0	1.80

6.6.1.3 Davy 与 Topsφe 工艺的主要指标对比

现以焦炉煤气甲烷化生产合成天然气为例，分别将 Davy 与 Topsφe 两种工艺的主要技术经济指标列于表 6-9，以供分析对比。

装置规模为处理焦炉煤气量 35000m³/h，操作压力 2.5MPa，产品为甲烷气。

表 6-9 Davy 与 Topsφe 工艺主要技术经济指标

序号	指标	Davy	Topsφe	备注
一	主产品及副产品			
1	主产品:甲烷气 组成:CH₄ N₂ H₂ CO₂ CO 热值(高) 温度 压力	18281m³/h 81.84% 9.84% 8.32% 44.0×10⁻⁶(体积分数) (CO₂+CO) 33.6MJ/m³ 40℃ 1.94MPa	19987m³/h 83.10% 10.36% 6.54% 43×10⁻⁶(体积分数) 2×10⁻⁶(体积分数) 33.87MJ/m³ 42℃ 1.8MPa	
2	副产品: 中压蒸汽 低压蒸汽 脱盐水	16.6t/h,4.0MPa饱和 0.9t/h,0.7MPa,185℃ 80.9t/h,由 40→141℃	9.9t/h,4.0MPa,480℃ 2.86t/h,0.6MPa,165℃ 23.9t/h,由 20→90℃	Topsφe 自产中压蒸汽 20.8t/h,自用 10.9t/h
二	主要消耗			
1	焦炉煤气	34920m³/h	35780m³/h	焦炉煤气组成见表 6-7、表 6-8
2	电	循环机耗 340kW	空冷器耗电 210kW	
3	蒸汽		10.9t/h,4.0MPa480℃	自产蒸汽
4	锅炉给水	18.1t/h 10MPa,104℃	151.4t/h 6.0MPa,110℃	
5	冷却水 32→42℃	24.1t/h	23.9t/h	

序号	指标	Davy	Topsфe	备注
三	排放物			
1	废水 　工艺冷凝液 　锅炉排污	5.7t/h 回收 0.4t/h 去废水处理	15.982t/h 处理回收 0.21t/h 去废水处理	
2	废催化剂	由制造厂或专业公司回收	由制造厂或专业公司回收	
四	主要设备规格及催化剂装量			
1	脱硫净化槽 　规格/mm 　设计温度/℃ 　设计压力/MPa 　材料 　装催化剂量/m³ 　催化剂型号	$\phi1920, H12150$ 260 2.8 低合金钢 6.48, 22.78 2020 型 2088 型	$\phi1500, H3300$ 280 2.8 碳钢 5.4 HTZ 型	
2	第一（主）甲烷化反应器 　规格/mm 　设计温度℃ 　设计压力/MPa 　材料 　装催化剂量/m³ 　催化剂型号	$\phi2645, H3990$ 300 2.8 碳钢＋耐火衬里 13.4 CRG-25	$\phi1800, H2000$ 570 2.8 2.25Cr1Mo 5.3 AR-411	
3	第二（副）甲烷化反应器 　规格/mm 　设计温度/℃ 　设计压力/MPa 　材料 　装催化剂量/m³ 　催化剂型号	$\phi1120, H3085$ 480 2.8 低合金钢或 SS 2.1 CRG-25	$\phi1200, H4100$ 450 2.8 1.25Cr0.5Mo 3.5 PK-7R	
4	第三甲烷化反应器 　规格/mm 　设计温度/℃ 　设计压力/MPa 　材料 　装催化剂量/m³ 　催化剂型号		$\phi1200, H4400$ 370 2.8 碳钢 3.8 PK-7R	
5	循环机型式 　打气量/(m³/h) 　入口压力/MPa 　入口温度/℃ 　功率/kW	离心式 59000 2.195 升压 0.26 85 340	喷气式 蒸汽 8661kg/h 4.0 490	

由上表可见，两种技术各有特点，Topsøe 工艺虽然不用循环压缩机，没有转动设备，但其系统水汽量较大，消耗蒸汽较多，耗水量大，能耗高，催化剂用量少。

6.6.2　等温甲烷化流程

6.6.2.1　Linde 等温甲烷化工艺

20 世纪 70 年代，德国 Linde 公司开发了一种固定床、间接换热的等温床甲烷化反应器，移热冷管是嵌入催化剂床层中的，并以此等温甲烷化反应器为基础，开发出了 Linde 等温甲烷化工艺，其反应器及典型的工艺流程如图 6-3 所示。

Linde 的核心是等温床甲烷化反应器，是借助甲烷化反应放出的热量，可以副产高压过热蒸汽。混合的合成气分别进入等温床和绝热床反应器中，两个反应器的产品气最终混合到一起，冷却并除掉反应生成的水后，得到合成天然气产品。另外，在 Linde 等温甲烷化工艺中，一部分蒸汽加到合成气中，以减少催化剂表面的积炭，使催化剂能够稳定运行。

Linde 等温甲烷化工艺设计合理，CO 转化率也很高，但反应器制造较为复杂，甲烷化过程不易控制，目前仅用于甲醇合成。

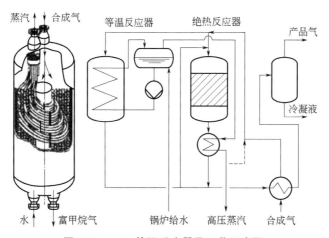

图 6-3　Linde 等温反应器及工艺示意图

6.6.2.2　托普索等温甲烷化工艺

托普索公司于 1979—1985 年在德国试验过等温床反应器（共 5 根管），后用于甲醇合成反应器，没有用在甲烷化反应器。2015 年，托普索公司在丹麦建有一套用生物质气化的等温床甲烷化装置，规模为 2200m³/h SNG。

近年，托普索公司对等温床与绝热床反应器用于焦炉煤气甲烷化生产天然气进行了比较，按照处理 $50000m^3/h$ 焦炉煤气的规模，等温床反应器与绝热床反应器的投资比较如表 6-10。

表 6-10　投资比较表　　　　　　　　　　　　　　　万元

序号	项目	绝热床反应器	等温床反应器	备注
一	设备费＋催化剂	1120	830	
1	反应器	150	300	
2	废热锅炉及给水预热器	150	100	
3	其他设备	400	130	
4	催化剂	420	300	
二	管道＋安装	800	600	
	合计	1920	1430	

6.6.2.3　上海华西化工科技有限公司等温甲烷化工艺

上海华西化工科技有限公司、安徽华东化工医药工程有限责任公司、上海汉兴能源科技有限公司等单位从 2009 年起开始联合攻关，成功开发出一段等温床甲烷化制液化天然气（LNG）技术，先后应用于云南麒麟气体能源公司 $8500m^3/h$ 焦炉煤气＋$1500m^3/h$ 高炉气（补碳气）甲烷化生产 LNG 装置和内蒙古建元煤焦化有限公司 $17000m^3/h$ 焦炉煤气制 LNG 装置，并实现了长周期稳定运行。2015 年 1 月 20 日，焦炉煤气等温床甲烷化反应制天然气技术在北京通过了工业和信息化部组织的科技成果鉴定。鉴定委员会认为，该技术经过二年的工业化连续运行实践，稳定可靠，为国际首创，达到国际领先水平，建议在焦化行业加快推广应用。

现以内蒙古建元煤焦化有限责任公司 $17000m^3/h$ 焦炉煤气制 LNG 装置为例，简单介绍焦炉煤气等温床甲烷化工艺。

焦炉煤气等温床甲烷化生产 LNG 方块流程如图 6-4 所示。

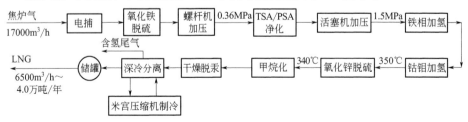

图 6-4　建元焦炉煤气等温床甲烷化生产 LNG 方块流程

该装置 2013 年 10 月 12 日投产，甲烷化反应器入口温度约为 340℃，出口温度始终低于 300℃，说明管式反应器的移热效果极佳，出口 $CO+CO_2$ 含量低于 50×10^{-6}（体积分数），一般 CO 为零，CO_2 在 10×10^{-6}（体积分数）以下，且不必循环气和添加蒸汽。

等温床甲烷化反应器直径 2.0m，高 6.0m，内部为特殊设计的换热管，管内装催化剂约 $4.0m^3$，管外为锅炉沸水冷却，催化剂为华西公司自行开发的产品，Ni 含量为 22%～25%，球形 $\phi3\sim4mm$。反应器管外副产 4.0～5.0MPa 中压蒸汽。

该等温床甲烷化装置的特点是：

① 流程简单，精脱硫后 340～350℃ 的焦炉煤气直接进入等温反应器，等温反应器出口无废热锅炉和循环气体系统的降温、冷却、除水等设施。

② 只有一台等温反应器，替代了 2～3 台绝热反应器。

③ 取消循环压缩机或蒸汽喷射泵，减少了动力消耗。

④ 由于取消了循环气，也不需要添加蒸汽，使反应器等系统设备通过气量减少近三分之二，意味着催化剂的空速只有绝热床的三分之一。因此，整个系统的设备、管道及催化剂用量都大大减少，投资也相应降低。

⑤ 由于流程简单，设备减少，占地面积小，操作中只需控制汽包压力即可。

6.6.3　主要设备

6.6.3.1　绝热床甲烷化反应器

绝热床甲烷化反应器分为高温甲烷化反应器和低温甲烷化反应器两种，均属于高温操作的三类压力容器。高温甲烷化反应器最高操作温度一般均超过 600℃，甚至高达 730℃，可选热壁反应器和冷壁反应器两种形式。热壁反应器对反应器材质要求较高，如 UNS No8810，会使反应器造价过高。一般情况下，高温甲烷化反应器选择冷壁反应器形式，即反应器筒体选择较低等级的钢材，如 Q345R、CS、1.25CrMo 等，内衬耐火材料。耐火材料衬里应综合考虑连续浇注和喷涂、无干接缝、必要时使用振捣器确保耐火材料彻底密实。低温甲烷化反应器操作温度较低，最高不超过 500℃，可以选择热壁甲烷化反应器，常用的筒体材料有 1.25Cr0.5Mo、06Cr19Ni10、14Cr1MoR、1.25CrMo 等。

甲烷化反应器内部按照自上而下的顺序安置气体分布器、惰性瓷球、催化剂、惰性瓷球、支撑系统等。

典型的甲烷化反应器如图 6-5 所示。

国内现已拥有成熟的绝热固定床反应器设计和制造经验，甲烷化反应器已全部实现国产化。

对于操作温度低于 550℃ 的绝热床甲烷化反应器，可以不采用耐火衬里的简单结构，用耐热钢可能会更经济实用。

6.6.3.2 等温床甲烷化反应器

等温床甲烷化反应器主要靠水移热，由于甲烷化反应为强放热反应，反应速度快，且放热量较集中，因此，移热管的结构设计至关重要。建议采用套管式结构，换热套管采用传热性能好的碳钢管。在套管之间装填催化剂，靠内管气体和管外沸水两种介质快速移热，可避免催化剂床层产生局部高温，防止烧损催化剂和管壁。由于管内可能产生局部高温，催化剂仍需采用耐热型。

图 6-6 为等温反应器的结构示意图。

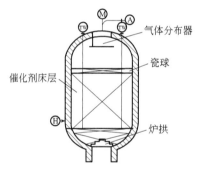

图 6-5　绝热固定床甲烷化反应器
结构示意图

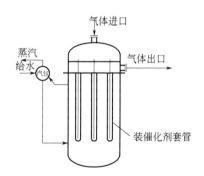

图 6-6　等温反应器示意图

6.6.3.3 废热锅炉系统

绝热固定床甲烷化工艺温度控制手段之一是设置多段反应器，在反应器中间设置由废热锅炉、汽包、蒸汽过热器组成的废热锅炉系统，降低反应器出口高温工艺气温度，在满足工艺要求的前提下，同时副产中高压蒸汽。由于高温工艺气中含有 CO 和 H_2，工作条件苛刻，技术要求高，对废热锅炉及蒸汽过热器的结构及材质均有很高的要求。近年来，随着煤制天然气、焦炉煤气制天然气项目的大量建设，国内多家设备制造单位对甲烷化废热锅炉系统设备进行了开发和研究，包括天华化工机械及自动化研究设计院、四川艾普热能科技有限公司、上海锅炉厂、张家港化工机械股份有限公司等均已具有自主设计及制造能力，并已成功应用于多项煤制天然气、焦炉煤气制天然气工程中。

甲烷化装置废热锅炉和废热锅炉工作系统流程示意图分别见图6-7、图6-8。

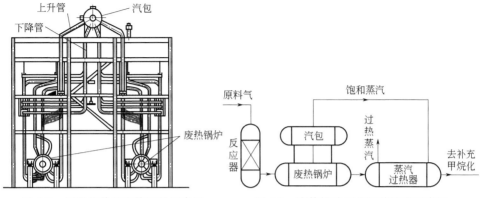

图 6-7 甲烷化装置废热锅炉示意图   图 6-8 废热锅炉工作系统流程示意图

6.6.3.4 循环压缩机

循环压缩机是甲烷化装置的关键设备之一,其作用是将高温工艺气循环至第一甲烷化反应器,稀释反应器入口 CO 浓度。工艺气作为导热介质,可控制入口温度,并通过控制回流气量,调节甲烷化反应器的出口温度。此外,工艺气中带有的水蒸气回到反应器,可有效防止析炭。

循环压缩机多采用离心式压缩机,入口温度为 85～110℃,入口压力 2～3.5MPa,升压 0.2～0.3MPa,国产压缩机完全可以满足要求。

6.6.3.5 蒸汽喷射器

为进一步降低甲烷化装置投资,简化操作,实现安全可靠长周期运行,托普索公司针对焦炉煤气为原料的甲烷化装置进行了全面的优化,创新性地采用蒸汽喷射器,以此替代传统的压缩机方案。蒸汽喷射器结构如图6-9所示。

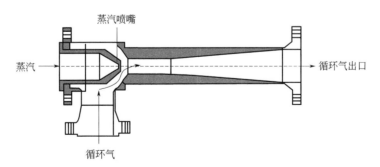

图 6-9 蒸汽喷射器结构示意图

蒸汽喷射器工作原理在于用高/中压蒸汽作为动力源,通过高速流体(高/中压蒸汽)静压能和动能的相互转换过程中产生负压,将循环气(第一甲烷化反应器出口的富甲烷气）吸入喷射器，经过扩散-减速-压缩到一定的背压后，排出喷射器，以此达到合成气循环的目的。

相对于动设备压缩机，喷射器为静设备，具有更高的可靠性，更长的在线时间，更低的一次性投资（喷射器价格在 30 万～50 万元），无需压缩机厂房，无需经常维护，无电力消耗，同时可以向工艺气中引入蒸汽水解高碳烃类化合物，能有效防止催化剂积炭，并最终将高碳烃类化合物转化为天然气。

6.7 大型焦炉煤气甲烷化装置

近年来，随着国内焦化装置规模逐渐趋于大型化，焦炉煤气产量在 10 万立方米/时以上的工程并不鲜见。一般将处理焦炉煤气 10 万立方米/时以上的装置称为大型装置，其流程和设备与早期的小型装置会有很大的不同，如：回收蒸汽压力等级更高，循环气体的压缩不宜采用蒸汽喷射泵，甲烷化反应器的数量更多，同时，为了完全利用焦炉煤气中的有效气，还需要采用补碳的措施。

现以某大型焦炉煤气甲烷化装置为例，对 Davy 和 Topsφe 公司提供的工艺方案和技术参数进行对比，供业内参考。

6.7.1 设计条件

6.7.1.1 原料气的条件

（1）煤气组成（表 6-11）

表 6-11 煤气组成

组分	H_2	CO	CO_2	CH_4	C_nH_m	N_2	O_2	合计
含量(体积分数)/%	59.61	8.12	2.74	22.14	2.40	4.71	0.28	100

（2）补碳气（水煤气）组成（表 6-12）

表 6-12 补碳气（水煤气）组成

组分	H_2	CO	CO_2	CH_4	N_2	O_2	合计
含量(体积分数)/%	38.0	42.0	18.0	1.0	0.8	0.2	100

（3）为提高甲烷的产率，将焦炉煤气与补碳气按 1：（0.11～0.12）的比例混合，经压缩、TSA 预净化和加氢精脱硫后进入甲烷化装置。

6.7.1.2 进装置的气量、压力、温度

经预处理和精脱硫后的混合气约 170000m³/h，压力 2.7MPa（绝压），温度 140～320℃。

6.7.1.3 产品气量及条件

产品甲烷气约 80000m³/h（干基），CH₄＞80％，温度 40℃，压力 1.84～2.01MPa（绝压）。

6.7.2 主要技术指标的比较

Davy 甲烷化装置的物料流程图及主要物流表分别见图 6-10 及表 6-13。

Topsφe 甲烷化装置的物料流程图及主要物流表分别见图 6-11 及表 6-14。

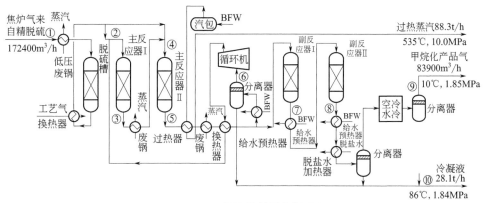

图 6-10 Davy 甲烷化装置物料流程图
（图中物流 1～10 对应表 6-13 中物流①～⑩）

Davy 和 Topsφe 工艺方案的主要技术指标及消耗对比见表 6-15。

表 6-13 主要物流表（一）

物流		①装置入口混合气	②主反应器I入口	③主反应器I出口	④主反应器II入口	⑤主反应器III出口	⑥循环气	⑦副反应器I出口	⑧副反应器II出口	⑨产品气	⑩冷凝水
组分含量（体积分数）/%	H₂O	0.77	7.86	16.59	9.26	17.69	13.32	25.50	27.09	0.40	100%（质量分数）
	H₂	58.08	38.54	21.71	38.58	22.30	23.49	9.60	7.26	9.91	
	CO	11.29	5.82	1.49	6.04	1.53	1.61	0.03	0.00	0.00	
	CO₂	4.21	3.49	2.61	3.35	2.77	2.92	0.59	0.00	0.00	
	N₂	4.18	5.24	5.91	5.11	5.75	6.05	6.21	6.29	8.59	
	CH₄	19.38	38.14	51.69	36.70	49.96	52.61	58.02	59.37	81.10	
	C₂H₆	1.67	0.73	—	0.78	—	—	—	—	—	
	C₃H₈	0.42	0.18	—	0.19	—	—	—	—	—	

续表

物流	①装置入口混合气	②主反应器I入口	③主反应器I出口	④主反应器II入口	⑤主反应器III出口	⑥循环气	⑦副反应器I出口	⑧副反应器II出口	⑨产品气	⑩冷凝水
合计/(m³/h)	172400	143400	127200	237100	210700	81000	116000	114600	83900	28100 kg/h
温度/℃	320	320	620	320	620	132	448	305	40	86
压力(绝压)/MPa	2.70	2.50	2.45	2.41	2.36	2.16	2.17	2.04	1.85	1.84

表 6-14 主要物流表（二）

物流		①装置入口混合气	②第一反应器入口	③第一反应器出口	④第二反应器出口	⑤第三反应器入口	⑥第三反应器出口	⑦产品气	⑧冷凝水
组分含量(体积分数)/%	H_2	57.21	37.71	21.52	9.43	13.02	5.67	6.02	3×10^{-8}
	CO	11.53	6.06	1.43	0.05	0.07	—	—	—
	CO_2	4.31	3.78	3.41	1.34	1.84	—	8×10^{-6}	0.05%(质量分数)
	CH_4	19.76	33.84	46.72	54.08	74.72	79.68	84.64	0.02%(质量分数)
	C_2H_6	1.71	0.78	—	—	—	—	—	—
	C_3H_8	0.43	0.20	—	—	—	—	—	—
	N_2	4.27	4.85	5.46	5.87	8.11	8.43	8.96	23×10^{-8}
	NH_3	—	43×10^{-6}	89×10^{-6}	0.01	7×10^{-6}	8×10^{-6}	—	0.02%(质量分数)
	H_2O	0.79	12.78	21.46	29.22	2.23	6.21	0.38	99.91%(质量分数)
合计/(m³/h)		168867	367193	326452	122644	88753	85361	80353	41276kg/h
温度/℃		140	310	610	457	230	305	40	67
压力(绝压)/MPa		2.70	—	—	2.4	2.13	—	2.01	2.01

注：Topsøe 的甲烷化气体中含有 NH_3，因为要设置洗涤脱氨设施，并要设置汽提脱氨装置，以脱除冷凝液中的氨，并回收利用冷凝液。Davy 的甲烷化气体中不存在产生 NH_3 的问题。

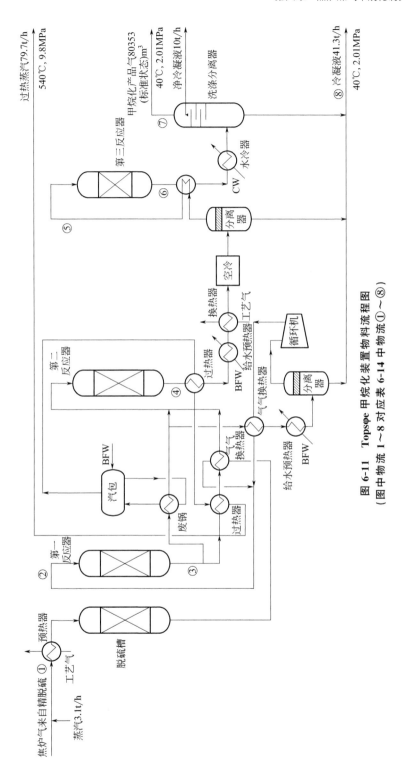

图 6-11　Topsøe 甲烷化装置物料流程图
（图中物流 1～8 对应表 6-14 中物流①～⑧）

表 6-15 **Davy 与 Topsøe 焦炉煤气甲烷化装置主要技术指标及消耗表**

序号	指标	Davy	Topsøe	备注
一	原料气			焦炉煤气＋水煤气
	气量	172400m³/h	168867m³/h	
	组成			
	H_2	58.08%	57.21%	
	CO	11.29%	11.53%	
	CO_2	4.21%	4.31%	
	CH_4	19.38%	19.76%	
	C_2H_6	1.67%	1.71%	
	C_3H_8	0.42%	0.43%	
	N_2	4.18%	4.27%	
	H_2O	0.77%	0.79%	
	温度	320℃	140℃	
	压力	2.70MPa(绝压)	2.70MPa(绝压)	
二	产品			
	甲烷气	83900m³/h	80353m³/h	
	组成			
	CH_4	81.10%	84.64%	
	H_2	9.91%	6.02%	
	N_2	8.59%	8.96%	
	$CO+CO_2$	$<50×10^{-6}$(体积分数)	$8×10^{-6}$(体积分数)	
	H_2O	0.40%	0.38%	
	温度	40℃	40℃	
	压力	1.85MPa(绝压)	2.01MPa(绝压)	
三	副产品			
	1.高压蒸汽			＊ Topsøe 已扣除自用蒸汽
	产量/(t/h)	88.3	79.7＊	
	压力(绝压)/MPa	10.0	9.8	
	温度/℃	535	540	
	2.低压蒸汽			
	产量/(t/h)	11.0	—	
	压力(绝压)/MPa	0.7	—	
	温度/℃	165	—	
	3.加热脱盐水			
	产量/(t/h)	98.7	—	
	压力(表压)/MPa	0.11	—	
	温度/℃	20→99	—	

序号	指标	Davy	Topsφe	备注
三	4.回收冷凝液			
	水量/(t/h)	28.1	31.1	
	压力(绝压)/MPa	1.85	0.3	
	温度/℃	86	40	
四	主要消耗			
	1.电力/(kW·h)	770	998	
	2.锅炉给水			
	水量/(t/h)	100.7	83.6	
	压力/MPa	13.0	11.5	
	温度/℃	119	104	
	3.冷却水			
	水量/(t/h)	211	604	
	温度/℃	32→40	30→40	
五	催化剂装量			
	1.脱硫剂/m³	2020型　19.63 2088型　42.77	HTZ型　28.0	
	2.甲烷化催化剂/m³			
	第一反应器	CRG型　38.8	MCR型　14.8	
	第二反应器	CRG型　9.5	MCR型　5.31	
	第三反应器	CRG型　9.5	PK-7R型　14.8	
六	主要设备			
	1.反应器台	5	4	
	2.废热锅炉台	3	1	
	3.换热器台	12	17	
	4.塔和容器台	5	8	
	5.循环压缩机台	1	1	
	6.泵和其他台	5	12	
	合计	31	43	

6.7.3　装置评价

6.7.3.1　流程特点

Davy 流程采用四台反应器＋循环压缩机的流程，二台主反应器＋二台副反应器共计四台反应器串联操作，最终反应器前不需要除水，也不向系统中添加水蒸气。

Topsφe 流程采用三台反应器＋循环压缩机的流程，三台反应器串联操作，最终反应器前需要除水，并向系统中加入水蒸气，用于有机硫水解，同时防止甲烷化催化剂析炭。

6.7.3.2　催化剂装填及特点

（1）脱硫槽

Davy 流程的脱硫槽中装填两种脱硫催化剂，分别为 2020 型和 2088 型。其中 2020 型为氧化锌脱硫剂，ZnO 含量＞86％，作用是水解 COS 和脱除无机硫。2088 型为 Cu-Zn 系脱硫剂，主要用于脱除有机硫。

Topsφe 流程的脱硫槽中装填 HTZ-51 型脱硫剂，该脱硫剂对 COS、有机硫水解作用好，同时可以脱除合成气中微量的氧，对噻吩等有机硫的脱除效果不明显。

（2）甲烷化反应器

Davy 流程设有 4 台甲烷化反应器，总处理气量为 $621900m^3/h$，催化剂总装填量为 $57.8m^3$，平均空速 $10760m^3/(m^3 \cdot h)$。Topsφe 流程设有 3 台甲烷化反应器，总处理气量为 $587879m^3/h$，催化剂总装填量为 $34.91m^3$，平均空速达到 $16840m^3/(m^3 \cdot h)$。对比可知，Topsφe 流程的催化剂用量较 Davy 流程少了近 40％，且第三反应器采用价格相对低廉的 PK-7R 催化剂，说明 Topsφe 催化剂的效率相对更高。

综上所述，Davy 流程与 Topsφe 流程相比，流程相对较短，设备数量少。同时，由于甲烷化反应不产生 NH_3，没有除氨和汽提脱氨设施，整个系统热能利用合理，产生的高压蒸汽较多，系统综合能耗较低，冷却水用量少，循环压缩机电耗也较少，没有冷凝液泵等转动设备，操作管理简便。

6.8　焦炉煤气甲烷化制天然气工程相关问题

6.8.1　甲烷化流程的选择

经过近十年的开发研究，目前国内已基本掌握了焦炉煤气甲烷化技术，现有多套甲烷化装置在运转。其中，有十余套装置采用的是国产甲烷化催化剂。经过不断地实践、改进和提高，国产催化剂未来完全可逐步取代国外的催化剂。

目前，甲烷化流程可分为绝热床和等温床两种，两种工艺均已实现了工业化。经过生产实践证明，等温床工艺比绝热床工艺的反应器数量少、流程短、能耗低、投资少、操作安全稳定。但目前，等温床反应器尚未应用于大型甲烷化装置，应先建立示范装置，以便于推广应用。

图 6-12 示出了等温床甲烷化工艺建议流程。

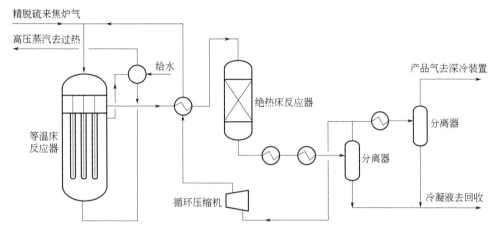

图 6-12　等温床甲烷化工艺建议流程图

具体流程设计中，可在等温床反应器后，保留一个绝热床反应器，以防止等温床出口气体中 CO_2 超标，起到安全把关的作用，同时可确保等温床在 320℃以上操作，产生高品位蒸汽。另外，因系统开工升温还原时，需要进行循环操作，建议设置一台循环压缩机，必要时也可以加一点循环气，确保等温床催化剂及炉管不被烧损。

6.8.2　焦炉煤气甲烷化的产品气

焦炉煤气中含有约 4% 的氮气，$H_2/(CO+CO_2)$ 约为 4～6，氢气相对过量，经甲烷化反应后，气体体积缩小近一倍，氮气含量一般可达到 8.0%，反应剩余的氢气为 8%～16%，其热值和气体组成都达不到天然气产品国家标准，不能直接作为天然气产品直接进入管网，必须经过提浓后才能达到要求。

甲烷分离技术主要有深冷液化法和变压吸附法两种。变压吸附法提纯甲烷的过程较为复杂，且纯度和提取率都不如深冷分离法，因此，目前，工业生产中均采用深冷分离工艺。深冷分离工艺技术详见 8.5 焦炉煤气深冷液化分离装置。

由于深冷法提纯甲烷的过程必须先将甲烷液化后，再进行分离提纯，这样可以直接得到液体甲烷，即 LNG 产品。如果要得到管道天然气（SNG）或压缩天然气（CNG），还必须将 LNG 气化，这样尚需增加气化和换热设施，并且要有输送管网或将 SNG 压缩为 CNG 的装罐运输等设施。对于大多数的焦化企业来讲，基本都没有独立建设天然气管网的能力和必要，CNG 产品只有在拥有长期稳定用户的情况下才可以考虑生产。因此，对于国内众多的中小型焦化企业而言，焦炉煤气甲烷化生产 LNG 是一个较好的选择。相对于管道气，LNG 方便运输、机动灵活、安全高效，已逐渐成为最活跃的天然气供应形式。近年来，在小区气化、交通运输、天然气调峰等领域得到广泛应用，未来其使用量将不断加大，行业发展前景看好。

6.8.3 焦炉煤气甲烷化制天然气与煤气化制天然气的不同

近年来，随着国内天然气需求的快速增长，用焦炉煤气或煤气化经甲烷化生产天然气受到了业界的广泛关注。据不完全统计，截至 2019 年，国内投产和在建的煤制天然气项目产能约 200 亿立方米/年，焦炉煤气制天然气项目产能近 50 亿立方米/年。

与煤气化生产天然气相比，焦炉煤气经甲烷化生产天然气工艺具有流程简单、投资少、不排放 CO_2 等优点，是一条简捷经济合理生产天然气的路线。

由于焦炉煤气中 CO、CO_2 含量较煤气化低，其 H/C 比（又称 M 模数）远大于 3，且其中的 CH_4 含量较煤气化高，因此，焦炉煤气甲烷化装置一般采用 2~3 台反应器，而煤制天然气装置需要 4~5 台反应器，单就甲烷化装置而言，焦炉煤气路线较煤气化路线的工艺系统更加简单，投资少，能耗更低。另外，焦炉煤气经甲烷化生产天然气时，不排放温室气体 CO_2，环境效益更好。

由 6.8.2 节可知，焦炉煤气路线适合生产 LNG 产品，煤气化路线更适合生产 SNG 或 CNG 产品。

需要指出的是，由于受到焦炉煤气量的限制，焦炉煤气生产天然气装置的规模大都在 5 亿立方米/年以下。

6.8.4 焦炉煤气补碳甲烷化工艺

焦炉煤气甲烷化工艺分为不补碳甲烷化工艺和补碳甲烷化工艺两种类型。由于焦炉煤气中 H_2 含量约为 55%~60%，而 CO 为 6%~10%、CO_2 为 3%~4%、C_nH_m 为 2.5%~3.0%、O_2 为 0.4%~0.5%，这些组分在甲烷化的过程中都要消耗 H_2，经过甲烷化后，H_2 尚过剩 8%~16%。为充分利用焦炉煤气中过剩的 H_2，可通过补碳的方式增加天然气产量。

目前，工业上常用的补碳方案主要有两个，一是直接补入 CO_2，二是补水煤气。

按照 $100m^3$ 焦炉煤气计，为消耗掉 $8\sim16m^3$ 的富余 H_2，如补 CO_2，理论上只能补 $2\sim4m^3$。实际上，从甲烷化反应动力学考虑，为了将 CO_2 体积分数降至 50×10^{-6} 以下，必须有足够的 H_2 分压来推动，使其达到平衡。按照热力学平衡推算，在反应器出口温度 $300℃$，甲烷含量约 75%，H_2O 含量约 15%，操作压力 $2.0MPa$ 的条件下，甲烷化反应器出口的 H_2 含量约为 4.0%，实际补 CO_2 达不到 $2\sim4m^3$，由此可见，通过补 CO_2 的方式，每 $100m^3$ 焦炉煤气只能增产 $1\sim3m^3$ 天然气。如补水煤气，按照水煤气中 $H_2 38\%$、$CO 42\%$、$CO_2 18\%$、其他 2.0% 计，每 $100m^3$ 的焦炉煤气可以补入 $11\sim12m^3$ 的水煤气，可增产甲烷 $5\sim6m^3$，增产效果优于补 CO_2 方案。

通过上述分析可知，焦炉煤气补碳甲烷化工艺对增产甲烷效果有限。当焦炉煤气中的 CO_2 含量在 5%、CO 含量在 10% 以上时，就不需要补碳。实际工程中，需要根据焦炉煤气组成、规模和具体的补碳条件综合研判，选择经济合理的工艺方案。

6.8.5　羰基化物的危害

羰基化物指的是含有羰基的化合物。金属羰基化合物的通用公式是 $Me_x(CO)_y$，由金属（Me）与一氧化碳（CO）结合而成。羰基镍和羰基铁是化工生产过程中经常出现的毒物，其形成机理众说纷纭，现结合甲烷化反应过程进行简单的分析。

在一定条件下，甲烷化催化剂中的活性镍与气体中的 CO 发生反应，生成羰基镍，反应式为 $Ni(s) + 4CO(g) \longrightarrow Ni(CO)_4(g)$，造成催化剂中的镍大量流失，这部分镍正处于催化剂表面最活泼的状态，对其活性的损害极为严重，直接导致催化剂失活。

羰基镍是一种剧毒物质，当人处于含有羰基镍的气氛中，羰基镍会以蒸气形式迅速由呼吸道吸入，并广泛分布于各组织器官，以肺、脑部最明显，给人体造成毒害。主要症状包括头痛、恶心、失眠和胸痛，情况严重的会发生呼吸困难和神智错乱。

从热力学角度考虑，羰基镍的形成与温度、压力以及 CO 浓度有关，CO分压越高，温度越低，越容易生成羰基镍。据有关资料，在压力 $2.39MPa$、CO 浓度为 1.06% 的条件下，理论上生成羰基镍的最高温度为 $260℃$。正常生产时，甲烷化反应器的床层温度高于260℃，生成羰基镍的可能性很小。在开停车或事故状态时，床层温度降到260℃以下，容易产生羰基镍。在750℃以上时，羰基镍是不会形成的。

相较于羰基镍，羰基铁的形成机理可能更为复杂。一般认为，在特定的温度条件下，铁质的设备和管道可以与合成气中的CO形成少量的羰基铁，反应式为 $Fe(s) + 5CO(g) \longrightarrow Fe(CO)_5(g)$。

羰基铁同样是有毒的，除引起头痛和恶心外，还会造成肾脏、中央神经系统和肝脏的损伤。

虽然 CO_2 不会直接生成羰基化合物，但是在有 H_2 和催化剂存在的条件下，会发生 $CO_2 + H_2 \longrightarrow CO + H_2O$ 的反应，因此，可以认为 CO_2 是CO的潜在来源，应与含有CO的气体同等对待。

工业生产中发现，在甲烷化系统温度低于260℃的设备中，存在着明显的羰基化合物，羰基化合物会在换热器、分离器、储罐等设备中积累，曾经发生过检修人员中毒的事故。

防止羰基化合物中毒的措施：在开车和升温还原过程中，应采用惰性气体或不含CO的合成气进行升温还原，在停车过程中，使用惰性气体进行系统吹扫和置换，包括甲烷化反应器、冷凝冷却系统的设备和管道，并将吹扫气体接入火炬或安全地带。事故状态时，要采用同上的吹扫过程。特别需要强调的是，在设计中应设有足够多的惰性气体用以吹扫及切断隔离等措施。

6.8.6 甲烷水合物的影响

甲烷水合物是由水和甲烷形成的稳定像冰一样的晶体，水合物是在甲烷与水在低温和高压下形成的。在甲烷化单元正常操作时，不会形成水合物，当停车时，甲烷没有吹扫干净之前将系统冷却到常温，有可能形成水合物。当水合物固体形成，它们有可能会堵塞控制阀、截止阀、孔板和安全阀。

在比较低温的极端环境条件下，水合物会在甲烷化单元的储罐中形成。在正常操作条件下，甲烷水合物可能在约0℃形成。

工艺管道的正常操作温度显著高于此值，因此这些管线中不大可能形成水合物。在停车期间，温度可能低于此值的任何管线都有形成的可能，特别是排水管线，必须小心地确保这些管线排出水且吹扫脱除甲烷。

如果水合物在工艺管线中形成，可以加热管线高于10℃，以分解这些水合物。当水合物完全堵塞管线或者产生压力异常时，需要及时处理。在这种情况下，快速卸压或者加热可以排出可能损害下游管路的水合物，在水合物的两边压力要同时减少，当卸压后加热溶解剩余的晶体，要加热管线的一端而不是中心，因为当管线中心水合物溶解时会产生局部高压。如果超过设计压力，可能会导致管道破裂。

建设在寒冷地区的工厂，要在设计和操作管理上特别注意甲烷水合物的防范及安全处理等。

6.8.7 甲烷化装置金属粉末化腐蚀及防护

常见的金属的腐蚀有高温氧化、硫腐蚀、氢腐蚀、孔蚀及应力腐蚀等，金属粉末化腐蚀是一个较新的理念，一般发生在含有高碳气体，温度在450～900℃之间，具有强碳化低氧活度的氛围中。甲烷化的工艺气含有较高的 CO、CH_4 等，在金属界面会发生析炭反应形成强炭，且温度在 450～700℃，是在金属粉末化腐蚀的区间之内，故甲烷化反应器、废热锅炉、蒸汽过热器等设备的结构及选材，必须考虑粉末化腐蚀的问题。

事实是金属粉末化腐蚀，在我们的生产装置中多有发生的案例。如有的工厂焦炉煤气转化废热锅炉积炭，加氢脱硫装置超温后积炭等，被认为是单纯的析炭现象，实际上因为同时有金属被腐蚀，所以也应该是金属粉末化腐蚀的一种表现。

6.8.7.1 起因

金属粉末化腐蚀是一种在高碳活度及低氧活度下腐蚀的灾难性的碳化形式。在众多的腐蚀类型中，金属粉末化腐蚀被提出的时间较晚，研究深度较浅，相应的文献报道也较少，在国内尤其明显。由于认知水平的限制，很多金属粉末化腐蚀的现象未能被设备技术人员识别，从而找到失效原因。金属粉末化腐蚀最早是在 1959 年 3 月召开的美国 NACE（National Association of Corrosion Engineers）会上由 F. A. Prange 提出，随着国外 Crabke 等人对此较深入的研究，国内中科院金属腐蚀和防护研究所及南京工业大学等单位也有所研究。

据各方研究表明，金属粉末化腐蚀产生于 450～900℃ 的强碳化、低氧活度氛围中，可发生在所有可溶碳的裸露金属表面，多发生在 Fe-Cr-Ni 合金表面，其腐蚀形态一般呈坑点状局部腐蚀，有时也会呈均匀减薄形式。该类腐蚀可使金属表面 C 过饱和，腐蚀产物有石墨、金属或金属碳化物。腐蚀产物可作为鉴别依据。

6.8.7.2 腐蚀机理

已有学者提出多种理论来解释金属粉末化腐蚀机理，但因金属粉末化腐蚀比较复杂，且机理在不同情况下也不尽相同，故迄今为止，人们尚未能完全揭示金属粉末化腐蚀的机理，有学者甚至认为不可能预测在某种特定环境下是否发生金属粉末化腐蚀。目前，国际上认可度较高的为美国乔治金属学院的 R. F. Hochman 教授提出并经德国学者 H. J. Crabke 完善的金属渗碳后生成不稳定化合物并分解的理论，该理论认为产生金属粉末化腐蚀分为五个步骤。

① 碳在金属中溶解并达到饱和。在强碳化、低氧活度氛围中，工艺介质中 C 原子可发生多种化学反应，常见的有：

$$CO + H_2 \longrightarrow [C] + H_2O$$
$$CH_4 \longrightarrow [C] + 2H_2$$
$$2CO \longrightarrow [C] + CO_2$$

在金属表面，气体分子通过界面反应，产生活性 C 原子，使金属表面的 C 过饱和，只有当 C 的活度大于 1 时，金属可能发生上述反应，从而发生金属粉末化腐蚀。

② MeC 在金属表面或晶界处析出。渗入金属的 C 元素和金属发生反应，产生 MeC 化合物。

若与之发生反应的金属为 Fe，则产生 Fe_3C，反应式为：

$$Fe_3C \Longleftrightarrow 3Fe + [C]$$

③ 环境中的碳在表面形成的 MeC，在层下或层间以石墨形式沉积。

④ 石墨下面的 MeC 分解出金属 Me 和 C。

⑤ 金属颗粒起催化作用，促使石墨进一步沉积。

6.8.7.3 防护

（1）合理的结构设计

尽量避免高碳氛围的工艺气在金属粉末敏化温度下与裸露金属直接接触，就能有效降低金属粉末化腐蚀的发生。

废热锅炉结构设计中采用挠性薄管板结构代替厚管板结构，同时在与高温工艺气接触的一侧用耐火材料进行保护，降低高温管板工艺气侧的表面温度，从而避免管板的金属粉末化腐蚀。

换热管入口处，采用热保护结构，用高温保护套管来保护管板，降低换热管的表面温度，从而避免管板发生金属粉末化腐蚀。

（2）合理选材

选用 BCC 晶体结构的材料，即含 Cr 及 Si、Al、Nb、W、Mo、Ti 等元素较高的 Ni-Cr-Fe 合金，如 Incone 1600、Alloy 602CA 及 Alloy 690/693 等，

而不选用不耐金属粉末化腐蚀的 Fe-Cr-Ni 合金，如 Incoloy 800H、06Cr25Ni20 等。但前者依旧会发生一定程度的金属粉末化腐蚀，因此还需要对其进行表面处理，以延长使用寿命。

另据报道，2005 年美国能源部阿贡国家实验室的科学家开发出一种新的合金材料，这种材料可以有效抵抗金属粉末化腐蚀，它的这种特性使其成为世界研究与开发杂志评选出的 2005 年度世界科技创新 100 强之一。该合金在 593℃的金属粉末化氛围中，存放 5700h 后，表面仍然光滑，没有凹坑，同样条件下测试的 Alloy 600 则出现了大量的凹坑。

（3）金属表面改性处理

目前，通过对材料渗铝来减缓金属粉末化腐蚀的方式已经在生产实践中得以应用，但由于渗铝表面处理层与金属基体间原子的互相扩散，会造成渗铝层性能退化，因此其使用寿命不是很长。

在工程实际应用中，一般同时选用耐金属粉末化腐蚀的 Ni-Cr-Fe 合金和渗铝。

埃克森美孚研究工程公司申请了"具有改进的抗金属灰化腐蚀性的高性能涂覆材料"专利，该涂覆金属组合物适于在合成气生产设备上使用且可涂覆在各种金属表面。

（4）改进工艺气氛条件

由于金属粉末化腐蚀必须在强炭化、低氧活度氛围下才能发生，因此若能够通过提高水（汽）碳比等方法提高工艺气的氧活度，则可减缓或消除金属粉末化腐蚀。另外，金属粉末化现象可以通过向气流中渗入微量的 H_2S 来消除，而微量的 H_2S 对设备的硫腐蚀可忽略不计，这个方法只能在不影响工艺过程的条件下使用。

综上所述，在甲烷化装置中，由于工艺介质高 C 气氛的原因，结构设计及选材不当，金属粉末化腐蚀很容易发生，严重时会影响设备的正常运行，甚至产生安全隐患。目前，金属粉末化的机理研究尚不深入，对某种工况下是否发生金属末化腐蚀及腐蚀速率等尚无可靠的判别和计算方法。因此，需要在可能发生金属粉末化的工况下，采取必要的防护措施，确保装置的安全运行。

第七章

焦炉煤气提氢及氢能

7.1 概述

7.1.1 氢的存在及氢的性质

氢是宇宙中原子数最多的物质，约占原子总数的 90%，也是地球上原子最多的元素。氢的化学活性很高，在地球表面的氢多以化合物形式存在，覆盖地球表面 71% 的水中，含氢元素最多，所有的生物体和碳氢化合物中，都含有大量的氢元素。氢元素可以帮助人类解决各种所需的物质和能源问题。

氢元素的原子序数在元素周期表中位于第一位，氢原子的尺寸是所有原子中最小的，原子半径只有 0.53×10^{-10} m，氢的原子量也是最小的（1.00794 原子量单位）。氢通常以双原子的氢气存在，氢气也是最轻的气体，在 0℃，一个大气压时，每升氢气只有 0.09g，仅为同体积空气的十四分之一。

氢气极易燃烧，在空气中可燃范围很大，为体积的 4%～75%，且燃烧速度极快，可达 250cm/s。氢气与氧气化合生成水的热值是所有可燃物质中最高的，为 120MJ/kg 以上，是同等质量汽油热值的 2.76 倍。

总之，氢和氢气具有许多特殊的性质，也有许多重要的用途，用它作为能源燃料时也有很多优点，表 7-1 列出了氢气与其他燃料的性质比较。

表 7-1　氢气和一些其他燃料的性质比较

项目	氢	甲醇	氨	二甲醚	汽油	天然气
化学分子式	H_2	CH_3OH	NH_3	CH_3OCH_3	$C_5 \sim C_{15}$	CH_4
外观	无色无味气体	无色液体	无色，氨味气体	无色气体	无色液体	无色气体
沸点/℃	−252.8	64.7	−33.4	−24.8	30～220	−161.5

续表

项目	氢	甲醇	氨	二甲醚	汽油	天然气
熔点/℃	−259.1	−98	−77.7	−141.5	−57	−182.6
自燃温度/℃	400(520)	470	630	235	260～370	540
雷德饱和蒸气压 (37.8℃)/kPa	246	31			62.0～82.7	246(25℃)
液态密度 (20℃)/(kg/L)	−253℃, 0.0708	0.791	0.771	−24.8℃, 0.661	0.72～0.75	−161.5℃, 0.44
热值/(kcal/kg) 热值/(kJ/kg) 热值/(kJ/L)	28670 120000 8496	5050 21109 16697	4448 18610 14348	6597 27600 18240	10397 43500 32050	11840 49540 21800
辛烷值 研究法 RON 马达法 MON	>130 >110	117 96	120		90～98	120
在空气中可燃极限 (体积分数)/%	4～75	6～36	16～28	3.4～19	1.3～7.6	5～15
闪点/℃	−253	11		−41.4	−43(−35)	−187
点燃能/Mcal 点燃能/MJ	0.005 0.021				0.25～0.3	0.2
在空气中燃烧速度 /(cm/s)	250	52			45	37
汽化潜热/(kJ/kg)	447	1101	1370	467(沸点)	297	506
理论空燃比(质量比) 理论空燃比(体积比)	34.5 2.38	6.47 7.14		8.98 14.3	14.8 58.4	16.75 9.52

注：1cal＝4.1868J。

7.1.2 氢的用途

氢气是工农业生产、科技、航天、国防和人类生活中不可缺少的物质，大量应用于合成氨、石油产品加氢、甲醇生产、冶金、轻工业生产、氨的化工产品、有机化工产品、其他加氢产品、含氢无机物（如 H_2SO_4、HCl、HNO_3、碳氢化合物）等的生产。

2016 年，全世界产氢量为 4300 万吨，我国产氢量为 2900 多万吨，居世界之首。

氢的最新用途是理想的清洁高效能源，随着制氢、氢能的储运及燃料电池技术的发展，氢能已进入了快速产业化的发展阶段，未来氢能替代化石燃料将成为可能，可以预见，21 世纪将是氢能的世纪。

2015 年，国际能源署（IEA）根据能源的应用形式将能源分为热、电、交通工具燃料三类。在目前的能源中，石油天然气是能够同时用作这三类的能源，而煤炭和核能只能用于热和电。利用同样的标准，IEA认为，在未来的能源中，氢气同样是可以同时用作热、电、交通工具燃料的能源，说明氢能是可以广泛用于所有类别的"高级"能源。有人估计，到2040年，氢能将占世界终端能源的10%，即为"主体能源"（指在能源份额中占10%以上的能源）之一，到2050年，氢能将占终端能源的18%。

氢能将在减排温室气体中发挥重要作用。我国政府承诺，到2020年，单位GDP二氧化碳排放比2005年下降40%～45%。为实现这一目标，氢能有着不可或缺的作用。减少CO_2排放的主要途径包括：调整能源结构，提高能源转换效率及利用效率，大力发展低碳能源，推广CO_2的捕集、埋藏与利用（CCS/CCU），氢能在这几个方面都发挥着不可替代的作用。

7.1.3 制氢方法

目前工业上主要的制氢方法有化石燃料制氢、水电解制氢和工业生产副产氢气等，工业副产氢气中焦炉煤气占比高达70%以上，是我国氢气的重要来源之一。

2016年，我国焦化、氯碱、甲醇、合成氨等为主要工业副产氢源，氢气产量如下表7-2。

表7-2　2016年全国焦化、氯碱、甲醇、合成氨工业副产氢气　亿立方米

地区	焦化工业	氯碱工业	甲醇工业	合成氨工业
华北	396	15	60	11
东北	75	3	3	2
华东	230	47	50	18
华中	107	8	21	14
华南	28	2	9	2
西南	76	4	18	12
西北	33	12	63	12
总计	945	91	224	71

注：1. 数据来自《中国统计年鉴2017》。
2. 焦炭副产氢气按1t焦炭产400m³焦炉煤气，其中氢含量为60%。
3. 氯碱副产氢气按1t烧碱副产280m³氢气。
4. 甲醇副产氢气按1t甲醇副产560m³氢气。数据来自：顾维,谢安全.焦炉煤气制甲醇驰放气合成氨工艺研究.河北化工,2011（03）：15-17.
5. 合成氨副产氢气按1t合成氨副产186m³驰放气（含氢60%计）。

工业上焦炉煤气的提氢方法主要有变压吸附法（PSA）、膜分离法、深冷分离法，三种方法的主要特点如表 7-3、表 7-4 所示。

表 7-3　三种提氢方法的特点

方法	原理	典型原料气	氢气纯度/%	回收率/%	使用规模	备注
变压吸附法（PSA）	选择性吸收气体中的杂质	任何富氢原料气	99.999	70～90	大规模	冲洗过程中损失氢
膜分离法	气体通过渗透膜的扩散速率不同	炼厂气合成氨驰放气	92～98	约 85	规模不限	氨气、CO_2 和水也能渗透
低温分离法	以气体沸点不同低温下部分被冷凝	石油化工，工业煤气	90～95	95	大规模	纯化去除 CO_2、H_2O、H_2S 后进入装置

表 7-4　三种提氢方法工艺技术指标

工艺性能	变压吸附法（PSA）	膜分离法	深冷分离法
温度/℃	30～40	50～80	−170～−190
操作压力/MPa	1.0～3.0	3.0～15.0	1.0～8.0
提浓产品压力/MPa	1.0～3.0	0.2～7.0	1.0～8.0
进料中最小氢含量/%	30	30	30
预处理要求	除掉固体，液体	脱除 H_2S	脱除 H_2O、CO_2、H_2S
相对功耗/kW	1.68	1.0	1.77
产品氢的浓度/%	99.99	80～98	90～95

由表 7-3 和表 7-4 可以看出，三种提氢方法中，只有 PSA 法提氢可以达到工业氢和超纯氢的标准（GB/T 3634.1—2006）（表 7-5）和（GB/T 3634.2—2011）（表 7-6）。因此，目前工业上焦炉煤气提氢大部分采用 PSA 法。用膜分离法和深冷法提出的氢气，尚应再用 PSA 法进一步提纯，才能达到 99.0% 以上的纯度要求。膜分离法多用在高压气体如合成氨驰放气的提氢，深冷法用于分离甲烷，同时提氢或合成氨厂净化工序。

表 7-5　工业氢技术标准 GB/T 3634.1—2006

项目名称		指标		
		优等品	一等品	合格品
氢气（H_2）含量（体积分数）/10^{-2}	≥	99.95	99.50	99.00
氧（O_2）含量（体积分数）/10^{-2}	≤	0.01	0.20	0.40

续表

项目名称		指标		
		优等品	一等品	合格品
氮加氩(N_2+Ar)含量(体积分数)/10^{-2}	$\leqslant$	0.04	0.30	0.60
露点/℃	$\leqslant$	-43	—	—
游离水/(mL/40L 瓶)	$\leqslant$	—	无游离水	100

注：管道输送以及其他包装形式的合格品工业氢的水分指标由供需双方商定。

表 7-6　纯氢、高纯氢和超纯氢的技术要求 GB/T 3634.2—2011

项目名称		指标		
		纯氢	高纯氢	超纯氢
氢气(H_2)纯度(体积分数)/10^{-2}	$\geqslant$	99.99	99.999	99.9999
氧(O_2)含量(体积分数)/10^{-6}	$\leqslant$	5	1	0.2
氩(Ar)含量(体积分数)/10^{-6}	$\leqslant$	供需商定	供需商定	
氮(N_2)含量(体积分数)/10^{-6}	$\leqslant$	60	5	0.4
一氧化碳(CO)含量(体积分数)/10^{-6}	$\leqslant$	5	1	0.1
二氧化碳(CO_2)含量(体积分数)/10^{-6}	$\leqslant$	5	1	0.1
甲烷(CH_4)含量(体积分数)/10^{-6}	$\leqslant$	10	1	0.2
水分(H_2O)含量(体积分数)/10^{-6}	$\leqslant$	10	3	0.5
杂质总含量(体积分数)/10^{-6}	$\leqslant$	—	10	1

7.2　变压吸附（PSA）提氢

7.2.1　变压吸附（PSA）提氢的工艺原理

PSA 提氢是利用吸附剂对气体分子吸附的强弱及 PSA 压力的变化引起吸附容量变化的原理，对气体选择吸附分离。下面是活性炭、分子筛、硅胶和碳分子筛对常见气体的吸附强弱顺序：

活性炭：$H_2S>C_3H_8>C_2H_6>C_2H_4>CO_2>CH_4>CO>N_2>O_2>Ar>H_2$

分子筛：$H_2O>NH_3>H_2S>SO_2>CO_2>C_2H_4>C_2H_6>CO>CH_4>N_2>O_2>Ar>H_2$

硅胶：$C_3H_8>C_2H_2>CO_2>C_2H_4>C_2H_6>CH_4>CO>N_2>O_2>Ar>H_2$

活性氧化铝：$C_3H_8>C_2H_4>C_2H_6>CH_4$

碳分子筛：$CO_2 > CH_4 > CO > N_2 > O_2 > H_2$

图 7-1、图 7-2 分别给出了各种常见气体在 13X 分子筛和细孔硅胶上的吸附曲线。

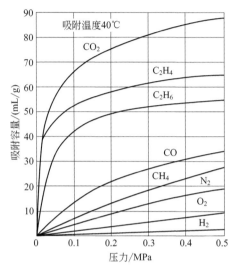

图 7-1　气体在 13X 分子筛上的吸附等温线　图 7-2　气体在细孔硅胶上的吸附等温线

在加压下吸附，降压和冲洗再生或降压抽真空的再生循环，是变压吸附（PSA）工艺的基本过程，图 7-3 示出了 PSA 工艺最简单的两床循环工艺原理示意图。

吸附操作是在相对高的压力下进行的，而再生操作是在较低的压力下进行的。脱除了强吸附质的弱吸附质（通常作为产品气）的一部分用于冲洗床层（或对床层抽真空），以脱附被吸附的强吸附质。因此，PSA 工艺除了

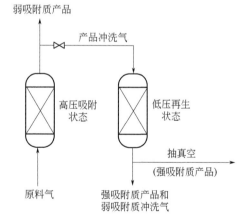

图 7-3　PSA 两床循环工艺原理示意图

降低床层总压力外，还及时移走气相中的强吸附质，以降低其在气相中的分压力，达到再生的目的。由于压力的变化可以很迅速地实现，因此循环时间可以很短，通常为几分钟甚至几秒钟。在这种情况下，绝大部分吸附热尚来不及被气流带走而被储存在床层中，为下一步的解吸提供了有利的条件。这种循环的吸附和再生基本上处于同一温度（吸附温度和解吸温度不会高于和

低于原料气温度 5℃），故又称为等温吸附或绝热吸附。该工艺尤其适用于主体分离，也适用于脱除微量杂质和气体的提纯，特别是由于可实现短周期的快速循环，使得原先有些只能在深冷温度下吸附分离的 TSA（变温吸附）工艺，现在在常温下用 PSA 工艺就能实现。而 TSA 工艺不能经济地脱除的高浓度杂质，特别是在常温下无法脱除的高浓度低沸点杂质，对于 PSA 工艺来说，那就是轻而易举的事了。该工艺适宜于处理小气量，更适宜于大处理量的气体分离过程。目前，PSA 已成为工业气体和环境保护领域一项重要的分离技术。

7.2.2 变压吸附工艺对吸附剂的要求

变压吸附对吸附剂的选择不是以吸附容量大小为依据，其对吸附剂的选择有它自己的特点，即一种容易再生的吸附剂往往要比吸附容量和选择性好的吸附剂更具有优越性。以 CO_2 为例，来看它在不同吸附剂上的解吸特性。吸附柱分别装填有四种吸附剂，其中两种是孔体积不同的煤基活性炭，即 BPL（孔体积 0.70mL/g）、RB（孔体积 1.22mL/g），一种是煤基碳分子筛 MSCV（孔体积 0.5mL/g）和 5A 分子筛。它们都在温度为 303K 和一个大气压下，被纯 CO_2 吸附饱和。然后，在相同的温度压力下，用纯氢进行冲洗解吸，用氢量的多少可表明吸附剂解吸的难易。图 7-4 给出了纯氢在等温等压下冲洗解吸 CO_2 的曲线。从图中可以看出，对于三种炭类吸附剂，要达到同样的脱除率，所需的氢气量是不同的，RB 活性炭最容易解吸完全，或者说，其解吸特性最好，而分子筛是最难解吸的。

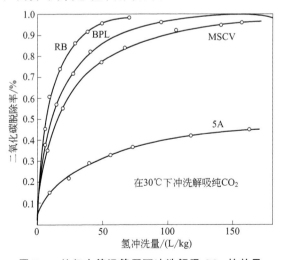

图 7-4 纯氢在等温等压下冲洗解吸 CO_2 的效果

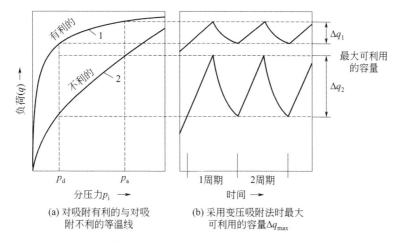

图 7-5　等温线的形状对可利用吸附容量变化的影响

　　结合吸附和解吸的效果，可用图 7-5 进一步说明变压吸附对吸附剂的要求。在左边的吸附等温线图中，有两条同一温度下的吸附等温线，曲线 1 是对吸附有利的吸附等温线，因为在低的分压下吸附就已达到很高的吸附容量，例如 CO_2 在分子筛上的吸附等温线；而曲线 2 是对吸附不利的吸附等温线，即在低的分压下其吸附容量不高，例如 CO_2 在硅胶上的吸附等温线。

　　但是从再生的角度看，曲线 2 的形状近于线性，斜率更小，更有利于解吸。当采用 PSA 工艺时，如果吸附床层在压力 p_a 下吸附，而在压力 p_d 下再生，虽然在 p_a 下曲线 1 显示出的吸附容量比曲线 2 高很多，但是，同时再看右边的可利用吸附容量图，曲线 1 的最大可利用的吸附容量 Δq_1 反而比曲线 2 的 Δq_2 小很多。因此，PSA 应该选择曲线 2 所代表的吸附剂。总之，解决好吸附和解吸之间的矛盾是 PSA 选择吸附剂的主要原则。

　　以常见的工艺气体为例，说明吸附剂的选择原则。对于丁烷、苯、二氧化碳、水、氨等强吸附质，需要选用较弱的吸附剂如活性炭、硅胶、活性氧化铝等，以使吸附容量适当，又有利于解吸操作。而对弱吸附质，如氩、氮、一氧化碳等，就要选用较强的吸附剂，如分子筛，以期吸附容量大些。如果原料气中既含有强吸附质杂质又含有弱吸附质杂质组分，通常可采用几种吸附剂，从吸附塔的进口端到出口端的方向，按较弱的吸附剂到较强的吸附剂，逐次分层装在同一个吸附塔内，先吸附原料气中强吸附质，再吸附弱吸附质组分。

7.2.3　吸附塔死空间体积的影响

　　众所周知，吸附剂的孔隙率很高，装填到吸附塔内后形成的死空间体积占整个床层的比例就很大。例如，硅胶和活性氧化铝的死空间率约为 67%，分子筛约为 74%，活性炭约为 78%（未包括床层以外非吸附空间）。PSA 是一个短期快速循环工艺，它总是在压力下吸附，当吸附结束时，死空间内充满压力气体。吸附压力越高，其死空间的气体就越多，而该气体中含有高于原料气浓度的弱吸附质组分（通常是作为产品组分），在降压解吸时，随强吸附质的解吸而被损失掉。相对于几个小时才排放一次的 TSA 而言，PSA 一小时一个塔至少要降压排放 6 次，其损失量就不能忽视。频繁的降压不仅造成弱吸附气体产品的损失，也造成了压缩能量的损失，降低了产品气体的回收率。为此，在 PSA 应用中，为了反映死空间中包含的气体对分离的影响，引入了吸附系数 k 的概念，并由此重新定义了分离系数。

7.2.4 吸附系数和分离系数

以二元组分混合物气体为例，设其中 A 组分为强吸附质（通常被视为杂质组分），B 组分为弱吸附质（通常被视为产品组分），它们的分子组成分别为 x_A 和 x_B，则对组分 A，吸附系数 k_A 为：

$$k_A = \frac{q_A}{\frac{VT_0 p x_A}{T p_0}} = \frac{q_A T p_0}{VT_0 p x_A}$$

同样对组分 B，吸附系数 k_B 为：

$$k_B = \frac{q_B}{\frac{VT_0 p x_B}{T p_0}} = \frac{q_B T p_0}{VT_0 p x_B}$$

式中　q——吸附剂所吸附的某组分在标准状态下的体积，m^3；

　　　V——吸附床层的死空间体积，m^3；

　p、T——分别为工作状态的压力（MPa）和温度（K）；

p_0、T_0——分别为标准状态下的压力（0.10133MPa）和温度（273K）；

x_A、x_B——分别为组分 A 和组分 B 在原料气中的摩尔分数。

由以上公式可知，吸附系数的物理意义为吸附床中某组分在吸附相的体积与在死空间中以气态存在的体积之比。因为 $k_A > k_B$（即 A 组分易被吸附），故气相富集 B 组分。若吸附等温线为线性，则 k 为常数。

分离系数重新定义为：$\alpha = \frac{k_A + 1}{k_B + 1}$

某组分吸附平衡时，在吸附床内的存留量由两部分组成：一部分是以气态存在于死空间中；另一部分则存在于吸附剂的吸附相里。那么，分离系数的物理意义就是弱吸附组分和强吸附组分各自在死空间中含有的量占床内总存留量的比值之比。分离系数越大，分离越容易。在 PSA 工艺中，分离系数不宜小于 2，它亦可作为选择吸附剂的依据之一。

表 7-7 列出了常见的主要组分在大气压力和 20℃时的分离系数。

表 7-7　常见组分对各种吸附剂的分离系数

吸附剂	$\frac{CO_2}{CH_4}$	$\frac{CO}{CH_4}$	$\frac{CO_2}{CO}$	$\frac{CH_4}{CO}$	$\frac{CH_4}{N_2}$	$\frac{CO}{N_2}$	$\frac{CO}{H_2}$	$\frac{CH_4}{H_2}$	$\frac{N_2}{H_2}$
硅胶 （死空间 0.85cm³/g）	6.4			1.31	1.86	1.42	2.9	3.8	2.05
活性炭 （死空间 1.45cm³/g）	2.09			2.07	2.84	1.37	6.97	14.4	5.1
5A 分子筛 （死空间 1.11cm³/g）		1.79	3.15		1.4	2.5	17.2	9.65	6.9
钠丝光沸石 （死空间 0.85cm³/g）		1.18	2.23		1.39	1.65	18.5	15.5	11.2
13X 分子筛 （死空间 1.33cm³/g）		1.58	4.7		1.52	2.4	12.6	8	5.25

7.2.5　从气相中提取产品的工艺

主体分离的 PSA 工艺发展非常迅速。总的来说，从产品提取形式来分，大体上可分为三种类型，即产品从气相提取、产品从吸附相提取和同时从气相及吸附相提取。产品从气相提取的有氢，如焦炉煤气提氢、氮的提纯和回收、空气分离、天然气净化等。产品从吸附相提取的有瓦斯气浓缩、二氧化碳的提纯和回收、乙烯的浓缩和一氧化碳的提纯和回收等。同时从气相及吸附相提取的有从烃类转化气中回收氢、氮和一氧化碳、二氧化碳等。绝大多数 PSA 都在环境温度下操作，也可以在液氮温度下甚至在 100～300℃的高温下操作。

早期的 PSA 工艺的主要缺点是产品的回收率低。近年来，随着工业生产装置规模的不断扩大，为提高产品回收率，改善工艺的经济性，对原始的两床工艺进行了许多改进，其中最重要和最有影响的改进是增加压力均衡步骤和多床工艺。

压力均衡步骤又简称为均压步骤。当一个床（A 床）正好完成吸附，另一个床（B 床）已将床层压力降至常压并已冲洗结束时，A 床不是直接放空，而是通过两个床出口端相连的管道与 B 床进行均压，即用 A 床的富产品气体对 B 床进行部分升压；待压力平衡后，断开两个床，然后，A 床再放空，而 B 床继续用原料气升压至吸附压力。均压就是用上述的顺向放压气用于另一个床的升压，储存了压缩能，不仅减少压缩能的损失，而且又提高了产品的回收率。

多床工艺充分利用均压的优点，包括三床、四床甚至几十床工艺。多床工艺在任一时间内可以有几个床同时进行吸附和再生操作。在这些工艺中，一个床处于吸附步骤，而其他床则处于再生阶段的不同步骤，即分别处于降压、冲洗和升压步骤。其中，降压步骤又细分为均压放压和顺向放压、逆向放压，升压步骤也细分为均压充压及最终充压等步骤。多床工艺意味着可以进行多次均放压。

应当说明的是，随着顺向降压过程的进行，排放气中的杂质浓度将逐步增加，为了达到最好的分离，对于完成吸附步骤床层放压气的利用应遵循下列原则：最不纯的气体应使用于最低压力下的清洗，而最纯的排出气应使用于最高的中间压力下的充压，以达到最好的分离效果。

7.3　焦炉煤气 PSA 提氢工艺

焦炉煤气 PSA 提氢的过程是一个复杂的系统工程，主要由：焦炉煤气压缩、焦炉煤气预处理、PSA 提氢、氢气的净化（纯化）等四部分组成。

主要工艺过程如图 7-6 所示。

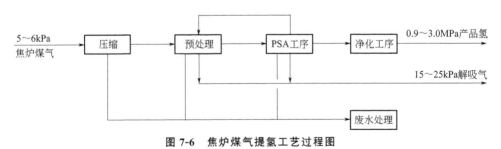

图 7-6　焦炉煤气提氢工艺过程图

7.3.1　焦炉煤气提氢的典型流程

传统的焦炉煤气提取氢气都是采用深冷分离的方法，这种工艺对设备要求极高，需在极低的温度下操作，操作条件严苛，投资高，而且氢气产品的纯度不超过 98%（体积分数）。PSA 提氢工艺可在常温下获得纯度大于 99.99%（体积分数）的氢气，工艺流程简单。

　　焦炉煤气的组成十分复杂，其主要组成（体积分数）为：H_2 54%～59%、CH_4 23%～28%、N_2 3%～5%、O_2 0.3%～0.7%、CO 5.5%～7%、CO_2 1.2%～2.5%、C_2～C_5 1.5%～3%。除了上述主要组分外，还有不少微量的高沸点组分，如苯、甲苯、二甲苯、萘、噻吩、焦油雾、硫化物等。PSA 吸附剂处理这种高沸点、大分子组分有相当的难度，主要是很难将它们有效地解吸，从而会造成吸附剂慢性中毒。因此，这种气源在进 PSA 装置之前，必须进行处理，将这些组分事先脱除。在这方面，美国、德国、日本和我国都进行了研究，例如，采用吸附、催化加氢、高压油洗和低温冷冻等方法，各种预处理方法中以 TSA 的吸附法最为有效。另外，焦炉煤气中含有氩，其沸点只比氩高 3℃，物理吸附性能几乎和氩一样。由于它的存在，会使得氢的质量和回收率受到较大的影响，为此，在 PSA 系统中不刻意脱除氩，而在其后用催化脱氧，氢氧反应生成的水再干燥除之，使产品氢能获得满意的纯度和回收率。美国 UCC 公司 1979 年在德国建成了世界上第一套焦炉煤气提取氢气的生产装置，回收氢气为 4300m^3/h，纯度 99.5%（体积分数）。我国武钢集团硅钢片厂采用西南化工研究院的技术，于 1990 年建成国内第一套焦炉煤气提氢装置，装置规模为 2×1000m^3/h 氢气。

　　焦炉煤气提氢装置在 PSA 提氢工艺中是最复杂的，其典型流程见图 7-7。

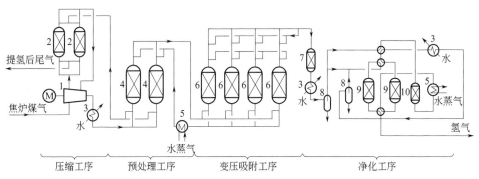

图 7-7　从焦炉煤气中提取氢气装置的典型工艺流程
1—压缩机；2—过滤器；3—水冷器；4—净化器；5—蒸汽加热器；
6—吸附器；7—脱氧槽；8—分离器；9,10—干燥器

　　流程说明如下：

　　压缩工序是将焦炉煤气从约 5kPa 加压至 0.9～3.0MPa，以满足 PSA 分离和氢气用户的需要。为了保护活塞式压缩机的安全稳定运行，在一级出口设置了焦炭和活性炭脱除萘、焦油的 TSA 设备。如果原料气中萘含量比较高，在压缩机之前还需要增加一套初脱萘设备。

预处理工序，还应脱除微量的高沸点苯等组分，也采用改性活性炭为吸附剂的 TSA 工艺。

PSA 提氢工序可采用 4-1-2 工艺或其他的多床工艺，使用活性氧化铝、活性炭和 5A 分子筛的复合床，主要脱除 N_2、CH_4、CO、CO_2、$C_2 \sim C_4$、部分 O_2 和水，获得大于 99.9%（体积分数）的氢气。

净化工序由催化脱氧和干燥两部分组成。催化脱氧使用钯催化剂，可在常温至 100℃ 之间的温度范围内操作；干燥部分采用等压 TSA 干燥工艺，使用细孔硅胶和活性氧化铝的复合床层。最终氢气产品的纯度可大于 99.995%（体积分数），露点低于 -70℃，其中 O_2 1×10^{-6}（体积分数）、N_2 10×10^{-6}（体积分数）、CH_4 3×10^{-6}（体积分数）、$(CO+CO_2)$ 1×10^{-6}（体积分数），氢回收率大于 75%。装置的电耗为每立方米氢气 0.5kW·h，仅为水电解制氢装置的 1/10。PSA 工序的解吸气用作预处理工序除萘除油器的再生气，最后作为比原料气热值还高的气体，返回到焦炉煤气系统作为焦炉的燃料。

7.3.2　主要装置说明

由于焦炉煤气压缩和预净化装置在本书第二章已有说明，本节主要介绍 PSA 提氢装置和氢气净化装置。

7.3.2.1　PSA 提氢装置

目前，大型焦炉煤气 PSA 提氢装置一般采用多床工艺，大都为 10 床或 10 床以上的工艺。我国规模在 $10000m^3/h$ 以上的焦炉煤气提氢装置有几十套，其典型的 10-3-3 工艺循环时序图见图 7-8，工艺流程见图 7-9。这种流程主要用于焦炉煤气等富氢气体提取纯氢，可提取纯度为 99.9999%（体积分数）的氢气，其产品回收率可达 89% 以上，工艺系统中共有自动切换阀门 55 台。该工艺极大地促进了 PSA 装置大型化的发展，至今仍然在大型 PSA 提氢装置中被广泛使用。

图 7-8 所示的多床吸附工艺采用的是吸附-均放压-顺放-逆放-冲洗-均充压的吸附再生流程，还有一些 PSA 工艺采用了真空解吸再生的方法。真空解吸步骤安排在逆放步骤之后，在真空解吸之后可以再安排冲洗步骤，或抽空和冲洗同时进行，也可以省去冲洗步骤，这主要取决于对产品纯度和回收率的要求。在逆放、冲洗或真空步骤解吸出来的气体，视情况亦可作为强吸附质产品，真空流程可以提高产品回收率。

多床 PSA 工艺具有如下特点：

① 采用多个吸附床，可以安排更多次均压步骤，因而可以提高氢气产品

吸附			均放压			顺放	逆放	冲洗	均充压			
A			E1D	E2D	E3D	PP	D	P	E3R	E2R	E1R	FR
A	A	A	E1D	E2D	E3D	PP	D	P	E3R	E2R	E1R	FR
E1R	FR	A	A	A	E1D	E2D	E3D	PP	D	P	E3R	E2R
E3R	E2R	E1R	FR	A	A	A	E1D	E2D	E3D	PP	D	P
P	E3R	E2R	E1R	FR	A	A	A	E1D	E2D	E3D	PP	D
D	P	E3R	E2R	E1R	FR	A	A	A	E1D	E2D	E3D	PP
PP	D	P	E3R	E2R	E1R	FR	A	A	A	E1D	E2D	E3D
E3D	PP	D	P	E3R	E2R	E1R	FR	A	A	A	E1D	E2D
E1D	E2D	E3D	PP	D	P	E3R	E2R	E1R	FR	A	A	A
A	E1D	E2D	E3D	PP	D	P	E3R	E2R	E1R	FR	A	A
A	A	E1D	E2D	E3D	PP	D	P	E3R	E2R	E1R	FR	A

图 7-8　10-3-3 工艺循环时序图

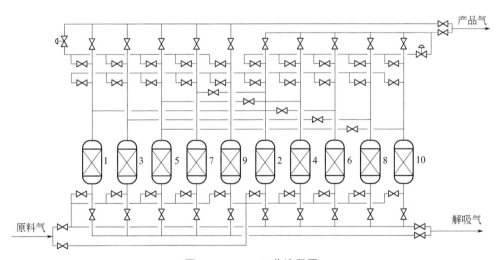

图 7-9　10-3-3 工艺流程图

纯度和回收率，降低单位产品的能量消耗。特别是当吸附压力较高时，可以安排较多的床层实现更多次均压，获得更高的回收率。均压次数取决于循环工艺的最高压力与最低压力之比，即吸附压力（绝压）与解吸气压力（绝压）之比，压力比大，则可以安排较多次均压。对于提氢装置而言，通常其压力比不小于 5，而对十床装置，其最小压力比为 12，否则无意义。随着均压次数的增多，其效果也逐步减弱。均压次数增多，吸附结束时床层预留段就需要相应增加，以保证最终一次均压结束时，吸附前沿不至于突破床层的出口端，为此，其代价是增加吸附剂用量，或减弱床层处理能力。

② 多床工艺可以适应大处理能力的要求，且产品供应较为平稳。由于每个吸附床的尺寸是受吸附剂颗粒机械强度以及与吸附床相连接的阀门规格和运输条件的限制，因此在大处理能力时可以由增加床层数量来解决。多床工艺在任一时间里可以有两个或三个床层同时进行吸附操作，如六床二均工艺有两个床层同时进行吸附操作，而十床三均工艺则有三个床层同时进行吸附操作，而且各个床层又处于吸附的不同阶段，因而使产品纯度和流量的波动较小。

③ 多床工艺可以提高装置生产能力，或者在同样生产能力下可以使吸附剂用量较少。以 10-3-3 工艺为例，其任一时间有三个床层同时处于吸附步骤，其处理能力可以达到三套四床工艺的效果，从而节约了两个吸附床及相应的管道阀门的投资费用。也可以从另一个角度来进行分析，就是当 10-3-3 工艺的吸附步骤持续时间与 4-1-1 工艺相同时，其总循环时间缩短了 16.7%，因此提高了生产能力。

④ 多床工艺提高了装置操作的灵活性和可靠性。工艺系统中自动切换阀是最容易发生故障的部件，当一个自动阀发生故障时，可以将与该阀相关的吸附床与系统隔离，其余未被隔离的床层可以切换成由较少床层构成的循环时序继续运行。如六床工艺可切换成五床或四床工艺操作，十床工艺可切换成九床或八床等多种工艺继续运行，因此操作更加灵活，可靠性大大提高。

7.3.2.2 氢气净化装置

由于氧气的沸点低，其吸附性能和氩一样，不易被吸附，因此，在吸附装置的末端需要设置脱除氧气的净化装置。

从变压吸附（PSA）工序来的氢气是含有少量氧气的粗氢气，纯度尚达不到要求，需要净化。粗氢气首先进入常温脱氧塔，在其中装填的新型常温钯催化剂的作用下，氧和氢反应生成水，然后经冷却器冷却至常温，再经缓冲罐后进入由两个干燥塔、一个预干燥塔、一台分液罐、两台换热器等组成的等压 TSA 干燥系统。经干燥后的产品氢气纯度可达到 99.9999%、氧含量小于 1×10^{-6}（体积分数）、露点低于 $-60℃$。

等压 TSA 干燥系统的工艺过程如下：

脱氧后的氢气首先经流量调节回路分成两路。其中一路直接去干燥塔，塔内装填干燥剂，将氢气中的水分吸附下来，使氢气得以干燥。在一台干燥塔处于干燥的状态下，另一台干燥塔处于再生过程。

干燥塔的再生过程包括加热再生、换热吹冷两个步骤。在加热再生过程中，另一路再生氢气首先经预干燥塔进行干燥；然后经加热器升温至 $140℃$ 后，冲洗需要再生的干燥塔，使吸附剂升温，其中的水分得以解吸出来，解吸气经冷却和分液后再与另一路氢气汇合；然后去处于干燥状态的干燥塔进行干燥。在吹冷过程中，再生氢气直接去处于再生状态的干燥塔，将干燥塔温度降至常温；然后再经加热器加热后去预干燥塔，对预干燥塔中的干燥剂进行加温干燥；然后经冷却和分液后与另一路氢气汇合；最后去处于干燥状态的干燥塔进行干燥。

7.3.3 焦炉煤气两段 PSA 提氢工艺技术

近年来，国内相关企业在前述焦炉煤气提取氢气典型工艺流程（或称"一段 PSA 提氢工艺"）的基础上，开发了两段 PSA 提氢工艺。其流程为：来自气柜的焦炉煤气经螺杆压缩机加压至 0.6MPa（表压），经预净化装置处理后，首先进入 PSA-I 段脱 CO_2 装置，脱除焦炉煤气中较强的吸附组分如 HCN、C_{2+}、CO_2、H_2S、NH_3、有机硫以及大部分的 CH_4、CO、N_2 等，得到半成品氢气，纯度约为 95%（体积分数）。然后进入活塞压缩机加压至 $1.25\sim3.0MPa$，进入钯催化剂的除氧系统，最后进入 PSA-II 段，将 95% 以上的粗氢提纯至 99.99% 以上，同时将脱 O_2 系统生成的 H_2O 脱至 10×10^{-6}（体积分数）以下。

7.3.3.1 两段 PSA 提氢流程的优点

① PSA-I 段采用专用的耐硫吸附剂，能将总硫从 $400\sim500mg/m^3$ 脱除到 $10mg/m^3$ 以下，减轻前端工序脱硫的负担。该吸附剂的解吸性能很好，用抽真空再生，硫可以随 CO_2 等同时解吸和再生，保证吸附剂的使用性能。

② 可将 PSA-II 段的逆放气回收作为本段的升压气，将 PSA-II 段的解吸气用于 PSA-I 段的脱碳冲洗气，将 PSA-I 段的逆放气和真空解吸气作为前端脱焦油、脱萘、脱苯等 TSA 装置的冷吹气和再生气，最后返回焦炉作燃料。

由于合理回收利用了逆放气和解吸气等，使得两段 PSA 装置的氢气回收率提高到 95%，同时两段 PSA 提氢工艺装置的投资较一段 PSA 提氢工艺装置低。

③ 两段 PSA 提氢装置可以取消除氧装置的干燥设备，两段法可以将钯催化剂除 O_2 装置设在第 I 段 PSA 装置与第 II 段 PSA 装置之间，利用 PSA 装置同时脱水，取消干燥设备，但脱水只能达到 10×10^{-6}（体积分数）。

7.3.3.2 两段 PSA 提氢流程的缺点

① 利用 PSA 提氢装置可以脱除大部分的无机硫和有机硫，但是对产品氢有严格要求，如总硫小于 0.1×10^{-6}（体积分数）或更高的要求时，靠两段

PSA 法脱硫是达不到要求的，必须在后工序设置专门的脱硫设施或在氢气使用前设置硫保护槽等。

② 由于进提氢装置的硫含量为 $400\sim500mg/m^3$，出装置的解吸气等尾气的硫含量增加到 $1000mg/m^3$ 以上，这部分尾气作为焦炉的燃料或其他用途，都必须进行脱硫或在燃烧后脱硫，否则会造成严重的二次污染。

③ 脱 O_2 装置设在 PSA-I 段与 PSA-II 段之间，虽然可以取消干燥设备，但脱水只能达到 10×10^{-6}（质量分数），如有更高的要求还须再进行脱水。

综上所述，两段法 PSA 提氢装置虽然具有流程简单、能耗低、投资省等优点，但也存在着一些明显的问题，应设法改进其不足之处。技术选择时，应根据企业的实际情况和用户对产品氢气的具体要求，因地制宜，优化选用。

7.3.4 焦炉煤气提氢的成本

PSA 提氢主要靠压力的变化提取纯氢，主要的消耗是前端压缩机的电耗（不是采用真空流程），一般加工费用为 $0.3\sim0.4$ 元$/m^3$ 纯氢，加上焦炉煤气的成本，总计 1.0 元$/m^3$ 左右；超纯氢（视具体要求而定）一般在 $1\sim3$ 元$/m^3$ 左右。

与其他制氢方法相比，PSA 提氢成本要低于煤气化及天然气制氢成本，更远远低于电解水制氢成本。一般电解水制氢每立方米纯氢的电耗约为 $4.5kW\cdot h$，只有电价在 0.2 元$/(kW\cdot h)$ 以下时，才能同焦炉煤气 PSA 提氢相竞争。

7.4 吸附剂及 PSA 设备

7.4.1 吸附剂

PSA 吸附分离是依靠吸附剂对气体的选择吸附，达到分离气体的目的。首先要了解吸附剂本身的物理化学结构，例如，孔的大小及分布、比表面积、化学成分和表面性质等；同时要了解吸附质的物化性质，例如：极性、沸点、分子量、分子大小、烃类的饱和与否、浓度高低及分离要求等。

在吸附分离的过程中，吸附剂是通过三个方面的特性对气体进行选择性吸附。

① 位阻效应：即吸附剂内表面的微孔几何尺寸，只允许分子直径比它小的分子扩散进入微孔内，而其他气体分子都被阻挡在外。

② 动力学分离：是借助于不同分子在吸附剂中扩散速率的不同而实现分离的。

③ 平衡分离：是依据不同组分间的平衡吸附容量的差异进行分离，大多数的吸附分离都取决于混合物的平衡分离而得以实现。

工业 PSA 提氢装置所选用的吸附剂都是具有较大比表面积的固体颗粒，主要有：活性氧化铝类、活性炭类、硅胶类和分子筛类吸附剂。另外，还有针对某种组分选择性吸附而研制的特殊吸附材料，如 CO 专用吸附剂和碳分子筛等。吸附剂最重要的物理特征包括孔容积、孔径分布、表面积和表面性质，因而对混合气体中的各组分具有不同的吸附能力和吸附容量。

吸附剂对各种气体的吸附性能主要是通过实验测定的吸附等温线和动态下穿透曲线来评价的。优良的吸附性能和较大的吸附容量是实现吸附分离的基本条件。同时，要在工业上实现有效的分离，还必须考虑吸附剂对各组分的分离系数应尽可能大，一般不宜小于 2。

另外，在工业变压吸附过程中还应考虑吸附和解吸间的矛盾。一般而言，吸附越容易，则解吸越困难。如对于 C_3、C_4 等强吸附质，就应选择吸附能力相对较弱的吸附剂如硅胶等，以使吸附容量适当而解吸较容易。而对于 N_2、O_2、CO 等弱吸附质，就应选择吸附能力相对较强的吸附剂如分子筛等，以使吸附容量更大，分离系数更高。

此外，在吸附过程中，由于吸附床内压力是周期性变化的，吸附剂要经受气流的频繁冲刷，因而，吸附剂还应有足够的强度和抗磨性。

在变压吸附气体分离装置常用的几种吸附剂中，活性氧化铝类属于对水有强亲和力的固体，一般采用三水合铝或三水铝矿的热脱水或热活化法制备，主要用于气体的干燥。

硅胶类吸附剂属于一种合成的无定形二氧化硅，它是胶态二氧化硅球形粒子的刚性连续网络，一般是由硅酸钠溶液和无机酸混合来制备的。硅胶不仅对水有极强的亲和力，而且对烃类和 CO_2 等组分也有较强的吸附能力。

活性炭类吸附剂的特点是，其表面所具有的氧化物基因和无机物杂质使表面性质表现为弱极性或无极性，加上活性炭所具有的特别大的内表面积，使得活性炭成为一种能大量吸附多种弱极性和非极性有机分子的广谱耐水型吸附剂。

沸石分子筛类吸附剂是一种含有碱土元素的结晶态偏硅铝酸盐，属于强极性吸附剂，有着非常一致的孔径结构和极强的吸附选择性，对 CO、CH_4、N_2、Ar、O_2 等均具有较高的吸附能力。

表 7-8 列出了常见的分子筛品种规格及吸附性能。

表 7-8　常见分子筛品种规格及吸附性能

型号	孔径	阳离子	硅铝比	可被吸附物质	不被吸附物质
3A	3Å	K^+	2/1	H_2O、NH_3、H_2 及有效直径<3Å 的分子	O_2、CH_4、乙炔、乙烷 CO_2、H_2S、乙醇、N_2 有效直径>3Å 的分子
4A	4Å	Na^+	2/1	上述物质,甲烷、乙烷、丙烯、丁烯、H_2S、CO_2 乙醇、O_2、N_2 等	丙烷、C_3H_7SH、CH_2Cl_2 n-C_4H_9OH、氟利昂等
5A	5Å	Ca^{2+}	2/1	上述物质,正构烷烃、正构烯烃、氟利昂、CH_2Cl_2	异构烷烃、异构烯烃 环烷烃、正丁二胺
10X	9Å	Ca^{2+}	2.5/1	上述物质,异构烷烃、异构烯烃	正丁二胺
13X	10Å	Na^+	2.5/1	上述物质,正丁二胺	高分子化合物
Y	7~9Å	各种	(3~6)/1		

注：1.1Å=10^{-10} m。

2.上述物质指前几行表格中所有已出现的可被吸附物质。如,5A 型号的可被吸附物质一栏的"上述物质",指的是 3A、4A 型号的所有可被吸附物质。

碳分子筛是一种以碳为原料,经特殊的碳沉积工艺加工而成的,专门用于提纯空气中氮气的专用吸附剂,其孔径分布非常集中,只比氧分子直径略大,因此,非常有利于空气中氮氧的分离。

对于组成复杂的气源,在实际应用中常常需要多种吸附剂,按吸附性能依次分层装填,组成复合吸附床,才能达到分离所需产品组分。

表 7-9 列出了某焦炉煤气 PSA 提氢装置（含预处理和氢气净化）所使用的的吸附剂一览表。

表 7-9　某焦炉煤气 PSA 提氢装置吸附剂一览表

序号	名称	规格	用途
1	二级冶金焦	20~40 不定形	脱焦油
2	活性氧化铝	3~5 球状白色	脱水
3	SM-30D 专用吸附剂	3~5 条状黑色	脱萘、脱焦油、脱硫
4	SM-30B 专用吸附剂	2~4 柱状黑色	脱重油、脱 H_2S
5	SM-15B 专用吸附剂	1.5 柱状黑色	脱 C_1、C_2、CO_2
6	5A-98H 分子筛	2~3 球状灰白色	脱 N_2、O_2、CO、Ar
7	HC-01 钯催化剂	2~3 球状黑色	脱氧
8	硅胶	2~3 球状白色	干燥

吸附剂应符合下列标准：

① 工业活性氧化铝 HG／T 3927—2007。

② A 型硅胶（细孔硅胶）HG／T 2765.1—2005。

③ 5A 分子筛及其测定方法 GB／T 13550—2015。

7.4.2　主要设备及控制系统

7.4.2.1　非标设备

非标设备主要有吸附塔、顺放罐等。

吸附塔为疲劳容器，需按美国 ASME 标准和《钢制压力容器-分析设计标准》（2005 年确认）JB 4732—1995（R2005）进行设计，设计寿命 20 年。

7.4.2.2　自动切换阀门

PSA 系统的循环操作是靠自动阀门的切换来实现的。一套多床 PSA 提氢系统由几十到上百台自动切换阀组成，且有的阀径很大，要求极其严格，阀门动作要快、切换灵活，密封严密、不能有泄漏，寿命要长，阀体使用寿命需大于 20 年，主密封大于 5 年，无故障工作时间大于 2 年。

7.4.2.3　控制系统

PSA 装置控制系统采用"全集成自动化"概念设计，将各种不同的技术在一个用户接口下，接入一个全局数据库的总体系统中，其范围从计算机技术、控制技术、过程可视化直至过程仪表和控制。要求控制系统可靠性指标无故障工作时间大于 2 年。

7.5　氢能及氢能产业

7.5.1　概述

化石燃料是当今世界能源市场的支柱和世界经济发展的动力，然而化石燃料的广泛使用，对全球环境造成了很大威胁。在满足能源需求、支持经济持续发展和保护全球环境的多重难题下，发展无碳的氢能是人类摆脱困难的重要途径。

世界能源结构在历史上发生过两次能源革命：煤炭替代薪柴，石油和天然气替代煤炭。生产力发展的需求是这两次能源革命的主要动因。现在，世界能源结构正在发生第三次革命，以化石燃料为主的能源系统转向可再生能源、氢能等多元化结构。环境要求是本次能源革命的主要动因。

氢能是理想的清洁高效的二次能源。随着制氢、氢能储运及燃料电池技术的发展，氢能已经跨过概念、示范进入产业化阶段。据统计，近三年"零排放"的氢燃料电池汽车已经商业化销售近万辆。虽然和全球汽车数量相比，氢燃料电池汽车数量还是很少，但这是氢能的萌芽，揭示氢能替代化石燃料成为现实。

氢是一种优质的交通燃料，用氢燃料电池可直接发电，采用燃料电池和氢气-蒸汽联合循环发电，其能量转换效率将远高于现有的火电厂。

可以预见，21 世纪将是氢能世纪，人类将告别化石能源而进入氢能产业时代。

7.5.2 氢能产业发展现状

7.5.2.1 国内发展情况

氢能是举世公认的清洁能源和未来终极能源。全球各国对氢能开发利用的探索始于 20 世纪末，迄今时间并不太长。2016 年 4 月，国家发展改革委和国家能源局联合发布《能源技术革命创新行动计划（2016—2030 年）》，提出把可再生能源制氢、氢能与燃料电池技术创新作为重点任务；把氢的制取、储运及加氢站等方面的研发与攻关、燃料电池分布式发电等作为氢能与燃料电池技术创新的战略方向；把大规模制氢技术、分布式制氢技术、氢气储运技术、氢能燃料电池技术等列为创新行动，这成为我国宏观战略布局氢能经济发展的开端。

在氢能经济诞生的近 20 年时间内，中国在该领域的起步和进展与全球各主要经济体保持了基本同步，但由于早期涉足该企业基本以中小企业为主，技术进展和市场培育一直都呈不温不火的状态。

局势转变发生在 2018 年初，新组建的国家能源集团牵头在北京成立了国家氢能源及燃料电池产业创新战略联盟，凭借其对氢资源的拥有量和能源全产业链的强大实力，一举把控住国内氢能产业的领导者地位。随后，国内多个地市和众多企业纷纷在氢能和燃料电池产业上作出部署。表 7-10 列出了"十三五"期间国内氢能产业布局及发展情况。

表 7-10 "十三五"期间国内氢能产业布局及发展情况

时间	事件	基本情况
2016 年 8 月	联合国开发计划署在中国的首个"氢经济示范城市"项目在江苏如皋正式启动	截至 2019 年初,该市已拥有氢能企业近 10 家
2016 年 10 月	位于广东佛山（云浮）产业转移工业园的新能源汽车生产基地投产	年产 5000 辆氢能汽车,首批量产的 28 辆氢能城市公交车在佛山、云浮两市运行,率先在佛山、云浮搭建起氢能源城市公交示范推广平台

时间	事件	基本情况
2017 年 5 月	科技部和交通运输部出台《"十三五"交通领域科技创新专项规划》	推出氢气储运技术发展,加氢站建设和燃料电池汽车规模示范,形成较完整的加氢设施配套技术与标准体系
2017 年 8 月	位于河北张家口的中国首条自动化氢燃料电池发动机大批量生产线正式投产	由亿华通动力科技有限公司研发的首台燃料电池发动机,在张家口创坝产业园内张家口燃料电池生产基地正式下线
2017 年 9 月	上海发布《上海市燃料电池汽车发展规划》	规划 2020 年建设 5～10 座加氢站,燃料电池汽车示范运营 3000 辆;2025 年建设 50 座加氢站,燃料电池汽车 3 万辆;2030 年实现产业年产值 3000 亿元
2018 年 1 月	武汉市氢能产业发展规划建议方案出炉	3 年内将以武汉开发区为核心,打造"氢能汽车之都";到 2025 年,力争氢能燃料电池全产业链年产值突破 1000 亿元,成为世界级新型氢能城市
2018 年 4 月	"长三角氢走廊建设发展规划启动会"在上海市嘉定区举行	"长三角氢走廊"将充分利用长三角资源和区位优势,以长三角高速为纽带,通过创新模式引领区域产业聚焦、升级,打造世界上独一无二的氢能与燃料电池汽车产业经济带
2018 年 4 月	华昌化工与电子科技大学签订《共建氢能联合研究院合作协议书》	合作期限为 5 年,研究院主要用于从事氢能源领域的核心技术、关键技术、系统集成与控制系统的研究与开发,产业化技术的验证测试及产品孵化与市场培育
2018 年 10 月	华熵氢能大同产业园项目签约落户山西大同	助力大同从"煤都"向建设"氢都""新能源之都"迈进
2019 年 1 月	山东省成立氢能源与燃料电池产业联盟	联盟由山东国惠、兖矿集团与山东重工 3 家省属企业发起,由 68 家省内外会员单位组成。将山东省打造成"中国氢谷",缔造"氢能社会"
2019 年 1 月	上海重塑能源科技公司和佛山市南海区人民政府签订投资协议	拟首期投资 21.6 亿元在南海区丹灶镇打造"氢能小镇"
2019 年 1 月	国家电投氢能科技发展有限公司与福田汽车及北京亿华通科技股份有限公司签署三方战略合作协议	三方通过产业联盟、技术合作、产业孵化等方式,协力提升关键技术研发水平,加快产业化建设,构建成氢能和燃料电池产业合作共享生态,打造中国氢燃料电池产业的最强经济体,共同推动 2022 年冬奥会、北京城市副中心、雄安新区、京津冀等一系列大规模的示范运营,探索打造国际一流的氢燃料电池产业的创新样板
2019 年 1 月	晋煤集团与法中能源协会就加强氢能源领域合作达成共识并签订战略合作协议	标志着晋煤集团在构建现代化综合能源体系,助力山西打造清洁能源基地进程中迈出新的步伐
2019 年 2 月	宁波市政府网站发布《宁波市人民政府办公厅关于加快氢能产业发展的若干意见》	到 2022 年,在产业链层面,制氢、储氢、运氢、加氢、燃料电池电堆、关键核心部件到燃料电池汽车、分布式能源等产业集群初步形成,力争引进和培育一批国内外有影响力的氢能龙头企业。建成加氢站 10～15 座,探索推进公交车、物流车、港区集卡车等示范运营,氢燃料电池汽车运行规模力争达到 600～800 辆,推进清洁能源制氢与储运氢能分布式系统建设

　　2019 年以来，国内又有多家企业布局氢能产业，仅山西省就有多个规划项目落地。其中，潞宝集团与北京海德利森科技有限公司合作研发生产 V1型储氢瓶加氢站基础设施，建设氢能装备零部件生产；美锦能源拟投资 100亿元，在青岛市西海岸新区建设青岛美锦氢能小镇；大同市人民政府与大同新研能源科技有限公司签订 8 亿元的氢能源项目投资协议；阳煤化工全资子公司河北正元氢能科技有限公司决定投资 28.84 亿元，新建"煤炭清洁高效综合利用项目"，打造华北最大的氢气供应商；潞安集团计划在太原布局两座、长治两座加氢站，未来在山西布局 60 座左右，与合作伙伴在山西综改示范区内共同建设燃料电池生产及系统项目，分两期建设，一期规模 1000 套/年，二期规模 2 万套/年，考虑到潞安集团有约 10 亿立方米的氢气潜在产能，目前计划建设 $20000m^3/h$ 的高纯氢项目，一期工程 $2000m^3/h$ 已完成可研和选址工作。

　　据初步统计，仅 2019 年，就有北京市、山东省、佛山市、宁波市、茂名市、张家口市、如皋市、六安市等多地相继出台了氢能和燃料电池产业相关规划，包括上海交大、晋煤集团、华昌化工等在内的众多单位也在纷纷布局氢能利用项目，详见表 7-11。

表 7-11　全国各省市氢能产业园汇总

地区	产业园	地区	产业园
湖北	雄韬氢能产业园	广东	佛山云浮产业转移工业园
山西	大同氢能产业园	河南	新乡氢能产业园
江苏	如皋市氢能产业园、苏州氢能产业示范、丹徒氢能产业园	辽宁	茂名氢能产业基地、云城氢能小镇、旅顺氢能小镇等
上海	嘉定氢能产业园	浙江	台州氢能小镇
安徽	明天氢能产业园	河北	张家口桥东区创坝园区

　　截至 2019 年，国内已形成京津冀、长三角、珠三角、华中、西北、西南、东北等七大氢能产业集群。氢燃料电池汽车已在上海、郑州、张家口、佛山、云浮、十堰等多地实现商业化运营。国内各大知名汽车企业纷纷布局，传统能源企业、汽车零部件企业、产业资本也相继在氢能燃料电池产业加大投入。

7.5.2.2　国外发展情况

　　从世界范围来看，氢能经济的兴起，是技术进步、应对气候变化压力以及能源梯级迭代等多种因素共同作用的结果。氢能及燃料电池技术作为促进经济社会实现低碳环保发展的重要创新技术，已在全球范围内达成共识。自

2002 年以来，美、德、日、韩等多国政府都已经出台氢能及燃料电池发展战略规划，美国、日本、德国等发达国家更是将氢能规划上升到国家能源战略高度。

全球各主要经济体氢能战略规划：

① 2002 年 11 月，美国能源部在世界上率先发布《国家氢能发展路线图》，在 2030—2040 年全面实现氢能源经济。但当前由于特朗普总统重视传统化石能源，重新夺取传统能源全球领导权，美国氢能等新兴能源发展计划被延缓。

② 2017 年底，日本政府发布"氢能源基本战略"，主要目标包括，未来通过技术革新等手段把氢能源发电成本降低至与液化天然气发电相同的水平，到 2030 年左右，实现氢能源发电商用化，以削减碳排放并提高能源自给率，在氢能源利用方面引领世界。

③ 2019 年 2 月 12 日，燃料电池和氢能联合组织（FCHJU）发布"欧洲氢能路线图：欧洲能源转型的可持续发展途径"，提出了未来 30 年欧洲氢能发展规划：到 2030 年，欧洲氢能相关产业的产值规模将达到约 1300 亿欧元，相关净出口额将达到 500 亿欧元；到 2050 年，产业的产值规模将达到 8200 亿欧元，可占欧洲最终能源需求的 24％，创造 540 万个工作岗位，欧洲 10％～18％建筑的供暖和供电可以由氢能提供，工业中 23％的高级热能可由氢能提供。

④ 2019 年初，韩国政府正式发布"氢能路线图 2040"。韩国政府将氢能产业定为三大战略投资领域之一，计划到 2040 年，氢燃料电池汽车累计产量由目前的 2000 余辆增至 620 万辆，氢燃料电池汽车加氢站从现有的 14 个增至 1200 个。氢能产业创造出 43 万亿韩元（约合 2952 亿元人民币）的年附加值。氢能经济将成为韩国下一个经济增长引擎。

国际氢能委员会最新发布的《氢能源未来发展趋势调研报告》显示，到 2050 年，氢能源需求将是目前的 10 倍，氢能源将占整个能源消耗量的大约 20％。预计到 2030 年，全球燃料电池乘用车将达到 1000 万～1500 万辆。巨大的市场潜力使各国和各大企业加大了对氢能产业的研发，希望通过发展氢能，来解决能源安全问题，并掌握未来国际能源领域的制高点。

从产业化来说，当前在日本、美国、德国等地，氢燃料电池车部分已经投入使用。丰田 FCV 燃料电池商业车的最大续航里程约为 700 公里，美国"尼古拉"燃料电池拖车头最大输出 1000 马力，德国已批准燃料电池火车用于商业化。2018 年 5 月，李克强总理访问日本期间，专程参观日本丰田研发的氢能概念车 Mirai，炫酷前卫的车型在网上流传，诱发人们对氢能燃料电池汽车的无限遐想。2018 年 9 月，全球首批两列氢能源火车在德国首次投入服务，时速可达 140 公里，每次充气后续航时间达 1000 公里，并且在行驶过程中几乎没有噪声。2018 年 10 月，第一届世界氢能大会在韩国昌源举行，韩国现代汽车公司在展会上展出了已经量产的 NEXO 氢能燃料电池车。作为发展氢能源的基础设施布局，韩国还建起了世界最大和亚洲首个燃料电池制造工厂——浦项燃料电池枢纽，年生产能力达 50MW。

不仅是汽车（列车），发电、工业能源、建筑等同样是氢能和燃料电池的重要领域。在日本，家用燃料电池热电联供系统已投入使用，使家庭有了自己的"发电站"和"供暖站"。在航天领域，大推力火箭的动力来源也开始大量采用氢能。

虽然氢能在研发、制造、应用等方面已有较成熟的产业链，但各国的氢能发展也面临很大障碍。氢燃料汽车居高不下的价位和民众对氢能认识的缺乏是最主要的发展障碍，加氢站等配套设施不足也制约了民众选购的热情。2018 年，韩国现代首次量产 NEXO 氢能燃料电池车在韩国内仅卖出不到 500 辆，途胜氢燃料电池汽车在全球市场一共也才卖出 900 余辆。卖不动的原因，在韩国国内消费者看来，关键还是价格太贵，售价高达 7000 万韩元（约合 47.6 万元人民币）。此外，当前韩国全国仅有 11 座加氢站，其中只有 6 座对公众开放。

很显然，当前全球氢能产业发展依然处于初期阶段，氢能产业大规模商用化面临三大难关（加氢源不足、价格太高、配套缺乏），短期之内不可能有实质性的突破。

7.5.3　氢能利用体系

氢能利用体系包括：氢气的制造、氢气的储存、运输、加氢站和利用（含燃料电池的制造）等，亦称为氢能的产业链。

氢气的制造方法很多，本书前节以焦炉煤气提氢为主已有介绍，在此不再赘述。

下面主要介绍氢气的储存、运输、加氢站以及主要应用领域。

7.5.3.1　氢气的储存

氢气的储存方式主要有三种，分别为气态储氢、液态储氢、固态储氢。另有有机液体储氢，技术难度高、操作条件严苛，在此不作介绍。

气态储氢主要是将氢气直接储存在高压容器中，又可细分为低压储存和高压储存。低压储存使用巨大的水密封储槽储存，高压储存是通过对氢气加压减小体积储存在容器中。液态储氢是将氢气冷却到一定低的温度，使氢气呈现液态，然后再将其储存到特定容器中。固态储存是利用金属合金（一般称为储氢合金）晶格间隙吸附氢原子（涉及到氢气分子转化为氢原子的过程），同时还可以在表面结合一部分氢分子。

气态储氢是目前主流的储氢方式。气态储氢最大的优点是使用方便，储存条件易满足，成本低。液态储氢需要先提供极低的温度，之后储存的容器还必须采用双层真空隔热结构，液态氢沸点低，仅为 20.38K（−253℃），气化潜热小，仅为 0.91kJ/mol，罐内液氢和外界存在着巨大的温度差，一旦隔热工作没做好，液氢将大规模沸腾挥发损失，目前的技术只能保证液氢每天 1%～2% 的挥发，作为对照，汽油每月只损失 1%。固体合金储氢可以做到安全、高效、高密度，不仅可以在表面吸附氢分子，还可以在一定温度和压力下让氢分子分解成为氢原子，进入合金的八面体或四面体间隙（金属原子堆垛时形成的空隙），形成金属化合物，可吸收相当于储氢合金体积 1000～3000 倍的氢气，储氢能力极其强大。常见的储氢合金有钛系合金、锆系合金、铁系合金、稀土系合金。其主要问题在于储存和释放氢气的过程主要是化学反应的过程，需要一定的温度和压强环境，使用不方便，同时氢合金一般成本较高。

表 7-12 列出了不同储氢方式的对比。

表 7-12 不同储氢方式对比

储氢方式	气态储氢	液态储氢	固体合金储氢
单位质量储氢密度（质量分数）/%	>4.5(高压)	>5.1	1.0～2.6
单位体积储氢密度/(kgH$_2$/m^3)	26.35(40MPa,20℃) 39.75(70MPa,20℃)	36.6	25～40
优点	应用广泛、简便易行的储氢方式，而且成本低、充放气速度快，且在常温下即可进行	储氢密度高,安全性较好	体积储氢容量高,无需高压及隔热容器,安全性好,无爆炸危险,可得到高纯氢,提高氢的附加值
缺点	需要厚重的耐压容器，并需要消耗较大的氢气压缩功,存在氢气易泄漏和容器爆破等不安全因素	氢气液化成本高,能量损失大,需要极好的绝热装置来隔热,才能防止液态氢不会沸腾气化,导致液体储存箱非常庞大	技术复杂,投资大,运行成本高
关键部件	厚重的耐压容器	必须设置冷却装置,并且配备较好的保温绝热保护层	利用稀土等储氢材料做成的金属氢化物储氢装置

储氢方式	气态储氢	液态储氢	固体合金储氢
关键技术	氢气压缩技术	冷却技术,绝热措施	一定温度和氢压力下,能可逆的大量吸收、储存和释放氢气
成本	较低	较高	较高

目前,我国多以气态 35.0MPa 和 70.0MPa 两级高压气态储氢方式为主。

虽然气态储氢目前使用较多,但是固态合金储氢性能卓越,是三种方式中最为理想的储氢方式,是储氢科研领域的前沿方向之一。随着技术的不断进步,储氢合金吸收释放氢气的条件要求可能会逐渐降低和改善,非稀土系金属合金的开发研究可以降低储氢成本,储氢合金使用便利性的提升和成本的降低有望使得储氢合金成为未来主流的储氢方式。

7.5.3.2 氢气运输

根据储氢方式的不同,氢气运输可分为气态氢运输、液态氢运输、有机液体储氢运输和固态储氢运输。

气态氢气运输指氢气经加压至一定压力后,利用集装格、长管拖车和管道等工具输送;液态氢气运输是将氢气深冷至 $-253℃$ 以下液化,利用槽罐车等输送;有机液体储氢运输是利用不饱和芳香烃、烯炔烃等作为储氢载体实现氢气输送;固态储氢运输是通过金属氢化物吸附氢气实现氢气输送。

气态氢气运输、液态氢气运输为目前业界主要使用的方式,有机液体储氢运输、固态储氢运输由于目前技术、成本等条件制约,尚未进入广泛应用阶段。

下面分别简单介绍气氢拖车运输、气氢管道运输和液氢罐车运输三种氢气运输方式。

(1) 气氢拖车运输

气氢拖车运输适用于将制氢厂的氢气输送到距离不太远而同时氢气用量不很大的用户。

我国常用的高压管式拖车一般装 8 根高压储气管。其中高压储气管直径 0.6m,长 11m,工作压力 35MPa,工作温度为 $-40\sim60℃$,单只钢瓶容积为 2.25m³,重量 2730kg。这种车总重 26030kg,装氢气 300kg 以上,输送氢气的效率只有 1.1%。由于常规的高压储氢容器的本身重量很重,而氢气的密度又很小,所以装运的氢气重量只占总运输重量的 1%~2%左右。未来更高压力的存储会提升载氢能力。目前我国采用材料-工艺-结构一体化的优化设计方法制造的 70MPa 车用高压缠绕氢气管束钢瓶,多项技术指标也达到了国际先进水平。

（2）气氢管道运输

气氢管道运输适用于点对点、规模大的氢气运输，前期投入成本较高。由于氢气与某些金属存在氢脆现象，管道材料有特殊要求，成本高、造价贵。

来自 Hydrogen Analysis Resource Center 的统计数据显示，目前全球共铺设 4284 公里输氢管道，其中 56％设在美国，37％位于欧洲，欧洲大约有 1500 公里输氢管道。世界上最长的输氢管道建在法国和比利时之间，长约 400 公里。目前使用的输氢管线一般为钢管，运行压力为 1～2MPa，直径 0.25～0.30m。

在我国，大规模的低压管道运输还没有形成。2016 年，中石化管道局在河南省济源市工业园区-洛阳市吉利区建成了氢气管道，该氢气管道材质为 245NS 无缝钢管，管径 508mm，设计压力 4.0MPa，年输氢量 10.04 万吨，全长 25 公里，是我国目前管径最大、压力最高、输气量最高的氢气管道。

（3）液态氢气运输

液态氢气运输是将氢气深冷至−253℃以下液化，利用槽罐车等输送，单车载氢能力是气态载氢的 10 倍以上，运输效率大大提高，综合成本降低。但是该运输方式增加了氢气液化深冷过程，对设备、工艺、能源的要求更高。

液氢槽罐车运输在国外应用较为广泛，国内目前仅用于航天及军事领域，但相关企业已着手研发相应的液氢储罐、液氢槽车，如中集圣达因、富瑞氢能等公司已开发出国产液氢储运产品。

7.5.3.3　加氢站

加氢站是为燃料电池车辆及其他氢能利用装置提供氢源的重要基础设施。为了支持氢能源的发展，各国积极建设氢能源加氢站等配套设施。根据规划，到 2020 年，中国将建成 100 座加氢站，2030 年将建成 1000 座加氢站。日本计划在 2020 年前建成 160 个加氢站，韩国计划到 2020 年建成 80 座加氢站，德国到 2020 年也预计达到 100 座加氢站的规模。世界上几个大国都以 2020 年建设 100 座加氢站为目标。

加氢站有站内制氢和站外制氢两种模式。站内制氢通常采用电解水制氢和天然气（或液化气）水蒸气转化制氢工艺，站内制氢的优势在于可以节省氢气运输成本、减少加氢站氢气储罐的容积；不足之处在于制氢设备占地较大，限制其应用；另外，由于汽车氢气加注的随机性，制氢设备需要经常启停，操作管理困难。更重要的是，目前除新批准加氢站建设用地外，国内油氢合建站、气氢合建站加氢站还不允许采用站内制氢。主要原因是，现有加油站、加气站土地属于商业用地，而增加在站制氢设备后，其土地性质变为了工业用地，在政府审批、消防验收等环节很难通过。

与站内制氢相对应的是站外制氢。氢气在化工厂、制氢厂经过净化并压缩后，通过长管拖车运输或管道输送至加氢站，加氢站内设置氢气存储、压缩、加注设施。国内目前运营的加氢站以站外制氢、长管拖车运输为主。

我国的加氢站建设虽然起步较晚，但近几年发展却十分迅速，已初具规模，进入示范运营阶段。随着国家政策对氢能与氢燃料电池汽车的持续支持及各地区加氢站建设补贴的出台，我国的加氢站建设从前期的日加注量200kg/d逐渐向500kg/d甚至1000kg/d增加，并且固定式加氢站的建设数量开始增多。

7.5.3.4 氢能的主要应用领域

氢能源作为一种高效清洁的能源，被认为是人类能源问题的终极解决方案。随着技术的不断进步，氢能源已在越来越多的领域中得到广泛应用。

① 航天：早在二战期间，氢即作为 A-2 火箭推进剂。1970 年，美国"阿波罗"登月飞船使用液氢作为火箭的燃料。目前，科学家们正研究一种"固态氢"宇宙飞船。固态氢既作为飞船的结构材料，又作为飞船的动力燃料，在飞行期间，飞船上所有的非重要零部件都可作为能源消耗掉，飞船就能飞行更长的时间。

② 交通：在超声速飞机和远程洲际客机上以氢作动力燃料的研究已进行多年，目前已进入样机和试飞阶段。德国戴姆勒-奔驰航空航天公司以及俄罗斯航天公司从 1996 年开始试验，已证实在配备有双发动机的喷气机中使用液态氢，其安全性有足够保证。美国、德国、法国等国家采用氢化金属储氢，而日本则采用液氢作燃料组装的燃料电池示范汽车，已进行了上百万公里的道路运行试验，其经济性、适应性和安全性均较好。美国和加拿大计划从加拿大西部到东部的大铁路上采用液氢和液氧为燃料的机车。

③ 民用：除了在汽车行业外，燃料电池发电系统在民用方面的应用也很广泛。氢能发电，氢介质储能与输送以及氢能空调、氢能冰箱已经实现。氢燃料电池在民用方面的应用也十分广泛，如手机、电脑、通讯站的备用电源等，燃料电池的小型电站系统也已开始被人们应用。

④ 其他：以氢能为原料的燃料电池系统除了在汽车、民用发电等方面的应用外，在军事方面的应用也显得尤为重要，德国、美国均已开发出了以 PEMFC 为动力系统的核潜艇，该类型潜艇具有续航能力强、隐蔽性好、无噪声等优点，受到各国的青睐。

7.6　氢能在汽车领域的应用

7.6.1　氢燃料电池及其应用

7.6.1.1　氢燃料电池

燃料电池是一种将燃料与氧化剂的化学能通过电化学反应直接转换成电能的发电装置。最常见的燃料为氢，也可以是任何能分解出氢的化合物，例如天然气、甲醇等。

表 7-13 列出了主要燃料电池类型的技术特征。

表 7-13　主要燃料电池类型的基本技术特征

项目	质子交换膜燃料电池(PEMFC)	固体氧化物燃料电池(SOFC)	熔融碳酸盐燃料电池(MCFC)	磷酸燃料电池(PAFC)	碱性燃料电池(AFC)
电解质	质子交换膜	陶瓷	熔融碳酸盐	磷酸	氢氧化钾溶液
燃料	氢气	氢气,天然气	氢气,天然气	氢气	氢气
载流子	氢离子	氧离子	碳酸根	氢离子	氢氧根
工作温度/℃	60~80	800~1000	600~700	160~220	0~230
电效率/%	40~60	55~65	55~65	36~45	60~70
催化剂	铂	非贵金属	非贵金属	非贵金属	—
主要优势	技术成熟、启动快、寿命长	燃料适应性广	燃料适应性广	材料、电解质成本低	燃料适应性广、启动快
主要劣势	催化剂昂贵,电解质易被一氧化碳和硫中毒	工作温度高,启动慢,材料成本高	材料昂贵,寿命低,电解质有腐蚀性	氢氧纯度要求高,电解质易被二氧化碳中毒	密封问题,材料在高温下工作存在问题

由上表可知，各种燃料电池技术各有其适用的场景。综合考虑，最适用于乘用车的燃料电池技术是质子交换膜燃料电池，也就是常说的 PEMFC（proton exchange membrane fuel cell）氢燃料电池。同其他燃料相比，氢的最大优势是超高的质量能量密度和可接受的体积能量密度（需压缩氢气或液化），远超其他能源的质量能量密度，正是凭借这一点，氢能源汽车才能拥有长续航能力。

氢燃料电池的主要特点如下：

（1）氢燃料电池的工作原理

氢燃料电池发电的基本原理是电解水的逆反应，其单电池由阳极、阴极和质子交换膜组成，阳极为氢燃料发生氧化的场所，阴极为氧化剂还原的场所，两极都含有加速电极电化学反应的催化剂，质子交换膜作为电解质。工作时相当于直流电源，其阳极即电源负极，阴极为电源正极。

两电极的反应分别为：

阳极（负极）　　　$2H_2 - 4e^- \longrightarrow 4H^+$

阴极（正极）　$O_2 + 4e^- + 4H^+ \longrightarrow 2H_2O$

（2）发电效率

传统的火力发电站的燃烧能量大约有70%要消耗在锅炉和汽轮发电机这些庞大的设备上，发电效率一般不超过40%；而使用氢燃料电池发电，是将燃料的化学能直接转换为电能，不需要经过热能和机械能（发电机）的中间变换，发电效率可以达到50%以上。

（3）减排

氢燃料电池的反应方程式非常简单，$2H_2 + O_2 \longrightarrow 2H_2O$，没有氮氧化物和二氧化碳排放。当然，与电动车碳排放的争议相似，从全生命周期的角度来看，发电或制氢是免不了有碳排放的。目前的主流观点是，即便是我国目前火电占发电总量70%的情况下，纯电动汽车的碳排放还是优于燃油车，氢燃料电池汽车与纯电动汽车的碳排放量相当或更低。

7.6.1.2　氢燃料电池的应用领域

氢能源的应用有两种方式：一是直接燃烧（氢内燃机），二是燃料电池技术。燃料电池技术相比氢内燃机效率更高，故更具发展潜力，氢能源应用以燃料电池为基础。

氢燃料电池的应用领域广泛，早在20世纪60年代就因其体积小、容量大的特点而成功应用于航天领域。进入70年代后，随着技术的不断进步，氢燃料电池也逐步被运用于发电和汽车。现如今，伴随各类电子智能设备的兴起以及新能源汽车的风靡，氢燃料电池主要应用于三大领域：固定领域、便携式领域、交通运输领域。

从市场的观点来看，燃料电池因其稳定性和无污染的特质，既适宜用于集中发电，建造大、中型电站和区域性分散电站；也可用作各种规格的分散电源、电动车、不依赖空气推进的潜艇动力源和各种可移动电源；同时也可作为手机、笔记本电脑等供电的优选小型便携式电源。目前市场主要集中在亚洲和北美地区。

燃料电池下游主要应用领域见图7-10。

（1）固定式领域

固定式燃料电池行业正处于一个非常活跃的阶段，许多公司计划开发或安装固定式燃料电池系统。由于现代社会对电力系统的稳定性及在自然灾害

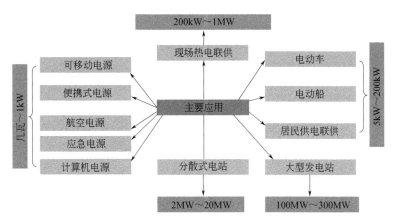

图 7-10　燃料电池下游主要应用领域

情况下电力的持续供应要求的增加，固定式燃料电池系统作为小型发电及备用电源系统得以迅速发展。美国 MetroPCS、AT&T 和 Sprint 等电信运营商已经开始对燃料电池基站备用电源产生依赖，最新的燃料电池系统可方便地安装在屋顶。

（2）便携式领域

便携式燃料电池具有体积小、重量轻、效率高、寿命长、运行温度低、红外信号低、隐身性能好、运行可靠、噪声低、污染少等优点。

便携式电源市场包括非固定安装的或者移动设备中使用的燃料电池，适用于军事、通讯、计算机等领域，以满足应急供电和高可靠性、高稳定性供电的需要。实际应用的产品包括高端手机电池、笔记本电脑等便携电子设备、军用背负式通讯电源、卫星通信车载电源等。

（3）交通运输领域

车用燃料电池作为动力系统有着续航里程长、加氢时间短和无污染等优势，是目前发展最迅猛，也是关注度最高的应用领域。交通运输市场包括乘用车、巴士/客车、叉车以及其他以燃料电池作为动力的车辆，其他如特种车辆、物料搬运设备和越野车辆的辅助供电装置等是交通运输商业化的另一主要领域。物流运输市场非常巨大，以燃料电池为动力的叉车是燃料电池在工业应用内最大的部门之一。

另外，燃料电池在无人机、航空、高速列车上也有着广泛的应用。通常情况下，无人机续航在 30～60 分钟左右。氢燃料电池具有续航时间长，加注氢气时间短（几分钟就能完成），同时生命周期内性能衰减小的绝对优势，已成为无人机功能体系的一个强势可替代选项。目前，也有航空公司在布局航空用氢燃料电池，氢燃料电池也已在高速列车上得到了应用。

7.6.2 氢燃料电池汽车

7.6.2.1 以氢气为燃料的燃料电池发电机系统

以氢气为燃料的燃料电池发电机系统包括：氢气供应、管理和回收系统，氧气供应和管理系统，水循环系统，电力管理系统等，如图 7-11 所示。

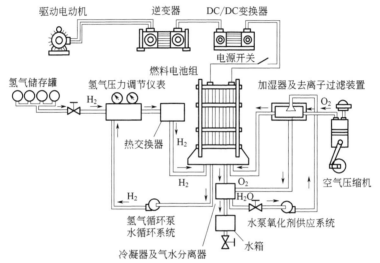

图 7-11 以氢气为燃料的燃料电池发电机系统

下面分别对各系统进行简单介绍。

（1）氢气供应、管理和回收系统

气态氢的储存装置通常用高压储气瓶来装载，对高压储气瓶的品质要求很高。为保证燃料电池电动汽车一次充气有足够的行驶里程，就需要多个高压储气瓶来储存气态氢。一般轿车需要 2~4 个高压储气瓶，大客车上需要 5~10 个高压储气瓶。液态氢虽然比能量高于气态氢，但由于液态氢处于高压状态，不但需要用高压储气瓶来储存，还需要设置低温保温装置来保持低温，低温保温装置是一套复杂庞大的系统。

在使用不同压力的氢气（高压气态氢和高压低温液态氢）时，需要使用不同的氢气储存容器，不同的减压阀、调节阀、安全阀、压力表、流量计、热量交换器和传感器等来进行控制，并对各种管道、阀门和仪表等的接头处采取严格的防泄漏措施。从燃料电池中排出的水，含有未发生反应的少量的氢气。正常情况下，从燃料电池排出的氢气应低于 1%，需要采用氢气循环泵将这些少量的氢气回收。

（2）氧气供应和管理系统

氧气的来源分为从空气中获取或从氧气罐中获取两种。从空气中获取氧气时，需要用压缩机来提高压力，以增加燃料电池反应的速度。在燃料电池系统中，配套压缩机的性能有特定的要求，压缩机质量和体积会增加燃料电池发电机系统的质量、体积和成本，压缩机所消耗的功率会使燃料电池的效率降低。空气供应系统的各种阀门、压力表、流量计等的接头处要采取防泄漏措施。在空气供应系统中还要对空气进行加湿处理，保证空气有一定的湿度。

（3）水循环系统

燃料电池发电机在反应过程中将产生水和热量，需要在水循环系统中利用冷凝器、气水分离器和水泵等，对反应生成的水和热量进行处理，其中一部分水可以用于空气的加湿。另外还需要设置一套冷却系统，以保证燃料电池的正常运作。

燃料电池（FC）是以燃料的电化学反应发电，只要不断提供燃料就可以不断发电。燃料电池的工作温度一般在 $60\sim100℃$（燃料电池组的出口温度约为 $80℃$），其排热方式主要有：电池组本体外部冷却法，冷却剂通过电池组内部管道进行循环，电极气体通过外部冷却器进行循环，电解液通过外部冷却器循环等方法。电动机和控制器的允许冷却液温度为 $55\sim60℃$，这和燃料电池的最佳工作温度相差较大，不能将电动机、电动机控制器和燃料电池串联，须设有专门的冷却装置。因此，整车一般采用高低温两套冷却循环回路。一套为高温回路，采用燃料电池串联汽车空调的加热器和散热器，加热器在冬季为采暖供热，散热器用来冷却电池组；另一套为低温回路，用来冷却电动机和控制器。燃料电池的冷却介质为无离子水，这是由电池本身决定的，因此要有去离子装置。由于冷却水温度在 $100℃$ 以下，与外界的温差小，导致燃料电池电动汽车的散热器体积较大。

（4）电力管理系统

燃料电池所产生的是直流电，需要经过 DC/DC 变换器进行调压。在采用交流电机的驱动系统中，还需要用逆变器将直流电转换为三相交流电。以氢气为燃料的燃料电池发电机各种外围装置的体积和质量约占燃料电池发电机总体积和质量的（1/3）～（1/2）。

7.6.2.2　燃料电池汽车企业及燃料电池汽车

表 7-14 列出了国内主要的燃料电池汽车企业及燃料电池汽车。

表 7-14　国内主要燃料电池汽车企业及燃料电池汽车

企业名称	燃料电池汽车
福田公司	2006 年,福田与清华大学合作,开发了第一代的燃料电池车,服务于北京奥运会;2008 年,推出国内首款氢燃料电池客车;2013 年,福田汽车与亿华通共同研发氢燃料电池电动物流车;2014 年,福田生产 5 辆第二代 12m 氢燃料电池电动客车;2016 年 5 月,福田汽车开启氢燃料电动客车的商业化运作,与有车(北京)新能源汽车租赁有限公司签订了 100 辆 8.5m 氢燃料电动客车销售合同,已有 28 辆正式运行;目前,福田欧辉氢燃料电池客车已涵盖 8.5m、10.5m、12m 等多种产品,同时覆盖了城市客车、城间客车、旅游车、定制班车等多种用途类型
宇通公司	2009 年,成功推出了第 1 代增程式燃料电池客车;2013 年,第 2 代电电混合燃料电池城市客车问世,并建设了加氢站;2014 年,宇通获得国内商用车领域首个燃料电池客车资质认证;2015 年,宇通取得国内首款燃料电池客车"公告";2016 年 5 月,宇通第 3 代燃料电池城市客车正式发布,并与亿华通签订 100 辆燃料电池客车合作意向书
上汽集团	2008 年,上汽集团与同济大学共同开发了 20 辆燃料电池汽车,作为北京奥运会赛事公用车;2010 年,上汽集团提供了 40 多辆燃料电池汽车作为上海世博会公用车辆使用;2015 年,上汽第 4 代荣威 950 插电式燃料电池车亮相上海车展,续航里程可达 400km,−20℃低温下正常启动;2016 年,北京车展上,上汽大通发布采用氢燃料电池作为动力的 V80 燃料电池版,最高车速可达 120km/h;2017 年,广州车展上,上汽大通的 FCV80 氢燃料电池车实现了量产,并签订 100 辆的订单
奇瑞新能源	2010 年,在上海世博会公用车运营燃料电池汽车;2016 年,展示艾瑞泽 3 燃料电池增程电动车;2018 年,芜湖科博会上,奇瑞展示艾瑞泽 5 氢燃料电池增程式电动车,综合续航里程(NEDC)达到 542km,最大续航里程 704km(匀速状态)
中通客车	2017 年 1 月,中通客车 LCK6900FCEVG 下线,成为国内首款 9m 氢燃料电池客车,该款车的燃料电池电堆净输出功率超过 32kW,使用寿命超过 10000h,标准工况运行续航里程可达 400km;目前,中通客车试验了 3 种车型,包括 12m 公交车、9m 客运车、6m 物流车,并在 2018 年进行小批量的试运行
苏州金龙	2016 年 5 月,展出氢燃料电池公交客车,配装 75kW 燃料电池发动机系统,最高时速 75km/h,续航里程超过 320km
中植集团	2016 年,中植集团推出了一款 12m 氢燃料电池客车,续航里程(城市工况且开启空调)可达 500km 以上
佛山飞驰	2016 年 9 月,佛山飞驰举行了全国首条氢能源城市公交车示范线路开通仪式,共投入了 12 辆燃料电池公交车;2017 年 6 月,由佛山飞驰、广东国鸿和北京亿华通联合研制的 5 辆氢燃料电池城市客车在广东云浮市城区投入运营
扬子江汽车	2016 年 9 月,全球首台常温常压氢能公交车"泰歌号"正式下线;2017 年 9 月,扬子江推出的第 2 代氢燃料电池客车"氢扬号"续航里程达到 400km,标志着"常温常压储氢技术"商业化应用上取得重大突破
南京金龙	2016 年,与加拿大企业合作研发氢燃料电池技术。截至 2019 年,有 5 台 12m 燃料电池公交车在苏北地区开始试运行
中国重汽	2014 年 12 月,重汽启动氢燃料汽车研发工作,并于 2017 年 5 月底实现氢燃料港口牵引车装配首辆样车运行
中国陕汽	2018 年 2 月,陕汽控股在"2035 战略"规划发布会现场,展示了国内首辆德龙 L3000 氢燃料电池环卫车,续航里程 300km

7.6.3　氢能发动机汽车

　　目前,车用氢能主要有两种利用方案:一种是燃料电池,通过氢的离子化转化成电能;另一种是氢内燃机,通过氢的燃烧使化学能转化为机械能。

燃料电池汽车存在着车体庞大、冷启动性能差、高负荷运行时效率低、续航里程及寿命有限、价格昂贵的缺点，加之目前燃料电池汽车相关基础设施建设较少，也缺少健全的标准和规范，因此，在短期内很难达到大规模产业化和市场化。相比较而言，发展氢内燃机更实际可行。

氢燃料内燃机工作原理和点燃式内燃机相同，只需在结构上对传统内燃机做局部修改即可，如供氢系统、喷氢系统等。

氢发动机属于点燃式发动机。由于氢燃料储存的压力和形态分为压缩氢、液态氢和吸附氢三种，根据混合气形成方式不同，氢发动机可分为外部混合（预混式）、内部混合（缸内喷射式）和内外组合混合等几种型式。

① 预混式氢发动机。所谓预混式，即缸外混合技术，是让气态氢与空气在机外形成混合气，然后由进气道在进气行程送入气缸，由火花塞或电热塞引燃，也可以用柴油引燃。这是使用氢燃料最简单的技术，所以，目前国内外研发的氢发动机大部分都采用这种形式。采用预混式燃料，对传统发动机结构不需要很大的改动；而且由于在该发动机内，各缸燃料分配均匀，所以，混合气形成和燃烧较易组织。但是，预混式燃氢发动机在运行中无法避免回火和早燃等异常燃烧现象，输出功率一般也较低。

② 缸内喷射式氢发动机。缸内喷射式指在进气阀关闭后将氢燃料直接喷入缸内。压缩行程开始后，气缸内气体压力是逐步上升的，在压缩行程的不同时期，喷入缸内的氢气压力必须是不同的，压力高低需要与缸内气体压力相匹配。氢气在压缩行程初期喷入的称为低压喷射型，在压缩行程末期将压力为 8MPa 以上的氢气喷入气缸的称为高压喷射型。采用缸内喷射，氢气不再占据气缸容积，这样就避免了预混式氢发动机气缸内可燃混合气总量较少的缺点。另外，由于换气过程中新鲜空气对燃烧室的冷却作用，大大减少了不正常表面点火的发生，发动机工作平稳可靠。低压喷射型虽可控制回火，但喷入常温下的氢气时，易发生早燃等异常燃烧，功率只能与汽油机水平相当。而喷入低温（$-50\sim0℃$）氢气，虽可抑制早燃和提高发动机功率（功率比汽油机高 20%），但是运行成本上升，还受到发动机运动副的耐冻能力和循环工作情况的限制。高压喷射型由于氢气和空气混合不良，只是热效率稍低，但不会发生回火和早燃等异常燃烧，并可提高压缩比，从而提高输出功率和补偿热效率，改进发动机的整体性能，但是高压喷射对喷氢系统有很高的要求。

③ 内外组合混合式发动机。在采用缸内高压喷射时，由于氢喷入缸内会吸热，氢的自燃温度又高，导致着火困难。采用缸内喷射与进气道喷射相结合的方式喷氢，使得少量氢和空气在进气管预混后进入气缸，其余大部分氢

气在压缩末期高压喷入气缸，可以有效改善发动机的着火性能，从而降低了NO_x的排放。日本古滨庄一等人采用缸内喷射（喷射压力为5MPa）和预混（过量空气系数为4）相结合的方式进行试验，结果表明，与全部预混的方式相比，这种方式更有利于在过量空气为1附近正常燃烧，并能获得较低的NO_x排放量。

7.6.4 氢能汽车产业链的发展方向

2017年，国内生产燃料电池汽车1226辆，几乎全是商用车，其中物流车占到了94%，客车占到6%。

2018年1月至2018年5月，国内燃料电池客车产量为150辆，上汽和北汽福田共占据84%的市场份额。

目前阶段，国内市场物流车是主要需求，但是未来随着技术的不断进步，物流车占比会有所下降，乘用车会成为主要需求，乘用车和客车领域将会出现较大的增长。

国内氢能源汽车环节，短期内仍将以商用车为主。在补贴政策的激励下，更多的传统燃油商用车产能会向氢燃料电池汽车转换。中长期来看，乘用车仍是未来的主要市场。商用车（尤其是客车）可以简单地通过增加储氢瓶来增加续航能力，对储氢技术的要求不高，同时国家的补贴力度大，因此，商用车对成本的敏感性更低。这些因素决定了，未来我国氢能源汽车市场首先爆发的将是商用车市场，之后，在技术进步与成本降低的带动下，乘用车市场才会有大的发展。

综上所述，对未来氢能汽车产业链的发展方向，初步可以得出如下的结论：

在制氢环节，中央制氢与加氢站分布式制氢相互补充是较为合理的模式，制氢技术路线会根据制氢地点、资源禀赋有所变化。

在储氢环节，未来一段时期主要的方案仍将是高压气态储氢。气态储氢毕竟方便快捷，液态储氢和固态合金储氢无论是从可操作性还是从技术要求上来讲都较为复杂，不适合在储氢站和氢能源燃料电池汽车上应用。

在加氢站环节，站内制氢加氢站是长期的发展趋势，外供氢加氢站在短期内将与站内制氢加氢站共存。

在燃料电池环节，目前低端车型使用自主研发的性能有待提升的燃料电池系统，而高端车型则直接采用国外性能领先的燃料电池系统。未来10~20年，在国内技术突破之后，国产化燃料电池系统将迎来更大的发展。

在氢燃料电池汽车环节，目前的主流市场是物流车，这是因为物流车对燃料电池系统和储氢罐的要求不像乘用车那么高。2～3 年的短期内，尚难看到乘用车市场的大规模爆发，未来经过 10～20 年的发展，主要市场将集中在乘用车领域。

7.6.5 我国氢能源发展与展望

低碳转型发展是中国应对内外部新形势挑战的共同要求，氢能的开发与利用是能源清洁化发展的重要方向。发展氢能配合燃料电池技术，有利于降低我国交通运输业对石油、天然气的依存度，氢能在调整能源结构、促进能源革命、提高可再生能源的利用率等方面，必将发挥不可替代的作用。

国际氢能源委员会发布的报告称，至 2050 年，在全球范围内，氢能产业将创造 3000 万个工作岗位，减少 60 亿吨 CO_2 排放，创造 2.5 万亿美元的价值，承担全球 18％的能源需求。目前，很多国家已经出台了氢能及燃料电池发展战略路线图，美国、日本、德国、韩国、法国等国家更是将氢能规划上升到国家战略高度。

2019 年 4 月，我国在北京世界园艺博览会上，将绿色发展理念再一次传向世界。绿色发展，能源先行，在当年的政府工作报告中，特别提出"推动充电、加氢站等设施的建设"，标志着氢能产业的发展已经上升到国家能源的战略高度。

在 2019 年成都首届国际氢能及燃料电池产业大会上，国家能源投资公司、中国三峡集团、东方电气集团与成都市人民政府共同签署了"氢能及燃料电池产业战略合作协议"，进一步推动氢能和燃料电池产业的迅速发展。

为确保我国氢能及燃料电池产业快速有序发展，专家建议：

① 建议国家有关部委将氢能纳入国家能源体系，推动氢能成为国家战略的主要组成部分。制定氢能产业发展战略及实施路线图，建立科学长效的产业发展扶持与激励政策。

② 建议明确氢能产业的主管部门，加强行业管理，规范行业协调与监管，推动氢能产业的科学有序发展。

③ 建议制定氢能源及燃料电池国家重大专项工作方案，积极参与国际大科学工程科技创新，加强全球协同创新，掌握氢能关键核心技术，推动氢能产业的自主核心技术与装备的发展。

在国家和地方相关政策的指导下，我国的氢能产业定会按既定的方针，健康有序地发展。氢能将成为 21 世纪的主要能源之一，为人类社会的发展做出应有的贡献。

第八章
焦炉煤气的综合利用方案

8.1　概述

由于焦炉煤气中含有 H_2 55%～60%、CO 6%～9%、CO_2 2%～3%、CH_4 20%～25%和 C_nH_m 2%～2.5%。在化工利用时，可将 CH_4、C_nH_m 转化为 H_2＋CO，用于生产甲醇；或进一步将 CO 变换为 H_2，生产合成氨；也可将 CO、CO_2 和 H_2 合成为 CH_4，生产合成天然气。

CH_4 转化为 H_2 和 CO 是吸热反应，$CH_4 + H_2O \longrightarrow CO + 3H_2 + Q$，需要消耗大量的能量和有效气，一般消耗的有效气约占焦炉煤气总有效气的 25%～26%，也就是说，转化 CH_4 生产化工产品，要比不转化 CH_4 减少 26%的产品。同理，CO、CO_2 加氢合成为 CH_4，生产合成天然气，即 $CO + 3H_2 \longrightarrow CH_4 + H_2O$、$CO_2 + 4H_2 \longrightarrow CH_4 + 2H_2O$，也要消耗有效气，一般要消耗焦炉煤气中总有效气的 22%，同样要减少超过五分之一的化工产品。

针对焦炉煤气富 H_2 和含有 CH_4 的特点，合理的综合利用焦炉煤气各组分的最佳方案，是首先通过深冷分离，将焦炉煤气中的 CH_4、C_nH_m 分离出来，直接作为天然气产品，分离出的（H_2＋CO）气体作为合成气进一步化工利用，这样既能做到物尽其用，又可最大程度地发挥焦炉煤气中各组分的优势，达到产品最大化、能量消耗低、加工过程合理的目标。

8.2　焦炉煤气综合利用方案

8.2.1　利用方案

焦炉煤气综合利用的关键装置是深冷分离装置，但在进入深冷分离装置之前，焦炉煤气首先需要经过压缩、预净化、脱焦油、脱萘、脱苯和精脱硫等工序，还必须经过脱碳、脱汞纯化等一系列装置，将焦炉煤气净化合格后，方能进入深冷分离装置。

焦炉煤气综合利用方案示意如图 8-1 所示。

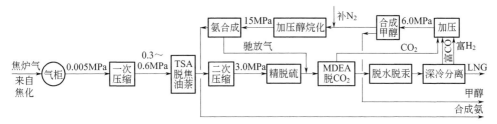

图 8-1 焦炉煤气综合利用方案图

图中示出了焦炉煤气综合利用生产 LNG（液化天然气）联产甲醇、合成氨的工艺路线。按照每小时加工 100000m³ 焦炉煤气计，可生产 LNG 产品 2.2 亿立方米/年、甲醇 11.0 万吨/年、氨 12 万吨/年。如果焦炉煤气量更大，也可以考虑联产乙二醇、乙醇、合成油等产品。

上述焦炉煤气综合利用装置中，焦炉煤气压缩、TSA 脱焦油脱萘脱苯、精脱硫等工序，第二章已有详细的介绍。本章主要介绍脱碳、气体纯化和深冷分离装置。

8.2.2 深冷分离装置对气体的净化要求

焦炉煤气进深冷分离装置之前必须脱除 CO_2、水、重烃、硫、汞等杂质，最大允许杂质含量见表 8-1。

表 8-1 进深冷分离装置最大允许的杂质含量

杂质	含量极限(体积分数)	杂质	含量极限(体积分数)
H_2O	$\leqslant 1 \times 10^{-6}$	Hg	$\leqslant 0.01 \mu g/m^3$
CO_2	$\leqslant 50 \times 10^{-6}$	芳香烃类	$\leqslant 10 \times 10^{-6}$
H_2S	$\leqslant 4 \times 10^{-6}$	重烃(C_5 以上)	$\leqslant 10 \times 10^{-6}$
总硫	$\leqslant (10 \sim 50) \times 10^{-6}$		

表中杂质对深冷分离装置的影响如下：

（1）水分

原料气中含有的饱和水在低温下易结冰，堵塞管路；另一方面，在一定的压力和低温的条件下，水可能形成碳氢水合物，也称甲烷水合物（可燃

221

冰），堵塞设备和管道。

水的存在还会使 CO_2、H_2S 等酸性气变为具有腐蚀性的酸性液体，严重腐蚀设备和管路，因此，要求将水脱至 1×10^{-6} （体积分数）以下（露点 $-70℃$ 以下）。

（2）二氧化碳

CO_2 的冰点为 $-56.6℃$，在深冷液化过程中极易被冻结，堵塞设备和管道。

另外，CO_2 为酸性气体，对金属的设备和管道有腐蚀性。同时，CO_2 是无热值介质，影响 LNG 产品的质量，要求脱至 50×10^{-6} （体积分数）以下。

（3）H_2S 及含硫化合物

含硫化合物特别是 H_2S，对金属设备和管道有腐蚀性。另外，H_2S 是毒性极强的气体，燃烧时将产生异味，要求将 H_2S 脱除至 4×10^{-6} （体积分数）以下，总硫脱至 50×10^{-6} （体积分数）以下。

（4）重烃及芳香烃类

重烃一般指 C_5 以上的烃类。由于在焦炉煤气的液化过程中，重烃将被首先冷凝下来，并可能冻结而堵塞管道。而芳香烃类又难以溶解在液态的甲烷中，所以必须除掉，要求脱至 10×10^{-6} （体积分数）以下。

（5）汞

汞能够严重腐蚀铝制设备，汞对铝材的腐蚀类似于氢脆，即铝制设备在有汞时，其组织结构被破坏，其材质塑性及强度大幅度下降，并发生断裂或脆性破坏。汞的危害不容忽视，1973 年 12 月，阿尔及利亚的斯基柯达天然气液化装置的铝制设备曾经发生过严重的汞腐蚀现象，致使该装置停工达 14 个月之久。

（6）其他杂质

由于 COS 可以与极少的水发生水解反应，形成 H_2S 和 CO_2，对设备和管道造成腐蚀，因此，在天然气液化时要求入口 COS 含量小于 0.5×10^{-6} （体积分数）。

焦炉煤气中的其他组分如氮气、氩气、氦气、一氧化碳等，也都是 LNG 的无用气体或有害气体。但这些气体不能用纯化装置脱除，需要在深冷分离装置中进行分离。

8.3　MDEA 脱 CO_2 装置

MDEA（甲基二乙醇胺）脱 CO_2 工艺是德国 BASF 公司于 20 世纪 60 年

代末开发的技术,1971 年开始应用于工业。我国 20 世纪 80 年代,在消化吸收引进技术的基础上,进行了改良 MDEA 脱除 CO_2 的研究,1992 年通过了当时化学工业部组织的鉴定。从 1991 年第一套工业装置投入运行以来,迄今已有 100 多套装置投入应用。

MDEA 溶剂对 CO_2 有特殊的溶解性,因而具有许多优点,工艺过程能耗低。该技术主要用于脱除人工煤气和天然气中的 CO_2 以及选择性脱除 H_2S 的装置中。

MDEA 法脱除 CO_2 的优势如下:

① MDEA 法脱除 CO_2 的精度高,最低可将 CO_2 脱至 10×10^{-6}(体积分数),可以满足深冷分离装置 CO_2 小于 50×10^{-6}(体积分数)的要求。

② 技术成熟,工艺简单,操作方便。

③ 由于 MDEA 法脱 CO_2 兼有物理吸收与化学吸收的特点,再生能耗低,较其他化学吸收法消耗蒸汽少,被称为低能耗工艺。

④ 吸附溶液配比简单,溶液及活化剂价格便宜,且对碳钢基本无腐蚀。

⑤ 溶液损失小,运行成本较低,投资较低。

由于上述几方面的特点,目前焦炉煤气、天然气生产 LNG 装置,均选用 MDEA 法脱除气体中的 CO_2。

8.3.1 MDEA 法脱 CO_2 的原理

MDEA 即 N-甲基二乙醇胺(N-methyldiethanolamine),其分子式为 $C_5H_{13}NO_2$,结构式为:

$$\begin{array}{c} CH_3 \\ | \\ HO-CH_2-CH_2-N-CH_2-CH_2-OH \end{array}$$

N-甲基二乙醇胺为叔胺,在溶液中会与 H^+ 结合成 R_3NH^+,从而呈现弱碱性,因此,它能有效地脱除酸性气体 CO_2 及 H_2S。由于其为弱碱性,使它吸收的 CO_2 易于被再生。

N-甲基二乙醇胺吸收 CO_2 的反应如下:

$$R_2CH_3N + CO_2 + H_2O \longrightarrow R_2CH_3NH^+ + HCO_3^-$$

由于上述反应速率缓慢,为加速其反应速度,需要在 MDEA 溶液中添加活化剂,以加快吸收和再生速率。

一般吸收溶液由 50% MDEA＋4%活化剂＋46%水组成。

8.3.2 焦炉煤气 MDEA 法脱 CO₂ 装置

8.3.2.1 MDEA 脱 CO₂ 工艺流程说明

MDEA 法脱 CO_2 的典型工艺流程图见图 8-2。

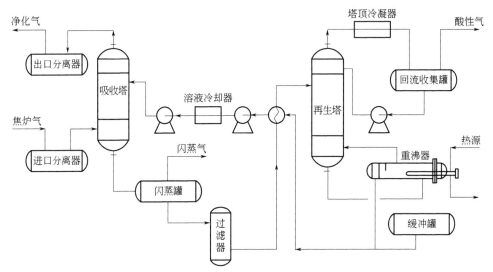

图 8-2 MDEA 法脱 CO₂ 装置的典型工艺流程简图

流程说明如下:

以 MDEA 复合胺溶液为吸收剂,采用一段吸收、一段再生流程脱除原料气中的酸性气体 CO_2。原料气从 CO_2 吸收塔下部进入,自下而上通过吸收塔;再生后的复合胺溶液(贫液),从 CO_2 吸收塔上部进入,自上而下通过吸收塔;逆向流动的复合胺溶液和原料气在吸收塔内充分接触,气体中的 CO_2 被吸收而进入液相,未被吸收的组分从吸收塔顶部引出,进入换热冷却器,将温度降至≤40℃,经分液后的气体送纯化单元。

吸收了 CO_2 的复合胺溶液称富液,与再生塔底部流出的溶液(贫液)换热后,升温到 95~100℃,去 CO_2 再生塔上部,在再生塔进行汽提再生,直至贫液的贫液度达到指标。

出再生塔的贫液经过溶液储槽、贫富液换热器、贫液冷却器,贫液被冷却到 35~45℃后,经贫液泵增压、计量,从吸收塔上部进入吸收塔。

再生塔顶部出口的 CO_2 气体经冷却、分液后送出装置界区。由于焦炉煤气在预处理时采用干法精脱硫,再生气 CO_2 中无硫,可直接利用或放空。溶液再生所需的热源需外供。

主要控制点：

① 胺系统出口设在线二氧化碳分析仪，与胺流量联锁，以控制出口二氧化碳的含量。

② 吸收塔设自动液位控制。

③ 再生塔设液位报警，以便补充系统胺溶液量。

④ 控制中压蒸汽流量，以自动控制再生塔顶部压力。

8.3.2.2　主要设备操作条件

吸收塔、再生塔主要操作参数见表 8-2。

表 8-2　吸收塔、再生塔主要操作参数

设备名称/控制点	主要操作参数	设备名称/控制点	主要操作参数
一、吸收塔		进塔气体 CO_2（体积分数）/%	3.0～4.0
气体入塔压力（表压）/MPa	3.2	出塔气体 CO_2（体积分数）/%	$\leqslant 50 \times 10^{-6}$
塔顶底压差/kPa	约 150	二、再生塔	
气体入塔温度/℃	约 40	富液入塔温度/℃	95～100
气体出塔温度/℃	40～55	塔顶压力（表压）/MPa	0.05～0.08
溶液入塔温度/℃	35～45	塔顶温度/℃	95～103
塔底液位/%	50	塔底温度/℃	105～125
入塔气体流量/（m^3/h）	50000	液位/%	50～70

8.3.2.3　主要消耗指标

以脱除每立方米 CO_2 计，主要消耗如下：

电耗　　0.08～0.1kW·h

蒸汽　　3.0～4.5kg

冷却水　0.28～0.30t

胺溶液　0.0025～0.003kg

8.4　焦炉煤气纯化装置

经过 MDEA 脱除 CO_2 的焦炉煤气温度约为 45℃，含有饱和的水蒸气以及微量的汞、CO_2 等杂质，进入深冷液化装置之前应予以脱除，以确保气体的纯净度。

8.4.1　脱汞纯化装置

焦炉煤气中含少量的汞，在深冷分离过程中，金属汞会造成铝材质的腐蚀，引起类似于氢脆的金属脆化。因此，必须进行脱除。

脱汞纯化装置工艺流程参见图 8-3。

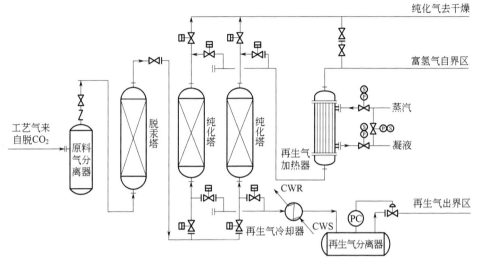

图 8-3　脱汞纯化流程示意图

脱汞：采用载硫活性炭吸附剂，将焦炉煤气中含有的微量汞脱除，控制出口总汞含量≤0.01μg/m³。

纯化：采用变温变压吸附（PTSA）工艺，利用吸附剂在不同压力和温度下吸附容量存在差异和选择性吸附的特性，脱除工艺气体中残余的重烃及 CO_2 等，以满足深冷分离单元的要求。特别是在前段工序发生波动时，可以确保进入冷箱的原料气符合液化工序的要求。纯化后产品气体中 CO_2 含量≤ 2×10^{-6}（体积分数）。

8.4.2　干燥脱水装置

干燥脱水工艺流程示意图参见图 8-4。

干燥工序采用 13X 分子筛等压干燥吸附工艺，由 3 台干燥器、1 台加热器、1 台冷却器、1 台分离器组成。3 台干燥器中，2 台为主干燥器，1 台为辅助干燥器。主干燥器干燥与再生交替进行，每台干燥塔的吸附周期为 8h。整个干燥过程的实施由程控阀自动切换，实现连续操作。再生分为加热和冷却两个步骤。

经干燥后的产品气体露点低于 -70℃。干燥工序出口的工艺管线配置在线露点监测仪，用以监测干燥效果，确保进入冷箱的原料气满足工艺要求。

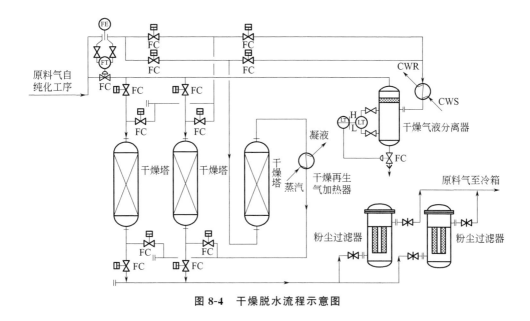

图 8-4　干燥脱水流程示意图

8.5　焦炉煤气深冷液化分离装置

8.5.1　深冷液化分离的原理

　　焦炉煤气深冷液化分离生产 LNG 的原理是，基于焦炉煤气中各种气体沸点的不同，通过冷却、冷凝、精馏，达到气体分离的目的，得到 LNG（液态甲烷）产品，同时获得富 H_2 和富 CO 的副产气体。

　　气体混合物在冷凝过程中呈气、液两相，即由冷凝的液相和与其平衡的气相状态组成。气液平衡组成是精馏分离的基础，其平衡数据可查阅有关图表。

　　在常压下，焦炉煤气中主要气体组分的沸点如表 8-3 所示。

表 8-3　焦炉煤气中各组分的沸点

气体	正丁烷	丙烷	丙烯	乙烷	乙烯	甲烷	氧	氩	一氧化碳	氮	氢
沸点/℃	-0.5	-42.1	-47.7	-88.6	-103.8	-161.4	-183.0	-185.7	-191.5	-195.8	-252.5

　　由上表可见，焦炉煤气的组成复杂，各组分气体的沸点相差极大，且低沸点的氢气含量很高，因此，焦炉煤气的液化分离必须在极低的温度下进行，制冷循环及分离流程的选择，都与天然气液化流程有很大的不同。天然气组成相对简单，仅靠冷凝分离即可得到 LNG 产品；而焦炉煤气则需要在冷凝后

再增加精馏单元，才能到达分离出 CH_4 生产 LNG 的目的。同时，由于精馏塔顶温度低，流程中还要增加氮气制冷循环单元。

8.5.2 深冷液化分离装置

深冷液化分离装置主要包括：干燥纯化、溴化锂预冷、深冷分离、制冷循环、冷剂储配、产品储运和 BOG 回收等系统。

工艺框图见图 8-5，流程简图见图 8-6。

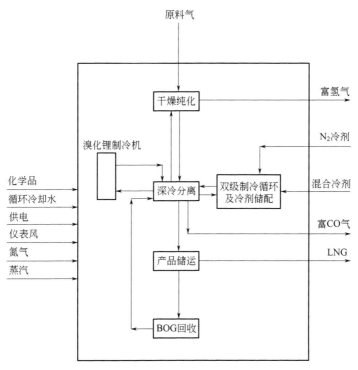

图 8-5 深冷液化分离装置工艺框图

干燥脱水装置内容见 8.4 节，以下分别介绍其他系统。

8.5.2.1 溴化锂预冷系统

采用带预冷的焦炉煤气液化分离装置，具有能耗低、适应性好、操作弹性大等突出优点。传统的丙烯（或氟利昂）预冷工艺需要设置压缩机，对制冷剂丙烯的纯度要求高，换热器设计复杂。针对焦化厂低品位热源丰富的特点，采用带溴化锂预冷的液化流程，以溴化锂冷水机组取代丙烯制冷压缩机组，以低品位热能取代驱动丙烯压缩机所需的高位能蒸汽，可以大大降低运行成本。

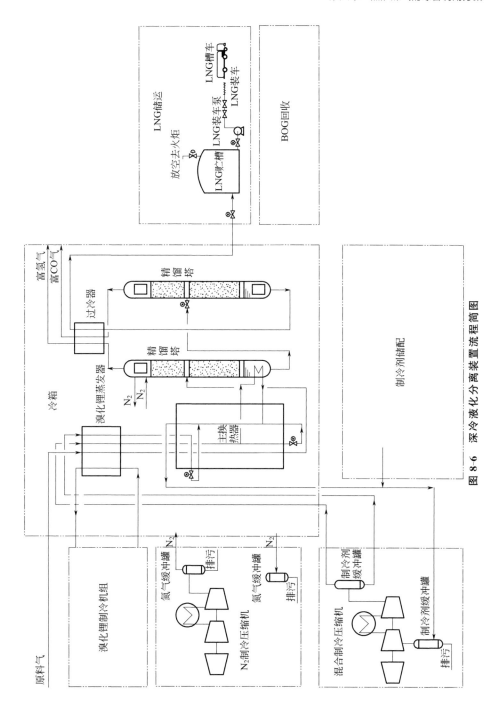

图 8-6　深冷液化分离装置流程简图

此外，采用预冷措施可以显著地降低混合制冷中异戊烷（或异丁烷）的比例，防止温度过低引起异戊烷（或异丁烷）的冻结，同时降低了装置的能耗。

采用溴化锂预冷系统，可将进气温度由 40℃降至 10℃以下，节省了低温冷量。

8.5.2.2　深冷分离系统

深冷分离系统采用"深冷液化＋低温精馏"的液化分离工艺流程制取合格的 LNG 产品。具体流程为：经过干燥纯化后的原料气进入冷箱，经溴化锂初步预冷，再依次经过多级换热器冷却，温度逐级降低后，进入脱氢精馏塔，塔底液体再进入低压精馏塔，获得合格的 LNG 产品，经过冷后送至 LNG 储罐。二个精馏塔塔顶分别得到富 H_2 气和富 CO 气，经复热后送出冷箱。

8.5.2.3　制冷循环系统

制冷循环系统采用"混合冷剂制冷＋氮气节流"工艺。

（1）混合冷剂循环制冷

混合冷剂由甲烷、乙烯、丙烷、戊烷、氮气组成，先经过混合冷剂平衡罐缓冲后，进入混合冷剂压缩机入口；经过压缩机增压后，进入冷箱，依次通过各段主换热器降温；节流后再依次返回各段主换热器；复热至常温后，进入混合冷剂平衡罐；缓冲后回压缩机，进入下一个循环周期。

（2）氮气循环制冷

氮气制冷循环始于低压氮气平衡罐，进入氮气循环压缩机；增压后进入冷箱，通过主换热器逐级降温，冷却成液氮；节流后经塔顶冷凝器、主换热器复热至常温后，进入低压氮气平衡罐；然后返回压缩机，周而复始，进入下一个循环。

8.5.2.4　冷剂储配系统

混合冷剂补充系统主要用于补充制冷压缩机循环过程中由于管道及压缩机的轴封系统泄漏而损失的部分混合冷剂，主要包括：冷剂储罐、汽化器、干燥器和控制系统。

冷剂的补充采用流量控制、在线分析比对的方式，实现冷剂的精确补充。

8.5.2.5　LNG 产品储运系统

（1）LNG 储存

LNG 属可燃液体，可在常压或加压下低温储存。根据《石油天然气工程设计防火规范》（GB 50183—2015）的划分，LNG 的常压储槽属于全冷冻式结构，常压储存的子母罐属于半冷冻式结构。

目前工程上多采用常压储存的方式。LNG 储罐容量的选择，一般要同时考虑生产能力、销售与运输等多种因素，厂区内储罐至少应满足 8～10 天左右的储存能力。储罐在充装时，需留出一定的安全空间，作为介质受热膨胀之用，不得将储罐充满。一般选用立式圆筒形、双层金属壁、平底、单包容常压储罐。

（2）装车泵

装车区根据实际需要设置装车位，一般可露天设置在 LNG 罐区防火堤外。在储罐外，设置 LNG 潜液泵。泵可以在现场也可以在控制室启动。

（3）装车臂

LNG 装车台一般采用鹤管式液体装卸臂，并配有装车计量和防拉阀，具有很高的安全性和灵活性。

8.5.2.6 BOG 回收系统

在 LNG 储罐中闪蒸出的 BOG 及正常装车时气化的甲烷气体汇合后，经 BOG 空温器复热至常温，再经 BOG 压缩机增压后，返回冷箱入口。

8.5.3 深冷分离装置的进出口物料

8.5.3.1 进料（原料气）

深冷分离装置入口原料气为经过预净化、脱硫、脱 CO_2 后的焦炉煤气，压力 2.5MPa（表压），温度 40～45℃，气量 47000m³/h，组成如表 8-4 所示。

表 8-4 进料组成

组分	H_2	CO	CH_4	C_nH_m	N_2	合计
含量（体积分数）/%	60.0	8.5	24.5	2.7	4.3	100

8.5.3.2 出料

LNG：产量 12640m³/h（$1.01×10^8$ m³/a，$7.8×10^4$ t/a），压力 0.02MPa（表压），温度 −162℃，组成如表 8-5 所示。

表 8-5 出料组成（LNG）

组分	CH_4	C_nH_m	CO	N_2	合计
含量（体积分数）/%	89.5	10.0	0.15	0.35	100

富氢气：30580m³/h（用于合成甲醇及合成氨），压力 2.3MPa（表压），温度 30℃，组成如表 8-6 所示。

表 8-6 出料组成（富氢气）

组分	H_2	CO	N_2	CH_4	合计
含量(体积分数)/%	90.9	6.2	2.4	0.5	100

富 CO 气：3780m³/h（用于合成甲醇及合成氨），压力 0.7MPa（表压），温度 30℃，组成如表 8-7 所示。

表 8-7 出料组成（富 CO 气）

组分	H_2	CO	N_2	CH_4	合计
含量(体积分数)/%	11.0	54.7	33.0	1.3	100

8.6 焦炉煤气综合利用生产 LNG 主要设备及消耗

8.6.1 主要设备一览表

工艺装置主要设备详见表 8-8。

表 8-8 主要工艺设备表

序号	设备名称	材质	单位	数量
一	脱碳			
1	吸收塔	Q345R	台	1
2	再生塔	O6Cr19Ni10	台	1
3	原料气冷却器	Q345R	台	1
4	原料气分离器	Q345R	台	1
5	贫富液换热器	O6Cr19Ni10	台	1
6	贫液冷却器	Q345R	台	2
7	再沸器	O6Cr19Ni10	台	1
8	溶液过滤器	Q345R	台	1
9	酸气冷却器	O6Cr19Ni10	台	1
10	酸气分离器	O6Cr19Ni10	台	1
11	贫液泵	组合件	台	2
12	补液泵	组合件	台	2
13	回流泵	组合件	台	2
14	地下储槽	Q345R	台	1
15	MDEA 溶液储槽	Q345R	台	1
16	消泡剂罐	O6Cr19Ni10	台	1
17	消泡剂泵	组合件	台	2

续表

序号	设备名称	材质	单位	数量
18	脱碳蒸汽冷凝液罐	Q345R	台	1
二	干燥纯化			
1	干燥塔	Q345R	台	3
2	再生气加热器	Q345R	台	2
3	再生气冷却器	Q345R	台	2
4	再生气分离器	Q345R	台	2
5	脱汞塔及纯化塔	Q345R	台	3
6	粉尘过滤器	Q345R	台	2
三	深冷分离			
1	液化冷箱	组合件	台	1
2	混合冷剂低压平衡罐	Q345R	台	1
3	混合冷剂高压平衡罐	Q345R	台	1
4	混合冷剂压缩机	组合件	台	1
5	低压氮气平衡罐	Q345R	台	1
6	高压氮气平衡罐	Q345R	台	1
7	氮气循环压缩机	组合件	台	2
四	LNG 储运			
1	LNG 储罐	06Cr19Ni10/Q345R	台	1
2	LNG 泵	组合件	台	3
3	灌装臂	组合件	台	4
五	冷剂储配			
1	甲烷储罐	06Cr19Ni10/Q345R	台	1
2	乙烯储罐	06Cr19Ni10/Q345R	台	1
3	液氮储罐	Q345R	台	1
4	丙烷储罐	Q345R	台	1
5	异戊烷储罐	Q345R	台	1
6	丙烷干燥器	Q345R	台	1
7	异戊烷干燥器	Q345R	台	1
8	乙烯空温器	铝合金	台	1
9	甲烷空温器	铝合金	台	1
10	液氮空温器	铝合金	台	1
六	BOG 回收			
1	BOG 空温器	铝合金	台	2
2	BOG 加热器	组合件	台	1

续表

序号	设备名称	材质	单位	数量
3	BOG 缓冲罐	Q345R	台	1
4	BOG 增压机	组合件	台	2
七	其他			
1	溴化锂制冷机组	组合件	套	1
2	放空加热器	O6Cr19Ni10	台	1
3	放空分离器	O6Cr19Ni10	台	1
4	氮气加热器	Q345R	台	1

8.6.2 主要化学品用量

装置主要化学品用量见表 8-9。

表 8-9 装置主要化学品用量表

序号	名称	单位	数量	序号	名称	单位	数量
1	脱碳液	m^3	120	6	惰性瓷球	m^3	10
2	活性炭	m^3	15	7	甲烷	t	10
3	4A 分子筛	m^3	35	8	乙烯	t	10
4	13X 分子筛	m^3	35	9	丙烷	t	10
5	脱汞剂	m^3	12	10	戊烷	t	10

8.6.3 主要消耗表

8.6.3.1 公用工程消耗量

按照处理 $50000 m^3/h$ 焦炉煤气，包含脱 CO_2 装置在内的主要公用工程消耗量见表 8-10。

表 8-10 公用工程消耗量表

序号	名称	规格	单位	消耗量	备注
1	循环水	32℃,Δt＝8℃	t/h	5120	
2	电	10kV	kW·h	9510	
		380V	kW·h	352	
3	蒸汽	3.8MPa(表压)饱和	t/h	2	
		0.6MPa(表压)饱和	t/h	36	
4	仪表空气	0.7MPa(表压)	m^3/h	200	
5	氮气	0.6MPa(表压)	m^3/h	700	间断

8.6.3.2 化学品消耗量

化学品消耗量见表8-11。

表 8-11 化学品消耗量表

序号	名称	单位	数量	序号	名称	单位	数量
1	脱碳液	m^3/a	30	6	惰性瓷球	$m^3/(3a)$	10
2	活性炭	$m^3/(3a)$	15	7	甲烷	kg/a	3000
3	4A分子筛	$m^3/(3a)$	35	8	乙烯	kg/a	3000
4	13X分子筛	$m^3/(3a)$	35	9	丙烷	kg/a	3000
5	脱汞剂	$m^3/(3a)$	12	10	戊烷	kg/a	1000

注：$m^3/(3a)$ 指每3年消耗的催化剂量的单位。

8.7 带液氮洗的深冷分离装置

8.7.1 适用于合成氨工艺要求的液氮洗深冷分离装置

焦炉煤气深冷分离除得到LNG产品外，还副产两股气体，即富H_2气和富CO气。如将该两股气体用于生产合成氨，则需再经醇烷（烃）化精制后才能达到要求。醇烷（烃）化后的气体中一般含有1.0%左右的CH_4和0.3%以下的Ar等惰气，对氨合成不利。

焦炉煤气深冷液化装置的工况与合成氨装置的液氮洗装置的工况条件基本相同，完全可以在深冷分离装置中增加一台氮洗塔，直接制取（$3H_2+N_2$）的氨合成气。该合成气中基本不含CH_4和Ar，是纯净的H_2、N_2，对氨合成系统极为有利。

该流程的主要优点如下：

① 减少气体消耗。每吨氨耗合成气为2650m^3左右，接近理论耗量2635m^3/tNH₃。

② 减少压缩功。由于耗气量减少，循环气量也少（因惰性气少），压缩功可减少10%～20%。

③ 合成氨系统效率高，设备体积及催化剂用量减小，投资降低。

④ 合成气放空系统设备（如氨回收）可以取消。

由上可见，在深冷装置中直接制取（$3H_2+N_2$）的氨合成气，既能减少能量消耗，又能降低合成氨装置的投资，是应该推荐的流程方案。

下面以某加工处理127000m^3/h焦炉煤气带液氮洗的深冷分离装置为例，

简单介绍装置工况。

8.7.2 装置性能指标

8.7.2.1 进装置气体

（1）原料气

气量 127000m³/h，压力 2.6MPa（表压），温度 40℃。

气体组成见表 8-12。

表 8-12 原料气体组成

组分	CH_4	C_2H_6	C_3H_8	$C_4{}^+$	H_2	CO	N_2	合计
含量（体积分数）/%	23.13	2.3	0.39	0.1	61.55	8.54	3.99	100

杂质含量见表 8-13。

表 8-13 原料气杂质含量

杂质	水	苯	萘	焦油	CO_2
含量/(mg/m³)	-70℃（露点）	<10	<1.0	<1.0	$<20 \times 10^{-6}$（体积分数）

（2）氮气

气量 26570m³/h，压力 2.8MPa（表压），温度 40℃，纯度 N_2 100%。

8.7.2.2 产品方案

（1）LNG

产量 32713m³/h（25.9t/h），压力 0.015MPa（表压），温度 -162℃。

产品组成见表 8-14。

表 8-14 产品 LNG 组成

组分	CH_4	C_2H_6	C_3H_8	CO	N_2	合计
含量（体积分数）/%	89.36	8.92	1.52	0.15	0.05	100

（2）氢氮合成气

气量 102896m³/h，压力 2.145MPa（表压），温度 24.5℃，可生产合成氨 38.8t/h，31.0 万吨/年。

气体组成见表 8-15。

表 8-15 氢氮合成气组成

组分	H_2	N_2	合计
含量（体积分数）/%	75.0	25.0	100

（3）副产富 CO 气

气量 17960m³/h，压力 0.695MPa（表压），温度 24℃。

气体组成见表 8-16。

表 8-16　副产富 CO 气组成

组分	CH₄	H₂	CO	N₂	合计
含量（体积分数）/%	0.80	6.45	69.29	23.46	100

8.7.3　装置流程说明

带氮洗塔的深冷液化分离装置流程示意图见图 8-7。

本深冷液化分离装置与前述装置不同之处是增加了一台氮洗塔，即采用"深冷液化＋低温精馏＋液氮洗"的液化分离工艺流程，制取 LNG 和（3H₂＋N₂）的氨合成气，副产富 CO 气。工艺流程说明如下：

经纯化后的原料气进入本装置，经换热降温后进入脱氢塔，脱氢塔顶部采出的富氢气进入氮洗塔，经液氮洗涤后，从塔顶采出纯净的氢、氮气，然后依次经换热器复热后，送出冷箱。

脱氢塔塔底的液相和氮洗塔塔底的液相均进入甲烷精馏塔，通过塔内的热量和质量的交换，甲烷不断被提浓至合格的 LNG 产品，由塔釜采出，经过冷后送至 LNG 储罐。甲烷精馏塔顶部采出的富 CO 气返回换热器复热后，送出冷箱。

装置的冷冻量依靠混合制冷压缩机及氮压机提供，采用"混合制冷＋氮气节流"制冷工艺。该工艺成熟可靠，能耗低，混合制冷剂为传统的氮气、甲烷、乙烯、丙烷、戊烷等，易于实施，能够保证装置安全、稳定、低能耗运行。

8.7.4　主要公用工程消耗

① 循环水：32℃→40℃，700t/h。

② 蒸汽：3.3MPa 饱和，6t/h，加热用；3.3MPa，380℃，105t/h，驱动压缩机 20360kW。

③ 仪表空气：0.5MPa，150m³/h。

④ 氮气：0.7MPa，300m³/h，安全用。

全部动力消耗折成电耗，每立方米 LNG 约为 0.75kW·h。

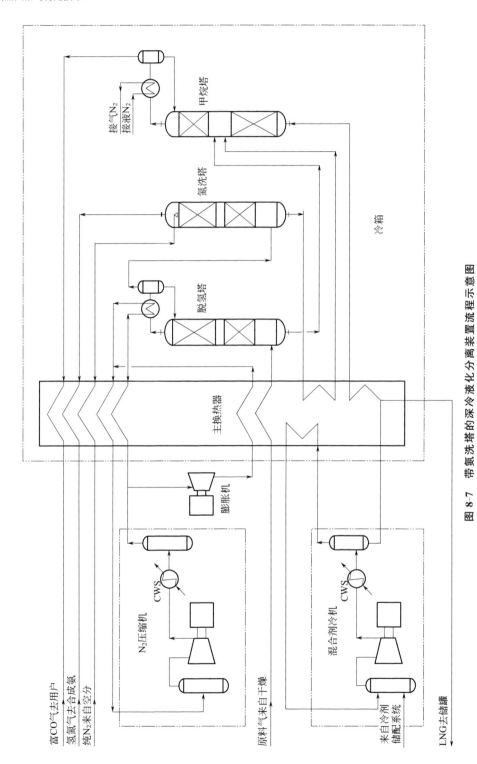

图 8-7　带氮洗塔的深冷液化分离装置流程示意图

8.8 半焦（兰炭）干馏煤气的综合利用方案

8.8.1 概况

半焦（兰炭）生产是我国陕北及周边地区和新疆等地特有的产业。

兰炭是以侏罗纪煤为原料，经中、低温干馏生产的炭质还原剂，可以代替焦炭，用于铁合金、电石、高炉喷吹及气化生产合成气和民用燃料等领域。目前，国内产能已达 8000 万～9000 万吨/年，是一个很大的产业群。

2017 年 2 月，国家能源局发布了《煤炭深加工产业示范"十三五"规划》，明确将低阶煤分质利用列入"十三五"示范项目，重点开展低阶煤分质利用等煤炭深加工模式以及通用技术装备的升级示范，推动煤炭深加工产业向更高水平发展。

煤炭分质利用是一种将煤热解成气、液、固三相物质，清洁高效利用煤炭的转化方式。煤炭中低温热解是煤炭分质利用的关键环节。目前，国内兰炭生产主要采用内热式干馏炉（或称气燃方炉），这种炉型是我国自己开发的技术，结构简单，用回炉煤气直接燃烧加热，热效率高、流程简单、易于操作和管理、投资较低。

内热式干馏炉是以块煤为原料，以生产低温煤焦油为主，干馏煤气的氮气含量较高，但气量很大，加工每吨煤炭可副产 700 多立方米的干馏煤气。我国每年约有 600 亿立方米干馏煤气需要加工利用，如何合理利用这一巨大的资源，一直是业界的难题。

借鉴国内成熟的焦炉煤气综合利用技术，提出利用干馏煤气生产合成氨联产 LNG 的方案建议。

8.8.2 内热式干馏煤气的化工利用方案

内热式干馏煤气中氮气的含量一般在 40%～50%，热值为 1700～2100kcal/m³，这种煤气除回炉外，大部分用作燃料或用于发电，由于氮含量高，很少被用于生产化工产品。近年来，业内有人提出，利用富氧或纯氧助燃回炉煤气，以提高煤气的质量，便于干馏煤气的化工利用。目前，国内相关企业已经在进行工程示范。

为评价方案的合理性，下面分别对空气助燃和纯氧助燃两种工况条件下的煤气利用方案进行对比分析，供业内参考。

8.8.2.1 煤气产量及组成

以陕北地区典型煤种为原料，煤质工业分析和元素组成见表 8-17。

表 8-17 煤质工业分析和元素组成

工业分析/%					元素分析/%			
Mad	Aad	Vad	Sad	Fc	Cad	Had	Nad	Oad
3.32	5.65	36.58	0.36	56.02	74.42	4.90	1.09	10.26

采用统一的原料和工艺条件，分别计算以空气和纯氧助燃的干馏煤气产量及组成如下：

（1）干馏煤气产量

工况 1：空气助燃，副产煤气量 $740m^3/t$ 煤。

工况 2：纯氧助燃，副产煤气量 $420m^3/t$ 煤。

（2）煤气组成（表 8-18）

由表 8-18 可见，用空气助燃和用纯氧助燃的有效气（CO＋H_2）和 CH_4 产量相差不多，说明两种助燃方式都是可行的。

表 8-18 煤气组成 ％（体积分数）

助燃方式	组成									
	H_2	CO	CO_2	CH_4	C_nH_m	N_2	O_2	合计	有效气（CO+H_2）	CH_4 产量
	18.91	10.22	11.16	12.41	0.64	45.36	1.3	100	215.6 m^3/t煤	91.8 m^3/t煤
氧气助燃	35.0	16.60	23.0	21.0	1.20	1.90	1.3	100	216.7 m^3/t煤	88.2 m^3/t煤

通过计算得知，在统一的原料和工艺条件下，两种助燃工况的兰炭、焦油、干馏煤气产量均基本相同，空气助燃时煤气产量约为 $1540m^3/t$ 煤，纯氧助燃时约为 $1520m^3/t$ 煤，后续的煤气洗涤冷却和鼓风净化系统规模也基本相同。不同的是回炉煤气量，空气助燃时约为 $800m^3/t$ 煤，纯氧助燃时约为 $1100m^3/t$ 煤，这是由于纯氧助燃带入的氮气很少，必须用过量的煤气替代少带入的氮气，以控制炉内温度（用贫氧燃烧控制加热温度）。因此，两种工况的外供煤气量差别较大，空气助燃约为 $740m^3/t$ 煤，纯氧助燃约为 $420m^3/t$ 煤，外供煤气化工利用的装置及能耗等也有较大的差别。

8.8.2.2 利用方案方块流程

干馏煤气化工利用方块流程见图 8-8。

干馏煤气采用深冷分离流程,首先提取 CH_4 生产 LNG,尾气用于生产合成氨。

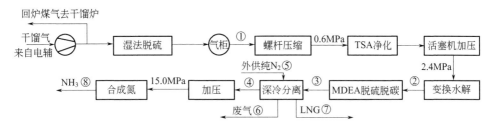

图 8-8 干馏煤气化工利用方块流程图
(图中物流①~⑧对应表 8-19 中物流①~⑧)

两种工况的流程基本相同,只是深冷分离部分略有不同。相同之处都是通过深冷分离得到 LNG 和 H_2-N_2 合成气,不同之处是气体中的 N_2 含量不同,纯氧助燃需要外供纯 N_2 进行氮洗,空气助燃由于本身氮气过量,需要采用冷凝氮洗即深冷除 N_2 流程。氮洗流程在 8.7 节已述及,冷凝氮洗流程可借鉴美国 Braun 深冷除氮流程。

现以美国 Braun 深冷除氮流程为例,简单说明冷箱内的物流情况。流程示意如图 8-9 所示。

进冷箱的气体中含氢 60%~70%、氮 30%~40%、甲烷 2%~3%、氩 0.5%,压力约 2.7MPa(表压力),先用出深冷的冷气体预冷到 $-130 \sim -157℃$;经过膨胀机膨胀,压力降低 $0.2 \sim 0.3MPa$,温度降至 $-174 \sim -177℃$;进一步冷却并部分冷凝后,进入冷凝氮洗塔。99% 的甲烷、60% 的氩、残余的一氧化碳以及过量的氮被冷凝,经减压后送到冷凝氮洗塔顶,作为冷源,以冷凝过量的氮。

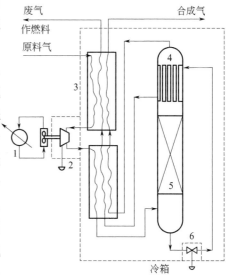

图 8-9 Braun 深冷除氮流程图
1—油冷却器;2—膨胀机;3—预冷器;
4—冷凝蒸发器;5—精馏塔;6—控制阀

深冷除氮工艺可获得高质量的合成气,净化气中无水、二氧化碳,甲烷含量低于 0.02%,一氧化碳含量低于 $5×10^{-6}$(体积分数),氩含量远低于

0.3%，对氨合成反应的进行大为有利，也有利于降低合成气的消耗定额。同时，不必另设合成驰放气回收装置。如有少量驰放气，可在回收氨后并入原料气中，再经深冷净化后，返回合成系统。

8.8.2.3 主要技术经济指标对比

（1）主要物流数据

现以 60 万吨/年兰炭装置为基准，分别列出两种工况条件下的主要物流数据，见表 8-19；主要能耗对比，见表 8-12。

表 8-19 主要物流数据表 m^3/h

物流及工况	①气柜出口	②变换出口	③MDEA出口	④深冷出口 H_2-N_2	⑤外供 N_2	⑥废气	⑦LNG产量	⑧氨产量
空气助燃	76740	81349	65002	24445	0	28702	0.828 亿立方米/年	7.33 万吨/年
纯氧助燃	43555	48937	31756	26880	6600	—	0.786 亿立方米/年	7.84 万吨/年

（2）主要能耗对比

表 8-20 主要能耗对比表

序号	项目	单位	空气助燃	纯氧助燃
一	电			
1	螺杆压缩机	kW	6643	3770
2	活塞压缩机	kW	5751	3264
3	合成气压缩机	kW	3253	4423(含 N_2 压缩)
4	制冷压缩机	kW	2388	4911
5	空分制氧	kW	/	4408
	合计		18035	20776
二	蒸汽			
1	中压蒸汽(变换用)	t/h	17.05	25.2
2	低压蒸汽(MDEA用)	t/h	41.4	32.4

（3）投资（可比部分）

空气助燃：2.30 亿元。

纯氧助燃：2.44 亿元。

（4）效益

① 产值：按照 LNG 3.2 元/m^3，氨 2700 元/t 计。

空气助燃：4.63 亿元

纯氧助燃：4.632 亿元

② 动力成本（可比部分）

电 0.5 元/（kW·h），中压蒸汽 130 元/t，低压蒸汽 100 元/t。

空气助燃：15374 元/h。

纯氧助燃：16898 元/h。

（5）比较结果

① 产量及产值 两种工况的产量相差无几，纯氧助燃较空气助燃产值多 20 万元/年；而成本方面，纯氧助燃较空气助燃的动力成本多 1200 万元/年，因此，纯氧助燃方案的经济性差。

② 投资 纯氧助燃较空气助燃总投资高约 1400 万元，主要是空分装置投资较大；空气助燃虽然处理气量较大，原料气压缩及净化装置投资较高，但没有氮气压缩机，总投资较低。

8.8.3 评述

内热式干馏煤气化工利用流程基于分子加工的理念，充分利用干馏煤气中的各种组分，甲烷和高碳烃化合物经深冷分离，得到价值较高的 LNG 产品；含量最多的氮气一部分用于生产合成氨，其余部分为 LNG 装置制冷；CO 变换为氢气，用于氨合成；脱除的 CO_2 可以用于加工尿素或碳酸氢铵。由此，将组成复杂的干馏煤气最大程度地合理利用。

如将我国现有的干馏煤气全部用于生产合成氨及 LNG，每年可生产合成氨近 1000 万吨、LNG 近 110 亿立方米，其生产成本和投资都要低于煤气化生产装置的 30% 以上。

现国内内热式干馏炉煤气没有得到合理的利用，一方面是干馏煤气中的有效气（CO+H_2）含量太低，另一方面是没有合理适用的加工技术。如果能将国内应用于焦炉煤气加工的成熟技术，通过合理优化，应用于干馏煤气的加工利用，将是一项重大的技术突破。建议尽快建立示范装置，全面考核评价项目的技术性能、运行状况和经济效益等，为大面积推广应用奠定基础。

第九章
焦炉煤气补碳生产化工产品

9.1 概述

焦炉煤气的特点是氢多碳少，典型组成：氢气 $55\% \sim 60\%$，$(CO+CO_2)$ 为 $9\% \sim 12\%$，$(CH_4+C_nH_m)$ 为 $23\% \sim 27\%$。在焦炉煤气化工综合利用的过程中，如将 $(CH_4+C_nH_m)$ 加 H_2O 转化为 (H_2+CO)，则转化气总的氢/碳比可达到 3.5，远高于一般合成化工产品对氢/碳比的要求，如甲醇、乙醇、乙二醇、合成油等均要求合成气氢/碳比为 2.0 左右。这样利用焦炉煤气生产这些化工产品时，就会出现氢过剩的现象，不能做到资源、产品和综合效益的最大化。

目前，工业上一般采取补碳的办法，可以有效弥补焦炉煤气氢多碳少的不足，大幅提高焦炉煤气的利用率，同时减少 CO_2 的排放。

工业上常用的补碳气源有：补 CO_2 气，补电石炉气或铁合金炉气，补转炉气或高炉气，补水煤气。

本章分别介绍几种补碳工艺方案以及补碳加工化工产品的工艺过程、效益情况。

9.2 补碳气源

9.2.1 补 CO_2 气

CO_2 气体是含碳原料气之一，可以作为气化剂用于气化生产合成气，也可以作为含碳气体直接补入合成气中生产甲醇等化工产品。

补 CO_2 气的条件是：

① 有副产的 CO_2 气源，如合成氨厂等，CO_2 价格便宜；

② 合成气加工时允许补入 CO_2，如生产甲醇等；

③ CO_2 的纯度和净化度必须满足要求，如硫、惰性气体等含量应符合规定。

需要说明的是，专门回收 CO_2 气用于补碳是不可取的。按照现有技术，回收 $1m^3$ 的 CO_2 最少需要消耗 $3\sim3.5kg$ 的蒸汽，加上消耗的电力、折旧等费用，则回收 $1m^3$ CO_2 的成本最少需要 0.6 元。

以甲醇合成反应为例，CO_2 比 CO 需要多消耗 1 分子的 H_2，反应式如下：

$$CO + 2H_2 \longrightarrow CH_3OH$$

$$CO_2 + 3H_2 \longrightarrow CH_3OH + H_2O$$

按照每吨甲醇消耗（$CO+CO_2$）最少为 $710m^3$ 计算，如全部用 CO_2 生产甲醇，需要多消耗氢气 $710m^3$。

如氢气、CO、回收 CO_2 的成本均按 0.6 元/m^3 计，则用 CO 合成甲醇的合成气成本为 1278 元/t，而全部用 CO_2 生产甲醇的合成气成本为 1704 元/t，即回收 CO_2 补碳生产甲醇要比用 CO 生产甲醇的合成气成本多出 426 元/t，这样回收 CO_2 生产甲醇是无利可图的。所以一般不应采用回收 CO_2 的方案补碳。在有副产纯净 CO_2 的工厂，可将 CO_2 补入焦炉煤气转化装置前，以调整转化气的氢/碳比，达到补碳的目的。

9.2.2　补电石炉气或铁合金炉气

电石是重要的基础化工原料，电石工业在我国化学工业乃至社会经济的发展中，发挥着重要的作用。我国是世界上最大的电石生产和消费国，2019年电石产能约为 4200 万吨，产量为 2588 万吨。

铁合金是钢铁和铸造行业的脱氧剂与合金剂，使用量约占钢产量的 4%左右。目前我国铁合金产量居世界第一，约占世界总产量的 40%以上。中国铁合金主要产地在内蒙古、贵州、广西、湖南、宁夏、青海、四川等省份。进入 2000 年以来，我国铁合金产量快速攀升，在 2014 年达到峰值 3786 万吨，随后产量逐年有所下降，2019 年产量为 3658 万吨。

在电石和铁合金生产过程中，副产大量的电石炉气和铁合金炉气，每年可产生电石炉气和铁合金炉气约 300 亿立方米，如何有效地利用这一巨大的资源，已成为行业重点关注的问题之一。

早在 2008 年，国家发改委就已将大型密闭式电石清洁生产技术及电石炉尾气提纯与处理关键技术列入国家重大产业技术开发专项，支持 6 家大型电石企业与科研院所结对，共同攻关电石炉尾气净化与资源化利用技术，并组织专家组对新疆天业有限公司 4 万千伏安密闭式电石炉清洁生产技术及电石炉尾气提纯与处理关键技术开发项目、乌海市君正实业有限公司利用电石炉尾气生产甲酸钠重大技术研发项目、宁夏英力特化工股份有限公司大型密闭电石炉尾气制氢关键技术开发项目以及云南云维股份有限公司大型密闭电石炉清洁生产及尾气净化提纯技术开发项目等 4 个电石炉尾气综合利用开发项目进行评审，给予相关单位数百万元的重大产业技术开发专项资助。

2013 年 6 月，新疆天业集团有限公司开发的电石炉气制高纯一氧化碳和氢气工业化集成技术通过中国石油和化学工业联合会组织的科技成果鉴定。专家认定，该工业化集成技术达到国际领先水平。该项目是国内首套 $30000\text{m}^3/\text{h}$ 电石炉气制高纯一氧化碳和氢气工业化装置，对电石生产过程中副产电石炉气进行深度净化，制取高纯一氧化碳和氢气，供后续产品乙二醇和 1,4-丁二醇作为生产原料使用。项目填补了电石炉气高效、清洁利用的空白，符合国家清洁生产和节能减排产业政策，为电石炉气生产高附加值化工产品提供了技术保障。

西南化工研究设计院有限公司针对电石炉尾气的特点，将变温吸附和变压吸附净化、低压合成甲醇、甲醇制二甲醚等多项技术进行优化集成，大胆创新，首创出电石炉尾气制甲醇和二甲醚新技术，并于 2013 年底在四川茂县新鑫能源有限公司建成国内首套"8 万吨/年甲醇和 5 万吨/年二甲醚"工业示范装置，2014 年 5 月打通全流程，产出合格的甲醇和二甲醚产品。该装置技术先进、成熟可靠，具有工艺流程合理、消耗低、生产成本低、能耗低、三废少、产品质量好等特点，成功实现了电石炉尾气的高效利用。

国内相关单位通过技术创新，成功开发出利用铁合金炉尾气生产甲醇、氢、乙二醇等化工产品的工艺路线。采用高浓度 CO 铜系等温变换、高氧含量脱硫等工艺，工艺流程简单、能耗低、投资少、效益高，工程所有设备均可国产化。目前已有内蒙古鄂尔多斯瀚博科技有限公司 12 万吨/年甲醇、内蒙古乌兰察布市旭峰新创实业有限公司一期 15 万吨/年甲醇、内蒙古瑞志现代煤化工科技有限公司一期 17.5 万吨/年甲醇等铁合金炉尾气制甲醇项目采用这一技术。

综合分析上述电石炉和铁合金炉尾气利用技术，可以得出这样的结论，在当前国家大力提倡建设节约型社会的大背景下，充分利用电石炉气和铁合金炉气等工业炉气中的 CO 等有效气体，通过除尘、精脱硫、变换、净化、合成等工艺生产甲醇产品，将冶金与化工产业链有效连接，不仅可解决电石、铁合金等矿冶炉的环保问题，实现二氧化碳减排，又能实现尾气高价值综合利用，为国家和地区节能减排、环保事业做出重大贡献。

需要指出的是，由于电石炉气、铁合金气中的有效气主要是 CO，单独以此气源为原料生产化工产品时，需要通过精脱硫和铜系催化剂变换反应，将大部分 CO 转化为 H_2。如将该气体补入焦炉煤气中，则可以充分发挥两种气体组成的优势，达到为焦炉煤气补碳、生产附加值较高的化工产品的目的，流程简单，能耗低。

电石炉气的典型组成见表 9-1。

表 9-1　电石炉气典型组成

组分	H_2	CO	CO_2	CH_4	N_2	O_2	合计
含量(体积分数)/%	2～12	75～82	2～8	0.2～2	1～3	0.2～0.6	100

上表气体为布袋除尘器采用炉气吹扫后的组成。

铁合金炉气的典型组成见表 9-2。

表 9-2　铁合金炉气典型组成

组分	H_2	CO	CO_2	CH_4	N_2	O_2	合计
含量(体积分数)/%	4.18	70	11.8	0.02	13	1.0	100

目前，铁合金炉生产中均采用布袋除尘，用氮气吹扫，因此，炉气的氮气含量较高。

9.2.3　补转炉气或高炉气

转炉煤气是在转炉炼钢过程中，铁水中的碳在高温下和吹入的氧生成一氧化碳和少量二氧化碳的混合气体，其反应式为：

$$2C + O_2 \longrightarrow 2CO$$
$$2C + 2O_2 \longrightarrow 2CO_2$$
$$2CO + O_2 \longrightarrow 2CO_2$$

在冶炼过程中对炉气进行净化、回收、储存，就形成了转炉煤气。

转炉煤气的典型组成见表 9-3。

表 9-3　转炉煤气的典型组成

组分	H_2	CO	CO_2	CH_4	N_2	O_2	合计
含量(体积分数)/%	1.5～2.0	55～65	15～20	1.2～1.5	10～20	0.8～1.0	100

高炉煤气是高炉炼铁生产过程中副产的可燃气体，其典型组成见表 9-4。

表 9-4　高炉煤气典型组成

组分	H_2	CO	CO_2	CH_4	N_2	O_2	合计
含量(体积分数)/%	1.0～2.0	22～28	16～18	0.5	55	<1.0	100

我国是钢铁工业大国，2019 年粗钢产量为 10.4 亿吨。在钢铁生产过程中，副产大量的转炉煤气和高炉煤气，其中，转炉气每年超过 350 亿立方米，高炉气更是超过 1 万亿立方米。同时，钢铁联合企业还产生大量的焦炉煤气，如何高效综合利用这三种气体，已成为钢铁企业实现节能降耗、低碳减排和转型升级的重要突破口。

转炉煤气和高炉煤气的主要有效成分是 CO，利用转炉煤气和高炉煤气为焦炉煤气补碳，可生产如甲醇、乙醇、乙二醇、丁辛醇等高附加值产品，钢化联产可实现钢铁企业三种煤气资源的高效利用，显著提升企业经济效益，大幅降低碳排放，为企业创造更大的经济和社会效益。

9.2.4 补水煤气

利用焦化企业自产的 8～25mm 小粒子焦炭，借鉴工业上成熟的煤气化技术，采用常压固定床纯氧连续气化工艺（参见 11.2 节）和加压固定床液态排渣气化工艺，生产水煤气，为焦炉煤气补碳。

9.2.4.1 常压固定床纯氧连续气化补碳

采用纯氧固定床连续气化，水煤气组成见表 9-5。

表 9-5 水煤气组成

组分	H_2	CO	CO_2	CH_4	N_2	O_2	合计
含量(体积分数)/%	35～40	40～45	17～19	0.5～1.0	1.0～2.0	0.2～0.4	100

9.2.4.2 加压固定床液态排渣气化补碳

加压固定床液渣炉（国内称 YM 炉），煤气组成见表 9-6。

表 9-6 煤气组成

组分	H_2	CO	CO_2	CH_4	N_2	合计
含量(体积分数)/%	25～28	66～70	3.5～4.5	0.5～1.2	0.3～0.5	100

鉴于加压气化炉的产气量一般都在 $40000m^3/(h \cdot 台)$ 以上，因此，只有当焦炉煤气量在 $2 \times 10^5 m^3/h$ 以上的情况下，才宜采用加压气化工艺为焦炉煤气补碳。对于加工气量较小的工程，建议采用常压固定床纯氧连续气化生产水煤气补碳。

9.3 焦炉煤气补碳生产甲醇

以某 20 万吨/年焦炉煤气生产甲醇装置为例，采用常压水煤气补碳工艺，对补碳前后装置的主要技术指标进行对比分析。

9.3.1 补碳前装置的状况

9.3.1.1 焦炉煤气气量及组成

处理气量：$49000m^3/h$。

气体组成见表9-7。

表 9-7 焦炉煤气组成

组分	H_2	CO	CO_2	CH_4	N_2	C_nH_m	O_2	合计
含量（体积分数）/%	61.1	8.5	2.1	23.5	3.0	1.5	0.3	100

9.3.1.2 方块流程及气体平衡表

方块流程及气体平衡表分别见图9-1和表9-8。

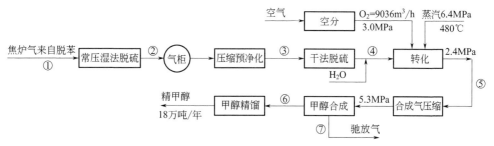

图 9-1 补碳前方块流程图

（图中物流①～⑦对应表9-8中物流①～⑦）

表 9-8 补碳前气体平衡表

项目		①进常压脱硫	②进气柜	③压缩出口	④精脱硫出口	⑤转化出口	⑥粗甲醇	⑦驰放气
气体组成（体积分数）/%	H_2	61.1	61.1	61.1	60.75	72.44	$28×10^{-6}$（质量分数）	81.64
	CO	8.5	8.5	8.5	8.64	17.22	$113×10^{-6}$（质量分数）	2.8
	CO_2	2.1	2.1	2.1	2.14	7.3	0.94%（质量分数）	4.11
	CH_4	23.5	23.5	23.5	23.89	0.91	$94×10^{-6}$（质量分数）	3.44
	N_2	3.0	3.0	3.0	3.05	2.11	$97×10^{-6}$（质量分数）	8.01
	C_nH_m	1.5	1.5	1.5	1.53	—	CH_3OH 80.19%（质量分数）	—
	O_2	0.3	0.3	0.3	—	—	H_2O 18.0%（质量分数）	—
							杂醇 0.16%（质量分数）	
							轻组分 0.27%（质量分数）	
	合计	100	100	100	100	100	100	100
气量/（m^3/h）		49000	49000	49000	48191	71432	28342kg/h	18728

续表

项目	①进常压脱硫	②进气柜	③压缩出口	④精脱硫出口	⑤转化出口	⑥粗甲醇	⑦驰放气
H_2S/(mg/m³)	5000	40	40	$<0.1\times10^{-6}$	—	—	—
有机硫/(mg/m³)	200	100	100				
温度/℃	40	40	40	350	40	40	40
压力(绝压)/MPa	0.105	0.104	2.65	2.5	2.3	0.5	4.8

9.3.1.3 主要生产操作指标

（1）甲醇产量

22.5t/h，18 万吨/年。

（2）主要消耗

焦炉煤气	49000m³/h
氧气（99.6%）	9036m³/h
蒸汽（6.4MPa，480℃）	8.0t/h
燃料气	15000～16000m³/h

（3）副产品

蒸汽（6.4MPa）　　　　　　55t/h

合成驰放气　　　　　　18473m³/h，$Q=45.687\times10^6$kcal/h

低压蒸汽　　　　　　自给

9.3.2 补碳后装置的状况

焦炉煤气组成及气量条件同前 9.3.1 节。

常压水煤气补碳系统需增加纯氧固定床气化炉及附属设备 3 套，气化炉规格 $\phi2800$，2 开 1 备，电除尘器 2 台，湿法脱硫装置 1 套、甲醇合成驰放气 PSA 提氢装置 1 套。

方块流程及气体平衡表分别见图 9-2 和表 9-9。

9.3.2.1 水煤气组成及气量

水煤气气量：12000m³/h

气体组成见表 9-9。

表 9-9 水煤气组成

组分	H_2	CO	CO_2	CH_4	N_2	O_2	合计
含量(体积分数)/%	35.0	45.8	17.5	0.5	0.9	0.3	100

9.3.2.2　方块流程及气体平衡表

方块流程及气体平衡表分别见图 9-2 和表 9-10。

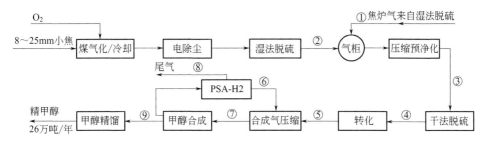

图 9-2　补碳后方块流程图
（①～⑨与表 9-2 中①～⑨对应）

表 9-10　补碳后气体平衡表

项目		①焦炉煤气	②水煤气	③混合气	④净脱硫气	⑤转化气	⑥回收氢	⑦合成气	⑧尾气	⑨粗甲醇
气体组成（体积分数）/%	H_2	61.1	35.0	55.96	55.6	67.17	99.4	69.00	39.49	28×10^{-6}（质量分数）
	CO	8.5	45.8	15.84	16.08	20.28	—	19.13	11.32	113×10^{-6}（质量分数）
	CO_2	2.1	17.5	5.13	5.21	9.72	—	9.17	13.70	0.94%（质量分数）
	CH_4	23.5	0.5	18.88	19.26	0.9	—	0.85	11.22	94×10^{-6}（质量分数）
	N_2	3.0	0.9	2.59	2.63	1.93	0.6	1.85	24.27	97×10^{-6}（质量分数）
	C_nH_m	1.5	—	1.2	1.22	—	—	—	—	CH_3OH 80.01%（质量分数）
	O_2	0.3	0.3	0.3	—	—	—	—	—	H_2O 18.0%（质量分数）
										杂醇 0.16%（质量分数）
										轻组分 0.27%（质量分数）
	合计	100	100	100	100	100	100	100	100	100
气量/（m^3/h）		49000	12000	61000	60084	83606	5030	88636	6634	40938kg/h
H_2S/（mg/m^3）		40	40	40	—	—	—	—	—	—
有机硫/（mg/m^3）		100	100	100	0.1×10^{-6}	—	—	—	—	—
温度/℃		40	40	40	350	40	40	40	40	40
压力（绝压）/MPa		0.104	0.104	2.65	2.55	2.3	2.3	5.3	0.2	0.5

9.3.2.3　主要生产操作指标

（1）甲醇产量

32.5t/h，26 万吨/年。

（2）主要消耗

焦炉煤气	49000m³/h
氧气（99.6%）	12137m³/h（其中气化用2900m³/h）
水煤气	12000m³/h
小粒子焦（8~25mm）	4.5t/h
低压蒸汽（气化用）	8.0t/h

（3）副产品

气化副产低压蒸汽	5~6t/h
副产燃料气	6634m³/h（15.41×10⁶kcal/h）

（4）增加投资

增加投资　　　　　　约3800万元

9.3.3　补碳效果

通过上述分析可知，采用水煤气补碳后，装置主要消耗指标大幅降低，吨甲醇消耗焦炉煤气由补碳前的2178m³降低至补碳后的1508m³，减少了31%，甲醇产量由18万吨/年增加到26万吨/年，增加8.0万吨/年。以小粒子焦700元/t计算，包括电、氧气、蒸汽、化学品消耗，人工费、折旧等，水煤气补碳的新增成本约为8800万元/年，折增产甲醇的单位成本为1100元/t，较单纯用焦炉煤气生产甲醇成本明显降低。所以，对于有条件的企业来说，采取水煤气补碳增产甲醇是一条简单可行、经济效益较好的技术路线。

9.4　焦炉煤气补碳生产乙醇

9.4.1　概述

2017年9月13日，国家发改委、国家能源局等十五部门联合印发了《关于扩大生物燃料乙醇生产和推广使用车用乙醇汽油的实施方案》（发改能源〔2017〕1508号）。根据方案，到2020年，在全国范围内推广使用车用乙醇汽油，基本实现全覆盖。

在此之前，我国共有11个省份使用乙醇汽油。其中，辽宁、吉林、黑龙江、河南、安徽和广西6个省份为"全封闭式"推广，原则上6省份内所有加油站全部提供乙醇汽油，不得混杂普通汽油；而江苏、湖北、河北、山东和广东5个省份则是"半封闭式"推广，有些区域的加油站同时提供普通汽油和乙醇汽油。2018 年 6 月 12 日，天津宣布于 8 月底前推广车用乙醇汽油，成为中国计划封闭推广乙醇汽油以来，对乙醇汽油推广时间予以明确的首个城市。

2018 年 8 月 22 日，国务院常务会议确定了生物燃料乙醇产业总体布局：坚持控制总量、有限定点、公平准入，适量利用酒精闲置产能，适度布局粮食燃料乙醇生产，加快建设木薯燃料乙醇项目，开展秸秆、钢铁工业尾气等制燃料乙醇产业化示范。会议决定，有序扩大车用乙醇汽油的推广使用，除黑龙江、吉林、辽宁等 11 个试点省份外，进一步在北京、天津、河北等 15 个省份推广。

乙醇汽油的关注度与日俱增，届时燃料乙醇供给能力是否可以满足添加所需是个需要关注的问题。2019 年，我国汽油表观消费量约为 1.25 亿吨，若按照 10% 的燃料乙醇添加比例，未来在全国逐步实现封闭使用乙醇汽油，理论上燃料乙醇消费量 1250 万吨。2019 年，国内燃料乙醇产量仅为 268 万吨，燃料乙醇供给量存在千万吨缺口，国内乙醇市场空间巨大。

鉴于我国"以全球 7% 的耕地养活全球 20% 的人口"和"富煤贫油少气"的能源现状，单纯依靠生物发酵生产乙醇，将可能导致"与人争粮"的局面，因此，大力发展煤基乙醇符合我国能源结构特点。早在 2010 年，中科院大连化物所就开展"煤基乙醇技术关键催化剂"的研究开发工作。2012 年，大连化物所与陕西延长石油（集团）有限责任公司联合开展"甲醇/合成气经二甲醚羰基化制无水乙醇技术（DMTE 技术）"项目研发工作，2013 年实现关键二甲醚羰基化催化剂活性和寿命的突破。2015 年 9 月，国家能源局委托中国石油和化学工业联合会对该项目中试成果进行成果鉴定，鉴定委员会认为：技术指标先进、应用性强，与国际同类技术相比，主要指标达到国际领先水平。

2014 年，大连化物所与延长石油启动了"10 万吨/年合成气制乙醇工业示范"项目，采用合成气经甲醇脱水、二甲醚羰基化、乙酸甲酯加氢的技术路线（DMTE），2016 年 10 月装置建成，2017 年 1 月成功打通全流程，产出合格无水乙醇产品，纯度达到 99.71%，各项技术指标均达到或优于设计值，引起国内外煤化工行业的广泛关注。2017 年 11 月，以该装置产品调配的 E10 乙醇汽油通过了国家石油燃料监督检验中心（河南）认证，达到国家 GB 18351—2015 标准。检测指标再一次证明了 DMTE 技术是目前同类工艺路线中最可靠、稳定、最具创新性的技术路线。工业示范装置的成功运行，为大型 DMTE 装置的建设提供了宝贵的设计依据和建设经验。截至目前，国内已有延长兴化 50 万吨/年、新疆天业 60 万吨/年等大型合成气制乙醇工业装置采用该技术，均正在建设中。另外，河南鹤壁腾飞清洁能源有限公司采用该技术建设 30 万吨/年二甲醚制乙醇项目已于 2019 年 11 月开工建设。

采用合成气经二甲醚羰基化制无水乙醇技术，利用焦炉煤气和补碳气（电石炉气、铁合金炉气、黄磷炉气及转炉气等，以下统称"矿冶炉气"）生产乙醇，既不"与人争粮"，又利用了工业副产的气体，是一条经济合理的技术路线。

9.4.2　合成气经二甲醚羰基化制乙醇的反应及工艺过程

反应过程：合成气制甲醇，甲醇催化脱水制二甲醚，二甲醚羰基化制乙酸甲酯，乙酸甲酯催化加氢制取乙醇。

反应方程式如下：

$$CO + 2H_2 \longrightarrow CH_3OH（合成气制甲醇）$$
$$CH_3OH + CH_3OH \longrightarrow CH_3OCH_3 + H_2O（甲醇脱水制二甲醚）$$
$$CH_3OCH_3 + CO \longrightarrow CH_3COOCH_3（二甲醚羰基化制乙酸甲酯）$$
$$2CH_3COOCH_3 + 3H_2 \longrightarrow 3CH_3CH_2OH（乙酸甲酯催化加氢制乙醇）$$

其工艺过程如图 9-3、图 9-4 所示。

图 9-3　合成气生产乙醇工艺过程图

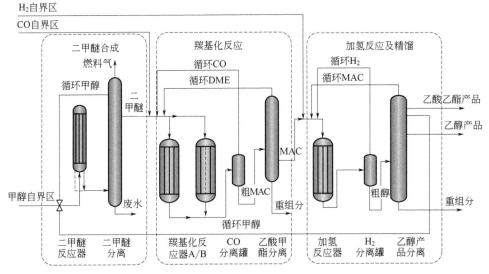

图 9-4　合成气生产乙醇工艺流程简图

9.4.3　焦炉煤气补碳生产乙醇方案

9.4.3.1　方块流程

焦炉煤气补矿冶炉气生产乙醇方块流程见图 9-5。

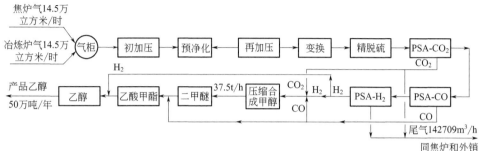

图 9-5　焦炉煤气与矿冶炉气生产乙醇方块流程图

9.4.3.2　主要技术经济指标

（1）产品方案

① 产品：乙醇，纯度 99.71％，50 万吨/年（62.5t/h）。

② 副产品：

重组分　　　　　　　　　0.95 万吨/年

PSA 尾气　　　　　　　　142709m³/h，热值 $Q=3019.6$kcal/m³

其中，返回焦炉燃烧 89060m³/h（约为焦炉煤气总热量的 45％），尚余 53649m³/h，用于多联产发电，详见 10.4 节。

（2）主要消耗

① 焦炉煤气

处理气量：145000m³/h，$Q=4121.3$kcal/m³。

气体组成见表 9-11。

表 9-11　焦炉煤气气体组成

组分	H_2	CO	CO_2	CH_4	N_2	C_nH_m	O_2	合计
含量(体积分数)/%	59.0	8.0	3.0	23.0	4.0	2.5	0.5	100

② 矿冶炉气

处理气量：145000m³/h，$Q=2710.66$kcal/m³。

气体组成见表 9-12。

表 9-12　矿冶炉气气体组成

组分	H_2	CO	CO_2	CH_4	N_2	O_2	合计
含量(体积分数)/%	8.0	78.0	8.0	1.6	4.0	0.4	100

③ 电耗   63000kW·h   1008kW·h/t 乙醇

④ 蒸汽   170t/h   2.72t/t 乙醇

⑤ 冷却水   28000t/h   448t/t 乙醇

⑥ 新鲜水   500t/h   8t/t 乙醇

⑦ 由于副产燃料气，则乙醇产品的原料气消耗以热量消耗来计算。

$$\Delta Q = (990.6 - 430.9) \times 10^6 = 559.7 \times 10^6 \ \text{kcal/h}$$

折单位能耗为 $8.955 \times 10^6 \text{kcal/t}$ 乙醇。

9.4.4 评述

综上所述，采用焦炉煤气＋矿冶炉气补碳为原料，通过合成气经二甲醚羰基化生产乙醇，具有工艺流程合理、资源利用率高、技术成熟可靠、产品市场前景好、投资省、消耗低等优点，投资较煤气化制乙醇减少约 30%，成本要低得多。

① 单位产品耗原料气以总热量计约为 $8.955 \times 10^6 \text{kcal/t}$ 乙醇，折标煤 1.28t，仅为煤气化生产乙醇耗 2.3t 标煤的 55%～60%。

② 与煤气化生产乙醇装置相比，减少了备煤、气化、渣水处理、空分等装置，减少了煤转化过程中的能量损失，提高了能源利用效率，减少了投资和占地，同时可以大大减少 CO_2 的排放。

③ 国内已有多套焦炉煤气和矿冶炉煤气生产化工产品的大中型装置在运行，有生产甲醇和乙二醇的，也有用焦炉煤气-醋酸路线生产乙醇的，各单元生产技术均成熟可靠。

④ 用焦炉煤气和矿冶炉气生产乙醇时，PSA 提氢后的尾气主要成分为 CH_4 和 C_nH_m 高碳烃化合物，可以用 CO_2 气调节热值至 3000～4200kcal/m^3，既可返回焦炉燃烧，又可外供作为燃料，做到废气不放空，减少对环境的污染。

9.5 焦炉煤气补碳生产乙二醇

9.5.1 概述

乙二醇又名甘醇、1,2-亚乙基二醇，简称 EG 或 MEG（单乙二醇），化学式为 $(CH_2OH)_2$，分子结构式为：

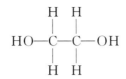

乙二醇（EG）是一种重要的石油化工基础有机原料，主要用于生产聚酯纤维、防冻剂、不饱和聚酯树脂、润滑剂、增塑剂、非离子表面活性剂以及炸药等，此外还可用于涂料、照相显影液、刹车液以及油墨等行业，用作过硼酸铵的溶剂和介质，用于生产特种溶剂乙二醇醚等，用途十分广泛。

随着我国聚酯产业的快速发展，国内乙二醇需求大幅提升。2019年，我国乙二醇表观消费量达1733万吨，产量739万吨，进口994万吨，国内自给率尚不足50%。

近年来，我国乙二醇产能保持较高增长速度。截至2019年，乙二醇总产能已达到1076.2万吨，近五年年均增速9.63%。当前，乙二醇工业生产路线大致分为两种：乙烯法和合成气草酸酯法。其中，乙烯法根据乙烯来源的不同又可以分为石脑油裂解制乙烯、乙烷裂解制乙烯（石油伴生气、页岩气）和MTO制乙烯，乙二醇总产能627万吨，占比58.28%；合成气草酸酯法又分为煤制合成气、焦炉煤气或矿冶炉尾气制合成气以及天然气制合成气等，乙二醇总产能449万吨，占比41.72%。

本节主要介绍利用焦炉煤气和矿冶炉气生产乙二醇的技术。

9.5.2　合成气生产乙二醇技术

合成气制乙二醇的研究要追溯至1948年，美国杜邦公司首先提出了合成气直接制乙二醇的工艺路线。此后，美国联合碳化公司、日本帝人化学和德国巴斯夫等公司对该工艺的催化剂、配体等进行多方面改进，使得反应条件更加温和，乙二醇选择性更高、副产物更少，但仍存在诸多不足，比如反应压力过高、合成气转化率低等问题，至今未产业化。由于合成气直接制乙二醇工艺的难度大，因此将合成气间接合成乙二醇成为研究重点。1966年，美国联合石油公司提出了采用Pd-Cu催化剂的草酸酯法，1978年，日本宇部化学建立了年产6000t的草酸二丁酯装置。

国内从20世纪80年代开始该工艺的研究，目前掌握合成气制乙二醇工业化技术的单位主要有：中科院福建物构所、上海戊正、上海浦景-华东理工、日本宇部兴产-高化学-东华科技、中国五环-华烁科技、中石化上海石化研究院等。除高化学是与日本宇部兴产合作以外，其他均为国内自主研发。

各家专利技术的关键催化剂的主要成分基本相同，加氢反应压力比较接近。

在研发选择性高和稳定性强的催化剂方面，中国石油化工股份有限公司北京化工研究院研制出一种负载型阮内镍合金催化剂，用来脱除乙二醇中的醛，提高乙二醇的品质；宁波中科远东催化工程技术有限公司开发出蛋壳型分布偶联催化剂，提高了贵金属的利用率，降低了贵金属的使用量，增加了反应活性，现已应用到山东华鲁恒升化工股份有限公司的 50 万吨/年合成气制乙二醇生产装置中。

随着我国乙二醇市场需求的不断增长，煤制乙二醇的发展将起着至关重要的作用，技术创新和工艺改进还拥有较大的市场和技术空间。

我国政府也高度重视煤制乙二醇产业。早在 2009 年初，"煤制乙二醇"被列入国家石化产品调整和振兴规划。2011 年 4 月 25 日，国家修订并发布了新的产业结构调整指导目录，即《产业结构调整指导目录（2011 年本）》；其中，20 万吨/年及以上合成气制（煤制乙二醇）乙二醇生产技术开发与应用被列入鼓励类发展项目，为国内乙二醇市场提供了一个极佳的发展机会。

2019 年，国内煤制乙二醇产能达到 488 万吨/年，较 2015 年增长 276 万吨；全年产量 313.5 万吨，较 2015 年增加 211.5 万吨。煤制乙二醇产能占全国乙二醇总产能的 43.2%，为我国石化原料多元化发展提供了重要支撑。

目前投产的项目中，仅有新疆天业一期 5 万吨/年的装置采用电石炉气为原料生产乙二醇，内蒙古建元煤焦化有限责任公司 26 万吨/年焦炉煤气制乙二醇装置已建成。另外，还有一批利用焦炉煤气和用兰炭荒煤气等工业炉气生产乙二醇的装置正在建设中。

9.5.3 合成气制乙二醇的工艺过程

9.5.3.1 反应路线

草酸二甲酯路线即由 CO 气相催化合成草酸二甲酯，再经催化加氢制取乙二醇，通过后续的精制，可以获得纯度较高的聚酯级乙二醇。该路线反应分为 3 步：

（1）氧化酯化反应

甲醇与 NO 反应生成亚硝酸甲酯（MN）

$$2NO + 1/2 O_2 + 2CH_3OH \longrightarrow 2CH_3ONO + H_2O$$

（2）CO 氧化偶联反应

CO 与 MN 在 Pd/Al_2O_3 催化剂的作用下，通过羰化偶联制草酸二甲酯（DMO）。

$$2CO + 2CH_3ONO \longrightarrow CH_3OOCCOOCH_3 + 2NO$$

（3）草酸酯加氢反应

草酸二甲酯（DMO）在 Cu 催化剂的作用下，进一步加氢合成乙二醇（EG）。

$$(COOCH_3)_2 + 4H_2 \longrightarrow HOCH_2CH_2OH + 2CH_3OH$$

总反应式为：

$$2CO + 4H_2 + \frac{1}{2}O_2 \longrightarrow HOCH_2CH_2OH + H_2O$$

上述第一步，酯化反应无需催化剂，反应速度很快。第二步羰化反应用钯基催化剂，在 0.2～0.6MPa，150℃ 以下的温度和条件下反应。第三步加氢反应是在 2.0～3.5MPa，170～250℃ 铜基催化的作用下进行反应，第三步是合成乙二醇技术的关键。

9.5.3.2　主要工艺过程

合成气生产乙二醇主要工艺过程见图 9-6。

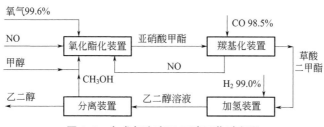

图 9-6　合成气生产乙二醇工艺过程图

9.5.4　利用焦炉煤气和矿冶炉气生产 40 万吨/年乙二醇工艺方案

9.5.4.1　方块流程

利用焦炉煤气和矿冶炉气生产 40 万吨/年乙二醇方块流程见图 9-7。

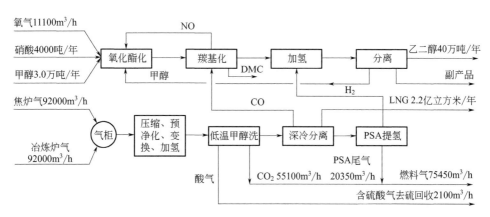

图 9-7　利用焦炉煤气和矿冶炉气生产 40 万吨/年乙二醇方块流程图

9.5.4.2 原料及产品

（1）原料气的要求

① 对 CO 气的要求（表 9-13）。

表 9-13　对 CO 气的要求

组分	规格	组分	规格
CO(体积分数)/%	≥98.5	H_2O(体积分数)$/\times10^{-6}$	≤10
H_2(体积分数)/%	≤0.1	S(体积分数)$/\times10^{-6}$	≤0.1
O_2(体积分数)$/\times10^{-6}$	≤100	As(体积分数)$/\times10^{-6}$	≤0.1

② 对 H_2 的要求（表 9-14）。

表 9-14　对 H_2 的要求

组分	规格	组分	规格
H_2(体积分数)/%	≥99.9	H_2O(体积分数)$/\times10^{-6}$	≤10
$CO+CO_2$(体积分数)$/\times10^{-6}$	≤200	S(体积分数)$/\times10^{-6}$	≤0.1
O_2(体积分数)$/\times10^{-6}$	≤10	As(体积分数)$/\times10^{-6}$	≤0.1

（2）产品规格

① 乙二醇　乙二醇产品符合 GB/T 4649—2018 的要求，质量要求见表 9-15。

表 9-15　乙二醇产品规格表

项目		聚酯级	工业级
外观		透明液体,无机械杂质	
乙二醇(质量分数)/%	≥	99.9	99.0
二乙二醇(质量分数)/%	≤	0.050	0.600
1,4-丁二醇[①](质量分数)/%		报告[②]	
1,2-丁二醇[①](质量分数)/%		报告[②]	
1,2-己二醇[①](质量分数)/%		报告[②]	
碳酸乙烯酯[①](质量分数)/%		报告[②]	
色度(铂-钴)/号 　加热前 　加盐酸加热后	 ≤ ≤	 5 20	 10 —
密度(20℃)/(g/cm³)		1.1128~1.1138	1.1125~1.1140
沸程(在 0℃,0.10133MPa) 　初馏点/℃ 　干点/℃	 ≥ ≤	 196.0 199.0	 195.0 200.0
水分(质量分数)/%	≤	0.08	0.20

项目		聚酯级	工业级
酸度(以乙酸计)/(mg/kg)	≤	10	30
铁含量/(mg/kg)	≤	0.10	5.0
灰分/(mg/kg)	≤	10	20
醛含量(以甲醛计)/(mg/kg)	≤	8.0	—
紫外透光率/% 220nm 250nm 275nm 350nm	 ≥ ≥ ≥	 75 报告[②] 92 99	 —
氯离子/(mg/kg)	≤	0.5	—

① 乙烯氧化/环氧乙烷水合工艺对该项目不做要求。

② "报告"是指需测定并提供实测数据。

② 碳酸二甲酯：碳酸二甲酯（DMC）产品暂无国家标准，借鉴有色金属行业标准《碳酸二甲酯》YS/T 672—2008 执行。碳酸二甲酯（DMC）主要质量指标见表 9-16。

表 9-16 碳酸二甲酯主要质量指标

项目		指标		
		高纯级(电池级)	优级品	一级品
碳酸二甲酯含量(质量分数)/%	≥	99.9	99.8	99.5
水分含量(质量分数)/%	≤	0.002	0.02	0.1
甲醇含量(质量分数)/%	≤	0.002	0.05	0.2
色度(Pt-Co)号	≤	5	5	10
酸度(以碳酸计)/(mmol/100g)	≤	0.025	0.025	0.025
密度(25℃)/(g/cm³)		1.071±0.005		

外观质量：无色透明，有刺激性芳香气味的液体，无可见杂质。

9.5.4.3 主要指标

（1）产品及副产品

① 产品：乙二醇 40 万吨/年（50t/h）

其中：聚酯级优等产品，38.2 万吨/年；合格级产品 1.8 万吨/年（防冻剂用品）。

② 副产品

工业级碳酸二甲酯　　　　　1.78 万吨/年

DMO 重组分   0.71 万吨/年

LNG   17 万吨/年（2.2 亿 m³/年）

燃料（$Q=510\text{kcal/m}^3$）   7.5 万立方米/时

（2）主要消耗

① 原料

焦炉煤气 $Q=4121.3\text{kcal/m}^3$，92000m³/h

矿冶炉气 $Q=2710.66\text{kcal/m}^3$，92000m³/h

氧气（99.6% O_2）   11100m³/h

甲醇   3.0 万吨/年

硝酸（63.5%）   4000t/a

② 动力消耗

电力   21000kW·h

蒸汽（4.01MPa、435℃） 330t/h

冷却水   18000t/h

新鲜水   400t/h

（3）投资

投资约 31 亿元。

（4）成本（原料气按照 0.15 元/1000kcal 计）

成本约 3000 元/t。

9.5.5 评述

综上所述，采用焦炉煤气＋矿冶炉气补碳为原料生产乙二醇，具有技术成熟可靠、成本低、投资省、能耗少、环境友好等优势，不仅能为企业创造良好的经济效益，还能够填补国内乙二醇需求的缺口，是一条现实可行的焦炉煤气综合利用路线。从资源利用和环境角度看，利用焦炉尾气和矿冶炉气生产乙二醇，有利于减少环境污染，符合国家相关产业政策。

① 相较于传统的煤制乙二醇项目，不需要空分、备煤、气化、渣水处理、硫回收等装置，投资和占地均相对较少。

② 合成气制乙二醇技术是成熟的，目前国内已有几十套工业化装置在运转，包括以电石炉气、焦炉煤气为原料生产乙二醇的装置。

③ 采用深冷分离 CO 和 CH_4 的流程，CO 纯度高，完全满足乙二醇装置对原料气的要求，同时可以副产 LNG 产品，有效气利用率高。

9.6　焦炉煤气与矿冶炉气经费托合成油品及化工产品

9.6.1　概述

费托合成 Fischer-Tropsch Synthesis（FTS）是将含碳原料（如煤、天然气、生物质等）气化为合成气，然后通过催化剂转化为柴油、石脑油和其他烃类产品的聚合过程。

1923 年，德国化学家 Fischer 和 Tropsch 发现在加碱铁屑上，合成气（$CO+H_2$）可以制取液体燃料，反应条件为 $10\sim13.3MPa$、$447\sim567℃$，后被称为 F-T 合成法。

1934 年，德国鲁尔化学公司开始建造世界上第一个以煤为原料的 F-T 合成油工厂，$1935\sim1945$ 年二战期间，德国共建设了 9 个 F-T 合成油厂，总产量达 57 万吨/年。同期，法、日、中也分别建设了 6 个 F-T 合成油厂。二战后，因不能与石油竞争而纷纷关闭。

南非是个富煤缺油的国家，长期受到国际社会的政治和经济制裁，没有石油供应，被迫发展煤制油工业。20 世纪 50 年代，南非成立了 Sasol 公司，开始建设 F-T 合成油工厂，第一个厂于 1955 年建成投产。1980 年与 1982 年又分别在赛昆达建成了 Sasol Ⅱ 厂和 Sasol Ⅲ 厂。Sasol 公司是目前世界上最大的煤化工综合企业，年加工原煤近 5000 万吨，生产油品和化学品 700 万吨以上，其中油品近 500 万吨。

1973 年和 1979 年的两次世界性石油危机，造成世界原油价格大起大落，基于战略技术储备的考虑，F-T 合成技术重新唤起工业化国家的兴趣。20 世纪 70 年代，荷兰 Shell 公司开始合成油品的研究，80 年代中期，研制出新型钴基催化剂和重质烃转化催化剂，油品以柴油、煤油为主，副产硬蜡，1989 年开始在马来西亚 Bintulu 建设以天然气为原料（GTL）的 50 万吨/年合成中间馏分油厂。

1949 年，新中国成立以后，我国恢复和扩建了锦州煤制油装置，采用常压钴基催化剂，固定床反应器，1959 年最高年产量达到 4.7 万吨。1953 年，中国科学院原大连石油研究所进行了 4500t/a 的铁催化剂流化床合成油中试装置，取得了工业放大所需的设计参数。1959 年，大庆油田的发现，影响我国合成油事业的发展，1967 年，锦州合成油装置停产。

20 世纪 80 年代以来，石油资源日趋短缺和劣质化，同时煤炭和天然气探明储量却不断增加，F-T 合成技术再次引起世界各国的广泛关注，我国也重新恢复了煤制油技术的研究与开发，先后有中科院山西煤化所、山西代县化肥厂、晋城第二化肥厂、兖矿集团、中科合成油工程公司、陕西金巢国际集团、宝鸡化肥厂、北京京立清洁能源科技有限公司等单位，对 F-T 合成的钴基和铁基催化剂及合成油工艺进行了大量的研究，建立了多套试验装置，有些研究成果已被应用于工业生产装置，为我国的合成油事业奠定了坚实的基础。

9.6.2 我国费托合成工业发展情况

9.6.2.1 国内费托合成发展进程

20 世纪 80 年代初，中国科学院山西煤炭化学研究所提出将传统的 F-T 合成与沸石分子筛相结合的固定床两段合成工艺（MFT 工艺），开发出 F-T 合成沉淀型铁基工业催化剂和分子筛催化剂。80 年代末期，在山西代县化肥厂完成 100t/a 工业中试，1993—1994 年，在山西晋城第二化肥厂进行了 2000t/a 工业试验，并产出合格的 90 号汽油。90 年代初，进一步开发出新型高效 Fe-Mn 超细催化剂，1996—1997 年，完成连续运转 3000h 的工业单管试验，汽油收率和品质得到较大幅度的提高。2000—2002 年，建立了一套千吨级规模的合成油中间试验装置，并进行了多次 1500h 的连续试验，获取了工业设计数据。截至 2004 年，中科院山西煤化所已经研发出了 ICC-IA 和 ICC-IIA 高活性铁系催化剂及其在千吨级规模上的生产技术、高效浆态床反应器内构件、催化剂在床层中的分布与控制、产物与催化剂分离等关键技术，全面达到了国际同类先进水平。2005 年 9 月，项目通过了国家科技部验收。

2006 年，我国进行了 16 万～18 万吨/年 F-T 合成油示范工程建设，内蒙古伊泰、山西潞安、神华三个集团承担了该项任务，被列为国家"863"高新技术项目，产品为柴油、石脑油和 LPG，采用中科院山西煤化所开发的 F-T 技术，2009 年 3 月后，项目陆续建成投产。满负荷生产数据为吨油能耗 110GJ，折合标煤 3.75t，催化剂生产能力为 1200～1500t 油品/t 催化剂。

2016 年 12 月，神华宁煤 400 万吨/年煤间接液化示范项目投产，标志着我国煤制油工业已进入了产业化的时代。该项目，采用中科合成油公司自主研发的 F-T 及加工技术，首次在国际上采用高温浆态床煤间接液化工艺，开发了匹配的催化剂和大型高温浆态床间接液化反应器，形成了高温浆态床中温费托合成及清洁油品加工成套技术，产品为年产油品 405 万吨，其中柴油及化工品 273 万吨，石脑油 98 万吨，液化气 34 万吨。还有混醇 7.5 万吨及硫铵等产品。经鉴定，甲烷选择性为 2.9%（质量分数），C_{5+} 选择性为

92.82％（质量分数），吨油耗水 5.7t，吨油耗煤 3.5t 标煤，总体技术达到国际先进水平。

2017 年后，潞安集团 180 万吨/年高硫煤清洁利用油化电热一体化示范项目、内蒙古伊泰化工 120 万吨/年精细化学品示范项目先后投产。伊泰集团还先后建设了 5 万吨/年稳定轻烃深加工项目、10 万吨/年费托蜡精制项目以及伊泰宁能 50 万吨/年费托烷烃精细分离项目等，为开发高附加值煤基精细化学品和新材料产品、发展我国煤基费托合成化工产品建立了示范平台。

2002 年，兖矿集团开展了煤间接液化制油技术的研究与开发工作。2003年 6 月，开发出低温费托合成催化剂，各项性能指标均接近或优于国外同类催化剂，完成了低温费托合成反应器和费托合成工艺的开发研究工作。2003年底，煤液化催化剂中试工厂建成并生产出合格的催化剂。2004 年 3 月 31日，设计能力 5000 吨/年油品的煤炭液化费托合成中试装置一次投料试车成功，累计运行 252 天，其中连续平稳满负荷运行近 200 天。2005 年 1 月 29日，兖矿"低温费托合成间接液化技术""煤基浆态床低温费托合成产物加氢提质技术""铁基浆态床费托合成催化剂开发与放大研究"三项科技成果，顺利通过由中国石油和化学工业联合会组织的科技成果鉴定，鉴定意见为"技术国内领先，国际先进水平"。国家"863 计划"课题"煤间接液化催化剂及工艺关键技术"于 2005 年 12 月 30 日顺利通过了科技部组织的课题验收。

2015 年，兖矿集团陕西未来能源公司百万吨级 F-T 合成油装置投产，采用低温铁基合成催化剂，于 2017 年实现达产达效，反应中（$CO+H_2$）总转化率≥95％，选择性 CH_4≤4.0％，C_{5+}≥88％，含氧化合物≤4.0％，煤耗 3.59 吨/吨油，水耗 6.5 吨/吨油，能量转化效率 42.4％，项目获得 2017 年度煤炭工业协会科学技术奖唯一的特等奖。在此基础上，兖矿自主开发的首套 10 万吨/年高温 F-T 合成油示范装置，于 2018 年 9 月成功投料生产，经一年多的满负荷运行，产量达 11 万吨/年，合成产物以短链烯烃为主，C_2～C_4烯烃平均含量 22％，C_4 以上的 α-烯烃含量高达 28.13％，可以生产石油化工路线难以得到的高附加值化产品。该装置坚持"宜油则油，宜化则化"的理念，实现了精细化加工与石油化工的深度耦合。目前，兖矿集团正在筹建一期工程的后续项目，计划于 2022 年投产，将设置 2 条 100 万吨/年高温 F-T和 2 条 100 万吨/年低温 F-T 生产线，年产汽油、航煤、柴油、润滑油、基础油品约 200 万吨，PE、PP、丙烯腈、丁腈橡胶等化工产品约 200 万吨，年总产量达 416 万吨。该项目将秉承"分子加工"的理念，充分发挥高低温 F-T合成不同产品的特性，结合市场需要进行产品方案设计，主要生产高清洁油品、高端化工品、副产品等3类28种产品,有助于填补我国1-辛烯等产品的生产空白,也有助于油品和化工产品的优势互补。

北京京立清洁能源科技有限公司自主开发的低温固定床JL-GX催化剂费托反应新工艺,在邢台旭阳化工工业化示范装置投产。该工艺以焦炉煤气为原料,生产高端精细化学品,所得产品洁净且附加值较高,并可根据市场需求进行结构比调整。其基本结构是50%的特清洁费托油,可制成费托优质军用柴油、费托航空汽油、化工溶剂油,50%的液态费托蜡,可制成食品级费托蜡、费托高精蜡、高级润滑油。与一般费托工艺相比,这种费托新工艺的特点是气体原料来源广,除了天然气外,还可以利用工业废气(包括焦炉煤气、煤层气、油田伴生气、沼气)费托合成化学品,可以帮助现有以工业合成气为原料的产能过剩企业进行产品升级或结构调整。

截至2019年,我国煤制油产能已达921万吨/年,是世界上煤制油产能最大的国家。当前,国际石油价格持续低迷且在短期内尚无回暖的趋势,与此同时,"限煤"政策导致煤价上涨,煤制油的盈利空间较小,甚至不盈利。因此,在产品路线的选择上,应该遵循"宜油则油,宜化则化"的原则,特别是小型的F-T合成装置,应以高附加值化工产品为主。

9.6.2.2 关键技术

(1)费托合成催化剂

费托合成催化剂通常包括下列组分:活性金属(第Ⅷ族过渡金属,如Co、Ru、Fe、Ni、Rh等),氧化物载体或结构助剂(SiO_2、Al_2O_3等)。钌(Ru)基催化剂在费托合成过程中的复杂因素最少,被认为是最佳的费托合成催化剂,但价格昂贵、储量不足,仅限于基础研究。镍基催化剂的加氢能力太强,易形成羰基镍和甲烷,因而使用上受到限制。目前已经用于大规模生产的费托合成催化剂只有铁基催化剂和钴基催化剂。

钴基催化剂的价格相对较高,具有高的单程转化率和不敏感的水煤气变换反应活性,较适合于天然气基合成气($H_2/CO=1.6\sim2.2$)的转化,产品主要以重质烃、石蜡为主。

铁基催化剂廉价易得,具有较高水煤气变换反应活性,更适合于低氢碳比的煤基合成气($H_2/CO=0.5\sim0.7$)的转化。铁基催化剂按使用温度可分为低温铁基催化剂和高温铁基催化剂。低温铁基催化剂的使用温度一般为$220\sim250℃$,采用列管式固定床反应器或鼓泡浆态床反应器,主要产物为长链重质烃,经加氢裂化或异构化可生产优质柴油、汽油、煤油、润滑油等,同时副产高附加值的硬蜡,低温铁基催化剂的主组分为$\alpha\text{-}Fe_2O_3$,添加的助

剂有 K_2O、CuO 和 SiO_2 或 Al_2O_3。高温铁基催化剂有熔铁催化剂和沉淀铁催化剂两种，使用温度范围为 310～350℃，采用流化床反应器，产物以烯烃、化学品、汽油和柴油为主。

我国对铁基和钴基催化剂，分别进行了大量的研究，从试验室配方、制备工艺的研发优化以及中试、工业放大研究并建立中试规模的生产装置、进行连续生产的验证及考核，再到建立配套的催化剂生产装置等方面，都进行了一整套完整的开发研究工作，为工业化生产装置提供了有力的保证。

中科合成油技术有限公司从建立 16 万吨/年费托合成示范装置开始，就成立了催化剂有限公司，研究生产铁基低温费托合成催化剂，并配套供应费托合成油工厂。

上海兖矿能源科技研发公司自主研发了应用于高温费托合成过程的沉淀铁基催化剂和熔铁催化剂，其中沉淀铁基催化剂应用于年产 1 万吨规模的中试装置，熔铁催化剂应用于 10 万吨/年的高温费托合成工业示范装置。兖矿集团陕西未来能源公司在一期工程百万吨费托合成示范项目中，同时配套建设了 3000 吨/年低温费托合成铁基催化剂的生产装置，为项目的安、稳、长、满、优运行提供了可靠的保障。

北京京立清洁能源科技有限公司开发了低温固定床钴基费托合成催化剂（JT-GX 型），并经工业化示范装置验证。该催化剂的原料气总转化率达到 93%，CH_4 选择性不超过 10%，C_{5+} 的选择性高于 80%，其中费托合成蜡约为 50%～60%，催化剂的活性、转化率、产品选择性、时空收率等指标均达到国际先进水平。同时，该催化剂还可以多次再生，不但降低了生产成本，还大大减少了废固的排放与处理，环保意义重大。

另外，中科院大连化学物理研究所、中石化石油化工科学研究院、陕西金巢国际集团等单位，对费托合成催化剂都有研究成果。

（2）费托合成工艺及反应器

费托合成工艺按反应温度可分为低温费托合成工艺和高温费托合成工艺。通常将反应温度低于 280℃的称为低温费托合成工艺，产物主要是柴油以及高品质蜡等，常采用固定床或浆态床反应器；高于 300℃的称为高温费托合成工艺，产物主要是汽油、柴油、含氧有机化学品和烯烃，常采用流化床（循环流化床、固定流化床）反应器。

浆态床费托合成反应器与传统的列管式固定床费托合成反应器相比，具有混合效果好、温度均匀、可等温操作、单位反应器体积产率高、吨产品催化剂消耗低、可在较大范围内改变产品组成、床层压降低、操作成本低、反应器结构简单、易于放大、投资低等优点。

上海兖矿能源科技研发有限公司开发了一种连续操作的气液固三相浆态床工业反应器，成功应用于兖矿榆林百万吨级低温费托合成煤间接液化工业示范项目。该项目采用浆态床反应器＋铁基催化剂，由催化剂活化、费托合成及反应水精馏三部分构成，年产柴油 78.08 万吨、石脑油 25.84 万吨、液化石油气 5.65 万吨，联产电力 110MW·h。一级反应器直径 9.8m，高 52m，产能 73万吨/年，是目前世界上尺寸最大、技术最先进的费托合成浆态床反应器之一。

神华宁煤集团和中科合成油公司，开发了高温浆态床中温费托合成及清洁油品的加工成套技术，成功用于神宁 400 万吨/年大型费托合成油装置，反应器共 8 台，单台能力达到 50 万吨/年。

固定流化床费托合成反应器具有床层等温性好、选择性易于控制、反应器造价低、烃类产品选择性高等优点。2018 年，上海兖矿能源科技研发有限公司开发了新型固定流化床费托合成反应器，成功应用于 10 万吨/年高温费托合成工业示范装置（反应器直径 3m）。

9.6.3 费托合成的反应原理及产品分布

9.6.3.1 反应机理

费托合成是 CO 和 H_2 在催化剂和一定的温度压力的作用下，以液态烃类为主要产品的反应系统，是 CO 加氢的碳链增长反应。

主要化学反应如下：

费托合成反应 $nCO + \left(n+\dfrac{m}{2}\right)H_2 \longrightarrow C_nH_m + nH_2O$

水煤气变换反应 $CO + H_2O \longrightarrow H_2 + CO_2$

生成醇的反应 $CO + \left(2+\dfrac{1}{n}H_2\right) \longrightarrow \dfrac{1}{n}C_nH_{2n+2}O + H_2O$

生成酸的反应 $CO + \left(1-\dfrac{1}{n}\right)H_2 \longrightarrow \dfrac{1}{n}C_nH_{2n}O_2 + \left(1-\dfrac{2}{n}\right)H_2O$

生成醛/酮的反应 $CO + \left(1-\dfrac{1}{n}\right)H_2 \longrightarrow \dfrac{1}{n}C_nH_{2n}O + \left(1-\dfrac{1}{n}\right)H_2O$

上述费托合成反应为主反应，主要生成直链的烷烃和烯烃。由于催化剂及反应条件的不同，产品组成也不同。钴基催化剂得到的烷烃多，铁基催化剂得到的烯烃较多。

铁基催化剂又分为低温费托合成和高温费托合成两种。低温费托合成的

反应温度为 $220 \sim 250℃$，压力为 $2.5MPa$ 左右，高温费托合成的反应温度为 $310 \sim 350℃$，压力为 $2.5MPa$ 左右。

9.6.3.2　产品分布

铁基催化剂可在高温和低温下操作，其产品分布有较大的不同。高温和低温费托合成产品选择性对比见表 9-17。高温与低温费托合成预计产品构成见表 9-18。

表 9-17　高温费托合成与低温费托合成产品选择性对比表

组分	产品选择性(质量分数)/%		组分	产品选择性(质量分数)/%	
	高温费托合成	低温费托合成		高温费托合成	低温费托合成
CH_4	9.87	3.6	总烯烃	50.23	13.03
C_2H_4	6.75	0.47	C_{5+}	48.86	84.05
C_2H_6	1.79	1.08	总醇	7.21	5.14
C_3H_6	9.71	3.63	总醛	1.18	0.03
C_3H_8	1.12	0.78	总酮	1.85	0.11
C_4H_8	7.33	0.31	总酸	3.52	0.28
C_4H_{10}	0.78	0.5	总含氧化合物	13.79	5.57
$C_2 \sim C_4$	23.79	4.41			

表 9-18　高温与低温费托合成预计产品构成

产品组成	低温费托合成(质量分数)/%	高温费托合成(质量分数)/%
柴油	75	33
石脑油	20	
LPG	5	
汽油		33
烯烃		25
其他烯烃和含氧化合物		9

由表 9-17 可见，低温费托合成工艺过程产品以直链烷烃为主，而高温费托合成工艺过程产品选择性更广，不但含有直链烷烃，还有大量烯烃（主要是 α-烯烃）和含氧有机化合物。

由表 9-18 可见，低温费托合成工业产品以柴油为主，产品中柴油为 75%、石脑油为 20%、LPG 为 5%。高温费托合成产品以汽油、柴油和烯烃为主，产品中汽油为 33%、柴油为 33%、烯烃为 25%、其他烯烃和含氧有机化合物为 9%。高温费托合成工业产品中的含氧有机化合物主要是甲醇、乙醇、丙醇、正丁醇、C_5 以上高碳醇和丙酮、乙酸等。

通过上述分析可知，与低温费托合成主要生产柴油相比，高温费托合成的产品更为多元化和高值化，在低油价时期显示出非常明显的优势。工业应用中应充分认识产物特性，按照"少油、多化、有特色"的基本原则，优先选择"大宗产品为主、精细化产品为优、产品多样化发展"的产品方案，生产有竞争力的产品。对于中小规模的费托合成装置而言，选择高温铁基合成工艺更为经济合理。

9.6.3.3　高温费托合成的工艺过程

高温费托合成方块流程如图 9-8 所示。

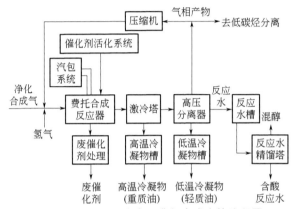

图 9-8　固定流化床高温费托合成方块流程图

高温费托合成工艺采用固定流化床反应器，可使用沉淀铁或熔铁催化剂。合成反应器操作温度 $340 \sim 360℃$，压力 $2.5 \sim 3.0$MPa，内部配置有移热冷管和旋风分离器。反应器出口气经激冷、闪蒸分离、过滤后，得到液体烃类产品（高温冷凝物、低温冷凝物）、气相产物和反应水。液体烃类产品送至油品加工单元，气相产物一部分与合成气混合返回反应器，另一部分进入低碳烃分离单元。反应水送入精馏塔，得到混醇产品和含酸反应水。

该工艺的产品主要为高温冷凝物（重质油）、低温冷凝物（轻质油）、C_{2+} 气态低碳烃、混醇及甲烷。产物碳数分布窄，以短链烯烃为主，烯烃特别是高附加值的 α-烯烃含量高，可以生产石油化工路线较难获取的高附加值化工产品。其中，甲烷选择性 8.82%，C_{5+} 烃选择性 56.77%，含氧有机物选择性 9.21%，总烯烃选择性 53.30%，乙烯选择性 3.37%，丙烯选择性 8.21%，$C_{4+}\alpha$-烯烃选择性 28.13%。

9.6.4　用焦炉煤气、矿冶炉气经费托合成生产化工产品的方案

目前，我国费托合成油技术已完全实现了工业化。为确保煤制油产业的健康有序发展，早在 2014 年，国家就发布了煤制油气产业准入要求，禁止建

设年产 100 万吨及以下规模的煤制油项目。

利用焦炉煤气和补碳气通过费托合成生产油品等化工产品，由于受到气量的限制，最大规模只能达到 20 万～30 万吨/年，如生产油品，盈利的可能性很小。生产化工产品时，可采用高温铁基催化剂生产烯烃为主的化工产品，也可以利用高效钴系催化剂，制取费托蜡油和轻油产品，有效拓宽了费托合成原料气的适用范围，可充分利用传统产业的含碳氢资源气体和工业尾气（电石炉气、铁合金炉气、转炉气等），对节能减排和推进循环经济具有重要的意义。

下面以钴基固定床费托合成技术为例，对以焦炉煤气和矿冶炉气为原料，生产费托蜡和溶剂油为主的高附加值化工产品进行简单介绍。

9.6.4.1　工艺流程

采用焦炉煤气和矿冶炉气经费托合成化工产品方块流程参见图 9-9。

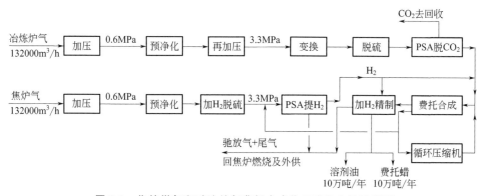

图 9-9　焦炉煤气和矿冶炉气费托合成化工产品方块流程图

电石炉气（或铁合金炉气、转炉气）经加压、预净化、变换、脱硫、PSA 脱 CO_2 等工序，得到净化的合成气。

焦炉煤气经加压预净化、脱硫后，再进入 PSA 提氢装置得到纯 H_2，与另一条线得到的合成气混合，控制 $H_2/CO=2.18$，并与循环气混合后，经换热和蒸汽加热至 220℃，进入固定床反应器的管程，在 3.10MPa、200～230℃及钴基催化剂的作用下，进行费托合成反应，生成的反应热被壳程的锅炉水产生蒸汽带走，生成的油气在蜡油分离器底部分离出蜡油，并送出界区。顶部的油气进入混合预热器，预热进口合成气，然后进入冷凝器被冷至40℃，再进入轻油油水分离器，底部分离出轻油和废水，并送出界区。顶部分离出的尾气，大部分经循环压缩机加压后与新鲜气混合返回费托合成反应器。少部分气体为驰放气，经 PSA 装置回收 H_2 后，尾气作为燃料气。

费托反应器的温度由汽包的压力来控制，这个温度能够保持稳定，且宜于控制。

费托合成的蜡油与氢气混合，进入加氢精制反应器，脱除油品中的含氧化合物，并将烯烃饱和，可获得溶剂油和费托蜡产品。如需生产润滑油，须再进入加氢裂解反应器，将费托蜡裂解并异构化，再经分离即可得到润滑油产品。

9.6.4.2 产品方案

（1）产品

费托蜡：12.5 吨/h，10 万吨/年。

溶剂油：12.5 吨/h，10 万吨/年。

合计产能 20 万吨/年。

（2）副产品

中压蒸汽：41.0 吨/h，3.9MPa，250℃。

低压蒸汽：77.0 吨/h，1.5MPa，202℃。

F-T 驰放气：36943m^3/h，$Q=3465.65kcal/m^3$。

焦炉煤气提 H_2 尾气：60918m^3/h，$Q=5975kcal/m^3$。

矿冶炉气 CO_2 气：54622m^3/h，$Q=155.3kcal/m^3$。

燃料气合计：152483m^3/h，$Q=3282.2kcal/m^3$。

总热量$=500.484\times10^6 kcal/h$。

9.6.4.3 主要原料及消耗

（1）焦炉煤气

气量：132000m^3/h。

主要组成：H_2 59%，CO 8.0%，CH_4 23%，C_nH_m 2.5%。

热值：$Q=4121.3kcal/m^3$。

（2）矿冶炉气

气量：132000m^3/h。

主要组成：H_2 8.0%，CO 78%，CH_4 1.6%，N_2 4.0%。

热值：$Q=2710.66kcal/m^3$。

（3）电力

包括原料气加压、F-T 合成装置及其他装置、公用工程等全厂总耗电量约为 $(6.5\sim7.0)\times10^4 kW$，拟采用燃气轮机发电或直接驱动原料气压缩机，用 PSA 尾气作为燃机的燃料，尚有剩余燃料气外销。

（4）蒸汽

正常生产时，本装置副产蒸汽自给有余（约 20%）；开车时，需设置 75t/h、3.9MPa 燃气锅炉一台。

（5）冷却水

全厂冷却水用量约 20000t/h，自建冷却水循环系统。

（6）新鲜水

新鲜水 400t/h，供脱氧水和冷却水补水用。

9.6.4.4　燃料气平衡及余气利用

（1）产气

$152483m^3/h$（$Q=3282.2kcal/m^3$）

（2）用气

回焦炉燃烧 $74586m^3/h$

（3）余气

余气 $77897m^3/h$，可用于燃气轮机发电或烧锅炉供动力蒸汽等。为计算简便，本方案采用燃气轮机发电 70000kW·h 自用，余气外销。按燃气联合循环发电效率为 51%（扣除自用电），耗燃料气量 $35963m^3/h$，尚余 $41934m^3/h$ 燃料气外售。

9.6.4.5　投资及成本估算

20 万吨/年费托合成装置投资估算 15～20 亿元，单位产品成本约 4700 元/t。

9.6.5　钴基费托合成化工产品及市场

9.6.5.1　高熔点费托蜡

（1）产品用途

费托蜡是一种亚甲基聚合物，是利用合成气或天然气合成的烷烃。高熔点费托蜡主要由相对分子质量在 500～1000 的直链、饱和的高碳烷烃组成，这就赋予了这种特殊化学品精细的晶体结构、高熔点（一般高于 85℃）、窄熔点范围、低油含量、低针入度、低迁移率、非常低的熔融黏度、稳定性高及坚硬、耐磨等特点。随着科学技术的进步，高熔点费托蜡可制成熔点最高达 120℃、熔点范围仅在 5℃ 左右的产品，包括粗蜡及改性处理后的精制蜡，产品形态主要为粒料或粉料，可用于亮光蜡、纺织助剂、热熔胶、油墨及涂料、塑料加工、食品及化妆品等领域。

（2）生产现状及市场需求

费托蜡国外主要生产品牌有南非 Sasol 公司以及荷兰 Shell 公司。近几年来国内也开始加大费托合成技术研究，依托自主知识产权的煤基油费托合成技术，成功开发了煤基油系列产品，特别是 2015 年国产费托蜡产品上市，彻底改变了费托蜡国外品牌独霸市场的格局。

国内高熔点费托蜡的应用领域广阔，潜在需求量大，发展前景十分看好，高熔点费托蜡市场需求量在 10 万吨以上，且仍在不断增长，而行业供应量不能满足市场需求，部分高端高熔点费托蜡还需依赖进口。因此，我国应积极推进国内高熔点费托蜡生产技术的工业化，同时加大对产品改性技术、系列化产品开发、市场培育等环节的重视程度和支持力度，尽快实现这一高附加值产品全产业链的突破，为我国精细化工的高端化以及我国化工行业的升级转型提供有力的支持和保障。

9.6.5.2　无芳溶剂油（$C_5 \sim C_{19}$）

（1）产品用途

溶剂油是五大类石油产品之一。其主要组成是 C_5 和 C_6 的烷烃，沸点低，燃点低，具有很好的溶解性，主要被用作溶剂。无芳溶剂油也称环保溶剂油，广泛应用于涂料、工业清洗剂、气雾剂、油墨、胶黏剂等领域。近年来，随着各国环保意识的逐步增强和对溶剂油使用标准法规的日趋完善，溶剂油品种正在向低芳烃、低硫、无毒、无味的方向发展，环保溶剂油已成为各溶剂油生产商的发展方向。目前，市场上较为普遍的无芳溶剂油牌号是 Exxon Mobil 公司的 D 系列环保溶剂油，主要牌号有：D20、D30、D40、D60、D65、D70、D80、D100、D110 等。D 是指 Dearomatic，脱去芳烃的溶剂油，数字代表闪点。Exxon 和 Shell 生产的环保溶剂油品种齐全，产品质量优良。

（2）生产现状及市场

与石油原料相比，费托合成油品无硫、无氮、几乎无芳烃，烷烃尤其是正构烷烃含量高，是生产高品质溶剂油的优质原料。

2017 年，我国环保溶剂油的消费量约 80 万吨，还有很大的市场空间，而其价格一直稳定在 7000 元/t 左右，预计未来几年变化不大。因此，环保溶剂油将是 F-T 合成重质油深加工的一个方向。

9.6.6　评述

高熔点费托蜡和无芳溶剂油是国内市场紧缺的产品，主要依靠进口。利用焦炉煤气和矿冶炉气生产这些化学产品，与石油化工路线相比，具有原料差异化、工艺技术差异化等特点，为焦化、电石、炼钢等工业尾气的综合加工利用指出了方向，利用高端技术带动传统煤化工转型升级，探索出一条化解传统产能过剩的新路径。

用 F-T 合成法生产化学品和特种燃料油，要依产品、规模、市场等具体条件及发展状况加以合理的选择。

第十章
焦炉煤气的多联产系统

10.1 概述

多联产系统是指将传统的以煤、油或气为原料、分别单独生产电力和化工品的工艺过程有机耦合在一起，所形成的化工产品、新型电力和洁净燃料联合生产系统。多联产的目的是提高能源利用效率，减少污染物的排放，力求用有限的资源为社会提供更多的物质和财富。

多联产系统始于热、电联产，至今已有 100 多年的历史。20 世纪 70 年代的石油危机给世界带来巨大的冲击，促使人们思考如何有效利用现有的资源。各国政府都把节约能源、提高能源利用效率作为能源发展的战略，重视和支持发展热电联产项目。目前，全世界热电联产项目已占电力总装机容量的 30%~40%。

1988 年，美国 R. G. Jackson 等人提出甲醇与电力的多联产理念，欧美等发达国家和地区在一些石油炼厂和化工厂中开始采用热、电、化联产的动力装置。我国引进的美国布朗（Braun）、ICI-AMV 流程的 30 万吨/年合成氨装置中，就是采用燃气轮机驱动空气压缩机为二段炉供应空气，燃气轮机排出的尾气温度为 525℃，作为一段炉的助燃气体。这种利用燃气而不是电或蒸汽驱动压缩机、排出的尾气用于加热化工装置的工艺耦合过程，是多联产系统的具体应用实例。

10.2 我国多联产系统的工程示范

兖矿集团与国内多家科研机构及高校经过长期合作，在 2006 年建成了煤气化发电与甲醇联产系统示范工程项目。整个工程由多喷嘴气化炉及甲醇项目和醋酸项目组成，其中新型多喷嘴气化炉是国家"863 计划"科技攻关项目，醋酸项目采用具有自主知识产权的低压羰基合成技术。该工业示范项目建设于山东省滕州市兖矿国泰化工有限公司，是我国第一个煤气化多联产系统示范工程，目前已实现了系统长周期稳定运行。

系统设计能力：

气化炉：投煤量 1000t/d。

产品：甲醇 24 万吨/年，加工为醋酸 20 万吨/年，联产电力 76MW。

煤气化发电与甲醇联产系统流程图参见图 10-1，含醋酸装置的甲醇-醋酸-电多联产系统方块流程参见图 10-2。

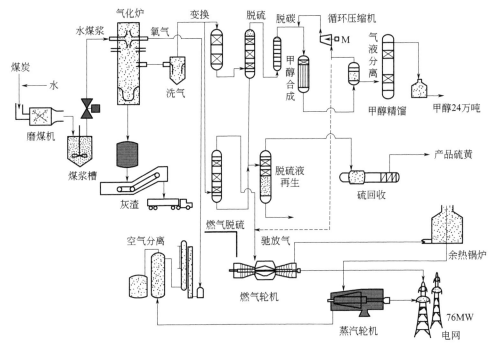

图 10-1　煤气化发电与甲醇联产系统工业示范装置流程示意图

该工程的主要工艺装置包括空分、煤气化、甲醇原料气净化、压缩及甲醇合成、甲醇精馏、焦炭气化生产 CO 气体、煤气脱硫脱碳、醋酸合成及精制、发电燃料气脱硫、燃气轮机发电等。

在此仅对燃气-蒸汽联合循环发电装置的关键技术和设备情况进行简单介绍。

燃气轮机采用南京汽轮机生产的 6B 机组，蒸汽轮机采用武汉汽轮机厂生产的 50MW 双抽冷凝汽轮机。燃机用的合成气是多喷嘴水煤浆气化炉生产的粗煤气和甲醇合成驰放气，约 60% 的煤气经 NHD 脱硫后用于燃气轮机。净煤气组成见表 10-1。

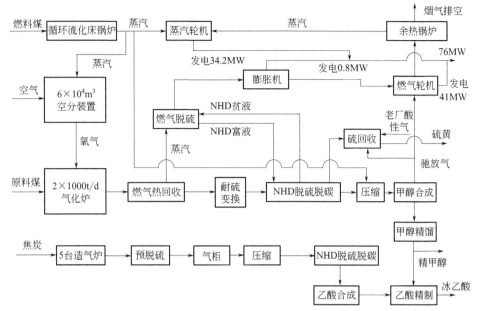

图 10-2　甲醇-醋酸-电多联产系统方块流程图

表 10-1　净煤气组成

组分	CO	H₂	CO₂	CH₄	Ar	N₂	H₂S+COS	NH₃	合计	热值(Q)/(kJ/m³)
含量(体积分数)/%	47.79	37.28	14.33	0.06	0.09	0.41	0.00016	0.03	100	10056

投产初期，由于煤气的热值较低及燃烧室等系统设计不完善，造成燃烧不完全且燃烧稳定性较差，经改进后，效果较好，其运行参数见表10-2。

表 10-2　改造后燃气轮机运行参数

项目	参数	项目	参数
燃料气热值/kJ	10056	烟气温度/℃	550
煤气主要成分体积分数/%	约 83	SO₂ 排放量/(mg/m³)	<45
煤气消耗量/(m³/h)	47000	NO$_x$ 排放量/(mg/m³)	<90
进口压力/MPa	1.3	燃烧效率/%	98
进口温度/℃	>100	机组热效率/%	>32
燃烧室出口温度/℃	约 1104	联合循环热效率/%	>45
发电功率/kW	42500		

上述实践证明，该多联产系统实现了燃气轮机发电与甲醇生产两个差异较大的单元间的匹配和能流、物流的集成，实现了化工与动力、能量的梯级

利用与物质高效转化的有机结合。

我国是以煤炭为主要能源的国家，基于煤气化（包括煤焦化的焦炉煤气、矿冶炉煤气等）的多联产系统，可提高煤炭利用率，减少污染物和温室气体的排放，生产多种不同类型的产品，优化电力和高附加值化工产品的联产，灵活调整各产品的"峰-谷"差，使多联产系统的经济效益始终维持在较高的水平。用焦炉煤气和矿冶炉气的多联产系统，由于省掉了能量损失较大的煤气化系统，其效果要优于煤气化的多联产系统。

10.3 热电联产系统

热电联产是指同时生产电能（或机械能）和有用热能的能量利用方式。它把热、电生产有机地结合起来，在构成热、电联产的同时，通过对低品位热量的合理使用和回收，提高系统能量效率。

热电联产作为电能和热能联合生产的一种高效的能源生产方式，目前已经成为我国电力工业的重要组成部分。20 世纪 80 年代以来，随着天然气的大规模开发和应用，燃气轮机发电技术日益成熟，以燃气轮机为主要动力设备的燃气-蒸汽联合循环热电联产技术得到迅速发展。本节将对燃气-蒸汽联合循环热电联产进行简单的介绍。

10.3.1 燃气轮机-蒸汽轮机联合循环热电联产系统

燃气轮机-蒸汽轮机联合循环热电联产系统是目前最具前途的热电联产类型。其工艺过程如下：燃料在燃气轮机中充分燃烧后，产生的燃气热膨胀做功，推动透平发电，其高温乏气（$500 \sim 600 ℃$）通过余热锅炉产生中高压的水蒸气，再推动蒸汽轮机做功发电，压力降到 $0.8 \sim 1.2 MPa$ 左右的蒸汽可用作工艺用热和生活用热。显然，进入汽轮机蒸汽的热能，是由燃气轮机先发电后送入余热锅炉再产生的，所以，它的热化发电率比锅炉-蒸汽轮机供热机组高。另外，由于供热用汽没有冷凝汽的热损失，气热效率也很高，燃气-蒸汽联合循环效率可以达到 $70 \% \sim 85 \%$，经济效益也较好。

联合循环热电联产系统示意图见下图 10-3。

但需要特别指出的是，燃气-蒸汽轮机联合循环热电联产系统的"热电比"较低，即系统供热量要很大程度上小于供电量，这主要是因为燃气轮机做功能量占主导地位，所以这种类型的发电系统适合于大型的用电场合，蒸汽轮机中使用的供热式汽轮机可以使用背压式或者抽汽式。但背压式汽轮机

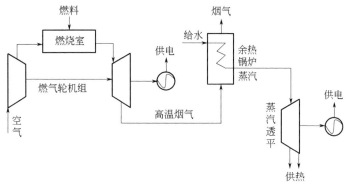

图 10-3　联合循环热电联产系统示意图

受制约比较大，一般企业用汽，采用抽汽式汽轮机，运行比较稳定。

余热锅炉（HRSG）是燃气轮机发电系统中另一个重要的设备。燃气轮机的排烟温度很高，为 $500\sim600℃$，烟气在 HRSG 中将热量传递给水，产生中压蒸汽，从 HRSG 中出来的烟气温度为 150℃ 左右，这一温度高于烟气的露点，若排烟温度过低，则烟气中的 SO_x、NO_x 有可能酸化，从而腐蚀 HRSG。

在燃气轮机的排烟中，氧的含量比较高，可以达到 $14\%\sim17\%$。因此在运行中，如果热负荷不足，可以在 HRSG 中采用补燃的措施，进一步提高整个系统的供热量；如果要提高整个联产系统的发电量，则可以采用回注蒸汽的方式，将 HRSG 中产生的部分蒸汽回注到燃气轮机的燃烧室中，从而提高燃气轮机的做功程度。采用回注蒸汽的方式，可以将发电量提高 15% 左右。这样，就能摆脱常规的热电联产机组中"以热定电"的负荷调节模式，为机组的设计和运行提供更大的方便。

10.3.2　燃气轮机

燃气轮机（Gas Turbine）作为蒸汽轮机和内燃气轮机之后的新一代动力装置，自 20 世纪初问世以来得到了飞速发展。燃气轮机技术是国家科技和工业整体实力的重要标志之一，被誉为动力机械装备领域"皇冠上的明珠"。基于燃气轮机在国防安全、能源安全和保持工业竞争能力领域的重大地位，发达国家高度重视燃气轮机的发展，世界燃气轮机技术及其产业发展迅速，目前重型燃气轮机已基本形成以美国通用、德国西门子、日本三菱、法国阿尔斯通等公司为主导的格局。

自 1939 年世界上第一台发电用重型燃气轮机诞生以来，至今燃气轮机已发展到第四代，各代机型的主要性能参数见表 10-3。

表 10-3 各代工业燃气轮机（重型）参数性能

项目		第一代	第二代	第三代	第四代
时期		1950～1960	1970～1990	2000 年前后	21 世纪
热力参数	初温 t_3/℃	600～1000	1050～1370	大于 1400～1500	大于 1600～1800
	压比	4～10	约 15	约 20	约 30
热效率/%	简单循环 η_{sc}	10～30	32～40	大于 40	大于 45
	联合循环 η_{cc}	小于 40	45～55	约 60	—
单机最大功率/MW	简单循环	100	100～200	250～300	大于 350
	联合循环	—	150～350	约 400	大于 500
典型机型		GE：3J、5A、5P WH：W251、W501	GE：7F、7FA、9F、9FA WH：501F、701F KWU：V64.3、V84.3、V94.3 ABB：GT11N2、GT13E2	GE：GE37（航机） 美国：ATS-DP 项目	—

　　世界重型燃气轮机技术发展遵循热效率提高的路线，正由当代级（E/F）向先进级（G/H）、未来级（J）发展。目前，E 级和 F 级重型燃气轮机技术已经完全成熟，部分国外燃气轮机制造商的燃气轮机技术已达到 H 级水平，H 级和 J 级产品也已经进入市场并有成功投运的案例，其中最先进的重型燃气轮机单循环和联合循环的效率已分别达到了 42%～44% 和 62%～64%。

　　GE、西门子、三菱日立等公司的产品代表了目前重型燃气轮机领域的最高水平，其各自不同等级产品的主要参数参见表 10-4。

表 10-4 主要 F/G/H/J 级重型燃气轮机出力及效率对比表

企业	燃气轮机型号	出力(SC/CC)/MW	效率(SC/CC)/%
通用电气（GE）	9HA.02	557/826	44/64
	9HA.01	446/660	43.1/63.5
	9F.06	342/508	41.1/61.1
	9F.05	299/462	38.7/60.5
	9F.04	281/429	38.6/59.4
	9F.03	265/405	37.8/58.4
西门子（Siemens）	SGT5-8000H	425/630	41/61
	SGT5-4000F	329/475	40.7/59.7
三菱日立（MHPS）	M701JAC	493/717	42.9/63.1
	M701J	478/701	42.3/62.3
	M701F	385/566	41.9/62
	M701G	334/498	39.5/59.3

注：表中 SC 为单循环配置，CC 为联合循环配置，联合循环出力及效率均为一拖一配置下的参数。

H 级/J 级重型燃气轮机作为各家公司当前的重型燃气轮机系列中的代表产品，均在继承原有技术的基础上对燃气轮机的主要部件（压气机、燃烧室、透平）进行了发展和创新。

我国发展燃气轮机虽然已经有 50 年的历史，但 30 年的发展断层让我国燃气轮机技术错过了国外高速发展的时期，与国际水平存在着较大的差距。随着我国天然气资源大规模开发利用，国家能源结构调整已进入实施阶段，燃气轮机在我国迎来了前所未有的发展机遇。

国家发改委、能源局在 2017 年 5 月印发的《依托能源工程推进燃气轮机创新发展的若干意见》的通知中明确，发电用重型燃气轮机、工业驱动用中型燃气轮机、分布式能源用中小型燃气轮机以及燃气轮机运维服务等技术将作为重点突破的关键技术，在开展 F 级燃气轮机技术研究的同时，推动 H 级先进高效燃气轮机的自主研制。

国内重型燃气轮机产业制造方面，分别以哈电集团、上电集团、东方电气集团、南京汽轮电机（集团）有限公司为核心，形成了相应的燃气轮机制造产业群，目前全行业具备了年产四十套 F 级和 E 级重型燃气轮机以及与之配套的燃气-蒸汽联合循环全套发电设备的能力。

我国化工行业应用燃气轮机技术起步较晚，目前实际应用有限。

10.3.3 焦炉煤气燃气轮机联合循环发电系统

目前，国内有的焦化企业利用焦炉煤气，建设中小型燃气轮机联合循环发电系统。由于受到富余焦炉煤气量的限制，燃气轮机多采用美国索拉（SOLAR）透平公司生产的大力神（Titan）型燃气轮机机组。

美国索拉国际透平有限公司进入中国已经多年。目前国内使用该公司生产的燃气轮机发电机组超过 300 台，其中，大力神 T130 机组有 100 多台，广泛应用在内陆油气田、西气东输、海上平台、工业发电等领域。近年来，特别是在利用低热值燃料气（如焦炉煤气等）进行燃气-蒸汽联合循环、热电联产方面应用比较多，累计应用机组 40 余台，其中大力神 T130 机组有 29 台。

T130 机组设计集成度非常高，其燃料系统、启动系统、控制系统、励磁系统等均安装在撬上，运行可靠性很高，系统利用率可以达到 97%，设计大修周期为 30000 小时，燃气轮机正常运行时在大修前维护工作量不大，仅需要更换一些消耗性配件。

T130 燃气轮机发电额定出力稳定性好，在 ISO 条件（海平面、环境温度

15℃）下的出力为 15MW。此外，该燃气轮机设备小巧，功率密度大，易于移动，便于转移运行现场。但 T130 燃气轮机机组需按制造厂家要求进行定期的维护检查工作，目前燃气轮机大修需返制造厂修理，燃料进气压力要求高，需增设煤气加升压装置。

根据索拉提供的资料，目前大力神 T130 机组最低可以使用的燃气热值 2046kcal/m³。

表 10-5 列出了 T130 燃气轮机出力情况及燃料耗量。

表 10-5　燃气轮机参数

序号	参数	单位	指标		
1	环境温度	℃	13	−10	40
2	燃机发电功率	kW	15139	16565	11997
3	输出热功率（LHV）	kW	43212	46986	37549
4	额定发电效率	%	35.034	35.255	31.95
5	燃料流量	m³/h	8915	9693	7747

现以某焦炉煤气燃气轮机联合循环发电装置为例，对燃气-蒸汽联合循环热电联产与常规热电联产方案进行简单的比较和说明。

基础条件：焦炉煤气量 26000m³/h，低热值约 4019kcal/m³。

燃气-蒸汽联合循环热电联产方案：采用 3 台额定容量为 15MW 的 T130 燃气轮机发电机组，3 台 20/3.5 双压余热锅炉，1 台 3MW 背压式汽轮发电机组及相应配套设施，机组装机容量 48MW，可外供蒸汽约 68.5t/h。

燃气锅炉-蒸汽轮机发电热电联产方案：选用 1 台 160t/h 高温高压燃气锅炉，额定蒸汽压力 9.81MPa，额定蒸汽温度 540℃，1 台 30MW 抽凝式空冷汽轮发电机组。正常运行时，燃气锅炉产汽量约 158t/h，外供蒸汽 68.5t/h，发电量约 28260kW。

两个方案的主要技术指标表见表 10-6。

表 10-6　主要技术指标表

序号	项目	单位	燃气-蒸汽联合循环热电联产	燃气锅炉-蒸汽轮机发电热电联产
1	机组额定发电量	kW	48000	30000
2	机组实际发电量	kW	47520	28260
3	厂用电量	kW	5133	3686
4	厂用电率	%	10.8	7.7

序号	项目	单位	燃气-蒸汽联合 循环热电联产	燃气锅炉-蒸汽轮机 发电热电联产
5	年运行小时	小时	7200	7200
6	年发电量	kW·h	342.14×10^6	273.6×10^6
7	年供电量	kW·h	305.19×10^6	247.06×10^6
8	年供热量	GJ	159.17×10^4	159.17×10^4
9	单位煤气发电量	kW·h/m^3	1.827	1.087
10	发电效率	%	39.1	23.25
11	总热效率	%	78.22	62.37

由上可见，在外供热量相同的条件下，燃气-蒸汽联合循环热电联产系统的发电效率和总热效率，均高出燃气锅炉-蒸汽轮机发电系统15％以上，说明燃气-蒸汽联合循环热电联产系统具有明显的优势。

10.4　焦炉煤气为主的多联产系统

焦炉煤气直接用于燃气轮机联合循环发电，虽然发电效率和热效率均高于一般燃气锅炉发电系统，但是没有很好地利用焦炉煤气中价值较高的（H_2＋CO）等有效气体，如能将焦炉煤气中的（H_2＋CO）用于生产附加值较高的化工产品，余气中的 CH_4 等高热值气体用于燃气轮机联合循环发电，这样组合的多联产系统更为经济合理。

下面分别提出两个建议方案，供参考。

10.4.1　方案 Ⅰ——焦炉煤气与矿冶炉气生产乙醇多联产方案

利用焦炉煤气和矿冶炉气生产乙醇产品，在此基础上将焦炉煤气和矿冶炉气的提 CO、提 H_2 以及 PSA 脱 CO_2 的尾气，用于燃气轮机联合循环发电，同时向全厂提供电力和部分蒸汽。

流程简述如下：用焦炉煤气和矿冶炉气生产乙醇是将这两种原料气中的有效气（CO＋H_2）经变换后调整 H_2/CO＝2∶1，然后经 PSA 脱除 CO_2，再分别经 PSA 提 CO 和 PSA 提 H_2 后，得到纯净的（H_2＋CO）气体供合成乙醇。PSA 提 H_2 尾气和 PSA 脱碳的 CO_2 废气混合后，作为燃料气。该气体中含有 CH_4 等高热值气体，一部分返回焦炉作燃烧气，多余部分用于燃气轮机联合循环发电，同时向全厂提供部分蒸汽。

焦炉煤气＋矿冶炉气生产 50 万吨/年乙醇方案流程图详见图 9-5，尾气联合循环发电系统示意图见下图 10-4。

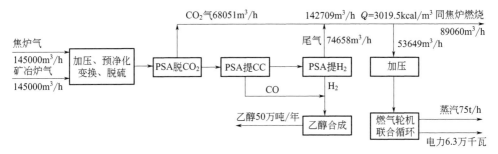

图 10-4　焦炉煤气、矿冶炉气生产乙醇的尾气联合循环发电示意图

焦炉煤气＋矿冶炉气补碳生产乙醇方案详见前 9.4.3 节，此处不再赘述。以下仅对尾气联合循环发电系统进行简单分析说明。

10.4.1.1　用于燃气轮机的尾气气量及热值

由上图 10-4 可见，PSA 脱 CO_2 尾气量 68051m³/h，热值 $Q = 467.4$kcal/m³，PSA 提 H_2 尾气量 74658m³/h，热值 $Q = 5354.7$kcal/m³，合计 PSA 尾气量为 142709m³/h，热值 $Q = 3019.5$kcal/m³。

尾气组成见表 10-7。

表 10-7　尾气组成

组分	H_2	CO	CO_2	CH_4	C_nH_m	N_2	热值	密度
含量（体积分数）/%	10.74	6.47	47.12	25.00	2.54	8.13	3019.5 kcal/m³	1.33 kg/m³

返回焦炉加热用的燃料气量为 89060m³/h，尚余燃料气 53649m³/h，可用于联合循环发电和供汽。

10.4.1.2　燃气轮机发电及供热能力

本方案以热电联供为基础，综合考虑全厂燃料气、电力及蒸汽供应情况。

采用 E 级或 F 级重型燃气轮机，假定联合循环发电效率为 55%，扣除自用电 4%（含燃料气加压），净效率为 51%，按照满足全厂总用电量 63000kW·h 的要求，需要燃料气量 35183m³/h，尚余 18466m³/h 燃料气，可用于余热锅炉补燃产生中压蒸汽外供，可提供 75～80t/h 中压蒸汽。

10.4.1.3　多联产方案的效益情况

在同等条件下，分别计算乙醇产品的成本，多联产方案较非联产方案成本低约 300 元/吨，每年可多盈利 1.6 亿元，可见多联产方案的节能和经济效果明显。

10.4.2　方案Ⅱ——焦炉煤气矿冶炉气费托合成化学品的多联产方案

利用焦炉煤气和矿冶炉气经费托合成生产化学品，在此基础上将焦炉煤气和矿冶炉气的提 CO、提 H_2 以及 PSA 脱 CO_2 的尾气，用于燃气轮机联合循环发电。

流程简述如下：用焦炉煤气和矿冶炉气经费托合成生产化学品是将矿冶炉气经加压预净化和变换、脱硫后的气体，再用 PSA 脱除其中的 CO_2，净化后得到（CO＋H_2）合成气，再补入由焦炉煤气中提取的 H_2 气，调整 H_2/CO＝2.1～2.2，然后送至费托合成装置，在一定的压力、温度和催化剂的作用下合成蜡油等，最后通过加氢精制，得到费托蜡和溶剂油等化工产品。PSA 提 H_2 尾气、PSA 脱碳的 CO_2 废气混合后，作为燃料气。该气体中含有 CH_4 等高热值气体，一部分返回焦炉作燃烧气，多余部分用于燃气轮机联合循环发电，向全厂提供电力，多余的燃料气外销。

焦炉煤气＋矿冶炉气生产 20 万吨/年化学品方案流程图详见图 9-9，尾气联合循环发电系统示意图见图 10-5。

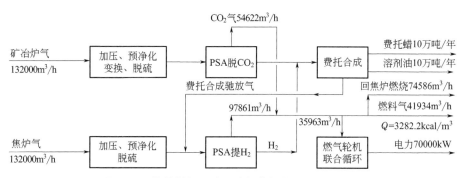

图 10-5　焦炉煤气、矿冶炉气费托合成多联产方案

焦炉煤气＋矿冶炉气补碳生产化学品方案详见前 9.6.4 节，此处不再赘述。以下仅对尾气联合循环发电系统进行简单分析说明。

10.4.2.1　用于燃气轮机的尾气气量及热值

由图 10-5 可见，PSA 脱 CO_2 尾气量 54622m^3/h，热值 $Q=155.3$kcal/m^3，PSA 提 H_2 尾气量 97861m^3/h，热值 $Q=5027.5$kcal/m^3，两股尾气合计为 152483m^3/h，热值 $Q=3282.2$kcal/m^3。

尾气组成见表 10-8。

表 10-8　尾气组成

组分	H_2	CO	CO_2	CH_4	C_nH_m	N_2	热值	密度
含量(体积分数)/%	14.84	11.53	40.09	23.22	3.47	6.85	$3282.2kcal/m^3$	$1.24kg/m^3$

返回焦炉加热用的燃料气量为 $74586m^3/h$，富余燃料气 $77897m^3/h$，可用于联合循环发电和外销。

10.4.2.2　燃气轮机发电及供热能力

本方案以热电联供为基础，综合考虑全厂燃料气、电力及蒸汽供应情况。

采用 E 级或 F 级重型燃气轮机，假定联合循环发电效率为 55%，扣除自用电 4%（含燃料气加压），净效率为 51%，按照满足全厂总用电量 70000kW·h 的要求，需要燃料气量 $35963m^3/h$，由于费托合成装置可副产大量的中压蒸汽，全厂蒸汽可以自给，因此，尚有 $41934m^3/h$ 富余的燃料气可供外销。

10.4.2.3　多联产方案的效益情况

在同等条件下，分别计算单位产品的成本。由第 9.6.4 节可知，多联产方案的单位产品成本为 4700 元/吨，如果按外购电力计算 [0.56 元/(kW·h)]，则单位产品成本约为 5560 元/t，20 万吨/年的工厂年效益减少约 1.7 亿元，由此可见，采用燃气轮机联合循环的多联产系统，对提高工厂的经济效益是很显著的。

10.5　评述

采用焦炉煤气和矿冶炉气的多联产系统，充分体现了"分子加工"的理念，从分子水平来认识多联产加工过程，优化工艺和加工流程，提升每个分子的价值，将原料气中价值较高的 H_2 和 CO 用于生产化工产品，将含有 CH_4 等可燃物质的尾气用于燃气轮机联合循环发电，为化工装置提供电力和蒸汽，这样构成的多联产系统充分发挥了各分子的作用，具有流程合理、投资低、资源利用率高、经济效益好等优点，是一条值得重点研究的焦炉煤气综合利用路线。

焦炉煤气和矿冶炉气提 H_2 和提 CO 尾气的混合气的热值较高，且极其清洁，硫含量小于 1.0×10^{-6}（体积分数），基本不含氯、氟、NH_3 及 HCN 等杂质，也不含钾和钠等碱金属，气体中的 CO 含量较低，补入脱碳的 CO_2 气，增大了燃料气体的比重，对燃气轮机联合循环发电极为有利。

第十一章
顶替焦炉回炉煤气的技术

11.1 概述

焦炉煤气是炼焦行业最主要的副产品之一,每生产一吨焦炭,可产生 430m³ 左右的焦炉煤气,而有 45% 左右的气量需要作为燃料气回炉,用于加热焦炉,可外供利用的气量仅为 55%。

焦炉煤气是价值较高的化工原料气和燃料气,其中含有 55%~60% 的 H_2,利用价值较高,仅仅作为燃料回焦炉燃烧,造成极大的资源浪费。目前,大型焦炉一般均为复热式焦炉,所谓的复热式,就是可以分别利用高热值和低热值煤气 (1200kcal/m³) 为焦炉加热。

高炉煤气是钢铁企业大量副产的工业尾气,其热值一般为 800~1000kcal/m³,可作为燃料气用于顶替焦炉煤气为焦炉加热。目前,在钢铁焦化联合企业,充分利用高炉煤气置换高品质的焦炉煤气,实现焦炉煤气、高炉煤气等各类副产气体的高效优化综合利用,已成为企业新的经济增长点。

对于独立焦化企业而言,由于没有高炉煤气等副产气体,要想利用低热值煤气顶替回炉焦炉煤气用于化工产品生产,就需要采用煤气化或小粒子焦气化生产煤气来顶替焦炉煤气。

目前,工业上可用于顶替回炉焦炉煤气的气化技术主要有:

① 常压固定床纯氧连续气化技术:利用焦化厂的小粒子焦,采用纯氧连续气化生产水煤气掺混入焦炉煤气中,顶替部分回炉焦炉煤气,并用于焦炉煤气补碳生产化工产品。

② 常压固定床空气连续气化技术:利用焦化厂的小粒子焦,采用空气连续气化生产低热值的空气煤气,顶替回炉焦炉煤气。

③ 科达常压流化床气化技术:采用科达常压流化床气化炉,气化煤炭生

产低热值的空气煤气，顶替回炉焦炉煤气。

④ 中科合肥煤气化技术：采用中科合肥常压循环流化床气化炉，气化煤炭生产空气煤气，顶替回炉焦炉煤气。

下面分别对上述四种煤（焦）气化生产煤气的方法，顶替焦炉煤气的经济性和实用性等，进行简单的介绍和评述。

11.2 常压固定床纯氧连续气化生产水煤气

常压固定床纯氧连续气化技术是国家推荐发展的清洁煤气化技术，用于替代常压固定层间歇气化。该技术具有技术成熟可靠、环保性能好、建设投资省、生产成本低、运行安全可靠等优点，已成功应用于焦化、冶金、石油炼化等行业。

采用焦炭（或无烟煤）为原料，用纯氧和过热蒸汽为气化剂，在常压下以连续气化的方式生产水煤气，可用于顶替部分焦炉煤气回焦炉加热，也可用于焦炉煤气补碳生产化工产品。

11.2.1 原料及水煤气组成

11.2.1.1 原料

（1）气化焦：利用焦化厂 8～25mm 的小粒子焦或粉焦成型气化。

焦炭组成见表 11-1。

表 11-1 焦炭组成

项目	固定碳(FC_d)	挥发分(V_d)	水分(M_{ar})	灰分(A_d)	硫分(S_{td})	热值/(kcal/kg)
数据	80～85	1.7～3.0	10～14	10～15	0.5～1.0	6500

（2）氧气：O_2 99.6%，压力 150kPa（表压），温度 40℃。

（3）蒸汽：0.02MPa（表压） ≥200℃

11.2.1.2 水煤气组成

水煤气组成见表 11-2。

表 11-2 水煤气组成

组分	H_2	CO	CO_2	CH_4	N_2	O_2	合计	Q/(kcal/m³)
含量(体积分数)/%	36～38	40～44	16～18	≤2	≤0.05	≤0.3	100	2350

11.2.2 工艺流程

常压固定床纯氧连续气化工艺流程示意图见图 11-1。

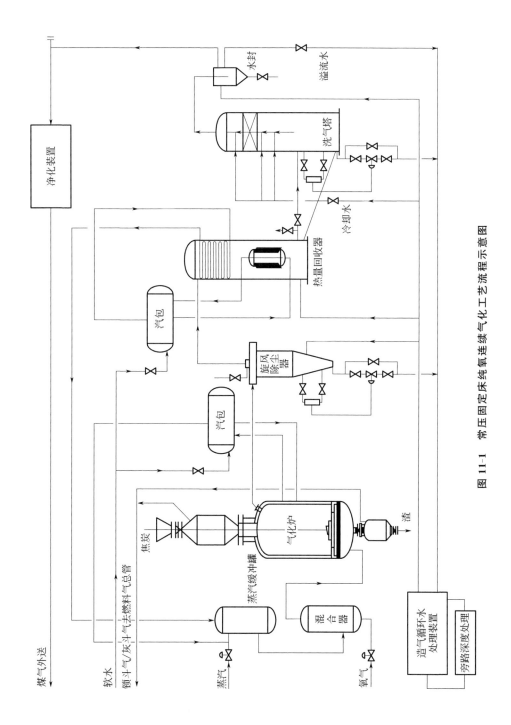

图 11-1　常压固定床纯氧连续气化工艺流程示意图

原料焦由焦仓进入自动加焦机,自动定时、定量加入炉中。气化用的氧气来自空分工序,蒸汽来自锅炉和自产蒸汽,纯氧和蒸汽经计量和比例调节进入混合罐混合,温度控制到 200℃,从气化炉底部进入炉中,在炉内高温条件下,与焦炭进行气化反应,连续生产水煤气。

气化炉出口的水煤气温度约 450~550℃,经过高效旋风分离器除尘后,进入热量回收器,回收高温气体余热,副产压力为 0.15MPa 的蒸汽,进入上段过热器。出热量回收器的煤气温度约 150~170℃,进入洗气塔底部,在塔中用来自造气循环水系统的闭路循环冷却水喷淋冷却洗涤,洗涤煤气中夹带的尘和焦油后,将煤气冷却到 45℃,进入水煤气总管。塔底排出的造气污水通过地沟排至造气循环水系统,经处理后的循环冷却水由泵送回气化系统,闭路循环使用。

从洗气塔出来的煤气经水煤气总管混合后,再经除尘和湿法脱硫装置,将焦油/尘除至 10mg/m³,硫化氢脱至 20mg/m³ 以下,即可送至回炉煤气总管,与部分焦炉煤气混合后,回焦炉燃烧或用于补碳生产化工产品。

11.2.3 主要设备

目前,纯氧气化炉主要有 $\phi 2400$mm、$\phi 2600$mm、$\phi 2800$mm、$\phi 3000$mm、$\phi 3200$mm、$\phi 3600$mm 等多个系列,单系列气化炉主要设备见表 11-3。

表 11-3 主要设备表

序号	设备名称	单位	数量	备注
1	固定床气化炉	套	1	带夹套、耐火衬里、炉算
2	自动加煤锁斗	台	1	
3	自动排灰装置	套	1	
4	高温除尘器	套	1	带耐火衬里和耐磨铸件
5	热量回收器	台	1	含蒸汽过热器和热管废锅
6	洗涤塔	台	1	内装不锈钢喷头和不锈钢蜂窝填料
7	煤气出口水封	台	1	
8	纯氧-蒸汽混合器	台	1	
9	蒸汽缓冲罐	台	1	
10	气化炉夹套汽包	台	1	
11	热管锅炉汽包	台	1	
12	油压系统及阀门	套	1	
13	DCS 控制系统	套	1	

11.2.4　主要消耗指标

以 1000m³ 水煤气为基础，列出气化炉系统主要消耗指标，见表 11-4。

表 11-4　主要消耗指标

序号	项目	单位	消耗定额	备注
1	气化焦固定碳＞80%	kg	440	$Q \geqslant 6500kcal/kg$
2	氧气 O_2 99.6%	m³	239	40℃ 0.08MPa
3	外来蒸汽 0.6MPa	kg	350	260℃
4	除氧水 2.5MPa	kg	340	104℃
5	循环水 0.4MPa	t	15	32℃/42℃
6	电 380V	kW·h	12	

注：按气化焦 650 元/t、电价 0.5 元/kW·h、蒸汽 100 元/t、脱氧水 10 元/t 计，脱硫后净煤气成本为 0.465 元/m³。

11.2.5　水煤气顶替回炉焦炉煤气和补碳方案

近年来，固定床纯氧气化被广泛应用于焦炉煤气补碳工艺中。很多企业利用小粒子焦或无烟煤气化生产水煤气，用于调整焦炉煤气的 H/C 比，生产甲醇、合成天然气等产品。也有人试验将水煤气掺混入焦炉煤气中，返回焦炉作燃料气，以顶替部分回炉的焦炉煤气。据称，按照焦炉煤气热值 4200kcal/m³、水煤气热值 2350kcal/m³ 计，掺混后的燃料气热值达到 3200kcal/m³ 时，可直接回炉燃烧，回炉煤气系统的流道及调节控制装置均不必改动，是一个简单易行的顶替措施。

下面以固定床纯氧气化焦炭生产水煤气，顶替回炉焦炉煤气，同时为焦炉煤气补碳生产甲醇为例，分析说明水煤气顶替及补碳方案的效果。

纯氧水煤气顶替回炉煤气及补碳方案见图 11-2。

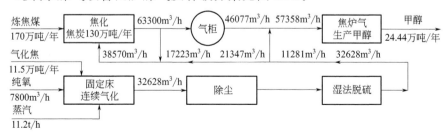

图 11-2　纯氧水煤气顶替回炉气及补碳方案图

11.2.5.1 煤气平衡

本方案以 130 万吨/年焦炉为基准，按照水煤气顶替部分回炉焦炉煤气，进行回炉煤气、外供焦炉煤气以及水煤气补碳气的平衡。

其中，回炉煤气按照焦炉煤气总热量的 45% 计，同时考虑到掺混水煤气后燃料气热值降低，影响热效率约 3%，回炉气量相应增加。煤气平衡表见表 11-5。

表 11-5　顶气后的煤气平衡表

项目	总气量	回炉气	外供气	补碳气	备注
焦炉煤气/(m³/h)	63300	17223	46077		$Q=4200\text{kcal/m}^3$
水煤气/(m³/h)	32628	21347		11281	$Q=2350\text{kcal/m}^3$
合计/(m³/h)	95928	38570	46077	11281	

注：1. 回炉煤气全部使用焦炉煤气时，回炉气量为 28500m³/h，外供气量为 34800m³/h。
　　2. 掺混水煤气后，顶出回炉焦炉煤气 11277m³/h 外供，合计外供焦炉煤气量为 46077m³/h。

11.2.5.2 顶替和补碳效果

由表 11-5 可知，经掺混水煤气后，焦炉系统可外供的焦炉煤气量为 46077m³/h，加上补碳用的水煤气 11281m³/h，总气量为 57358m³/h，全部用于生产甲醇，分别按照顶气、补碳、不补碳等工况进行分析说明。表 11-6 列出了（焦炉煤气＋水煤气）不同工况条件下生产甲醇的主要指标。

焦炉煤气补碳工艺及补碳效果参见 9.3.2 节、9.3.3 节内容。

表 11-6　（焦炉煤气＋水煤气）不同工况条件下生产甲醇主要指标

工况	气源	气量/(m³/h)	消耗定额/(m³/t 醇)	产量/(t/h)
补碳＋顶气	焦炉煤气	46077	1508	30.55
	水煤气	32628	1068	24.44 万吨/年
补碳＋不顶气	焦炉煤气	34800	1508	23.08
	水煤气	8520	369.2	18.46 万吨/年
不补碳＋不顶气	焦炉煤气	34800	2170	16.04 12.83 万吨/年

由上表可见，（补碳＋顶气）较（不补碳＋不顶气）工况可增产甲醇 11.61 万吨/年，较（补碳＋不顶气）增产甲醇 5.98 万吨/年；另，在同样不顶气的条件下，补碳较不补碳可增产甲醇 5.63 万吨/年。说明，顶气的增产效果更好。

（补碳＋顶气）工况合计消耗水煤气 32628m³/h，按照净煤气成本 0.465

元/m³（参见表11-4）计，水煤气部分的原料气成本为15172元/h，折增产甲醇的原料气成本为1045.6元/t，比用焦炉煤气的原料成本要低。

11.3　常压固定床生产空气煤气

固定床空气气化制造空气煤气的原料、工艺流程、设备与固定床纯氧气化完全相同，不同之处是气化剂由纯氧改为空气，水蒸气耗量要减少，生产出的空气煤气，氮含量较高，热值低。

11.3.1　空气煤气组成

空气煤气组成见表11-7。

表 11-7　空气煤气组成

组成	H_2	CO	CO_2	CH_4	N_2	O_2	合计	$Q/(kcal/m^3)$
体积分数/%	13.0	28.0	6.3	0.7	51.7	0.3	100	1243

11.3.2　主要消耗

以1000m³空气煤气为基础，列出气化炉系统主要消耗指标，见表11-8。

表 11-8　主要消耗指标

序号	项目	单位	消耗定额	备注
1	气化焦固定碳>80%	kg	239.4	$Q=6500kcal/kg$
2	空气	m³	651.5	
3	蒸汽	kg	/	自给
4	除氧水 2.5MPa	kg	370	104℃
5	循环水 0.4MPa	t	13	32℃/42℃
6	电 380V	kW·h	20	

注：按气化焦650元/t、电价0.5元/(kW·h)、脱氧水10元/t计，脱硫后净煤气成本为0.23元/m³。

11.3.3　空气煤气顶替回炉焦炉煤气方案

下面以固定床空气气化焦炭生产空气煤气，顶替回炉焦炉煤气，分析说明空气煤气顶替回炉焦炉煤气方案的效果。

11.3.3.1 空气煤气用量

以 130 万吨/年焦炉为基准，按照空气煤气顶替回炉焦炉煤气，回炉煤气按照焦炉煤气总热量的 45% 计，计算顶替回炉煤气的空气煤气量。

焦炉煤气总产气量 63300m³/h，热值 4200kcal/m³，回炉煤气量为 28500m³/h；空气煤气热值 1243kcal/m³，考虑到空气煤气热值低，加热效率要降低 10%，则需空气煤气量：

$$V=\frac{28500\times4200}{1243\times0.9}=107000\text{m}^3/\text{h}$$

按耗空气煤气 10.7 万立方米/时计算，每年要耗气化焦 20.5 万吨，需建设 ϕ3.2m 固定床气化炉 10 台，9 开 1 备，同时配套建设除尘和脱硫装置，总投资约 4000 万元。

11.3.3.2 顶气效果

顶替的焦炉煤气如用来生产甲醇并联产合成氨，可生产甲醇 10.5 万吨/年，同时联产合成氨 3.2 万吨/年。以甲醇 2000 元/t，合成氨 2700 元/t 计，年产值可达 2.964 亿元。

按照净煤气成本 0.23 元/m³（参见表 11-8）计，空气煤气年总成本约为 1.969 亿元。由此可见，在气化焦不超 700 元/t 的条件下，用空气煤气顶替回炉煤气生产化工产品是有利的。

11.4 科达煤气化生产空气煤气

安徽科达洁能股份有限公司是一家致力于清洁能源技术研发，专注于节能设备专业制造的国家级高新技术企业。该公司开发的"模块化梯级回热式清洁燃煤气化系统"是先进的煤炭清洁集中高效利用技术，通过了由工业和信息化部组织的科技成果鉴定和国家重点环境保护实用技术示范工程考察，被列入国家"煤炭清洁高效利用"重点推广技术。

该技术是基于循环流化床气化原理开发的一种以粉煤为原料制取煤气的工艺。利用流态化反应器混合充分、温度均匀等优点，采用"梯级余热回收"技术，优化气化系统的换热环节，将粗煤气中的大量余热用于产生高温气化剂，实现"高温助燃"，降低反应的不可逆损失，提升冷煤气效率。此外，在较高的反应温度下，原料煤中的挥发物受热分解，重质碳氢化合物分解较为完全，粗煤气中不含焦油，从而降低净化难度。该技术对传统循环流化床气化技术进行了改进，尾部的细灰不返回气化炉，送至锅炉燃烧，这样既简化了气化系统的设备和操作，又提高了碳的利用率。

科达气化的主要技术特点如下：

① 原料煤适应性强。循环流化床的流体动力特性使得气体与固体、固体与固体原料的混合非常充分。气化炉既可使用优质煤，也可使用劣质煤，如褐煤、高硫高灰煤等。

② 设备简单，投资省。

③ 氮氧化物 NO_x 排放低，科达煤气燃烧后 NO_x 排放范围为（5～50）$\times 10^{-6}$。

④ 气化强度高，气化炉炉膛单位截面热负荷为 3.5～4.5MW/m²。

⑤ 原料煤预处理简单。科达炉气化用煤的粒度一般小于 10mm，原料煤破碎及筛分系统简单。

⑥ 气化炉内不设埋管受热面，无磨损问题。

⑦ 煤气中不含焦油，净化系统简单，环境友好。

目前，该公司已成功开发出供气能力 10000m³/h、20000m³/h、40000m³/h 等系列的气化炉产品，广泛应用于陶瓷、氧化铝、碳素、钢铁、焦化等多个行业。

11.4.1 原料及煤气组成

11.4.1.1 原料煤

煤质组成见表 11-9。

表 11-9 煤质组成

项目	全水 (M_t)	空干基水分 (M_{ad})	空干基灰分 (A_{ad})	空干基固定碳 (FC_{ad})	空干基挥发分 (V_{ad})	收到基低热值 ($Q_{net,ar}$)	灰熔点 (S_t)	焦渣特性 (CRC)
含量(质量分数)/%	12.49	1.84	11.99	54.48	33.53	5680 kcal/kg	1250℃	3

11.4.1.2 空气煤气组成

空气煤气组成见表 11-10。

表 11-10 空气煤气组成

组分	H_2	CO	CO_2	CH_4	N_2	合计	$Q/(kcal/m^3)$
含量(体积分数)/%	18～22	20～24	8～12	2～3	46～50	100	≥1300

压力 0.01MPa（表压），温度 40℃。

粗煤气经除尘脱硫，尘≤10mg/m³，H₂S≤20mg/m³，送用户。

11.4.2 科达煤气化工艺流程

科达煤气化工艺流程示意图见图 11-3。

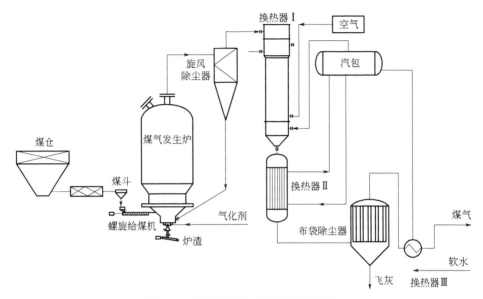

图 11-3 科达煤气化工艺流程示意图

原煤经过破碎、筛分后，10mm 以下的粉煤，通过皮带运输至煤气发生炉煤斗，由螺旋输送机送入气化炉中。气化剂（水蒸气和空气）经换热器 Ⅰ 预热至 750℃后进入气化炉，与粉煤在 950℃左右反应，生成的粗煤气从炉顶进入旋风分离器，大颗粒飞灰被分离后经返料管回到炉内继续反应，渣从炉底排出并输送至渣斗。粗煤气再分别经换热器 Ⅰ、换热器 Ⅱ、布袋除尘器、换热器 Ⅲ降温除尘后，热值在 1350kcal/m³ 左右的煤气经脱硫后送至用户使用。

耐高温的布袋除尘器工作温度可达 200～250℃，可过滤 0.5μm 以上的微尘，除尘效率达到 99.99%，煤气含尘量低于 10mg/m³。

布袋除尘器收集的飞灰无需加工处理，可直接用作电厂锅炉的燃料，原煤的全程碳转化率可达到 99%以上。

11.4.3 气化炉系统主要技术指标

11.4.3.1 气化炉主要技术参数

气化炉的主要技术参数见表 11-11。

表 11-11　气化炉主要技术参数

序号	工艺指标	单位	参数
1	设计压力	kPa	50
2	设计温度	℃	1200
3	工作压力	kPa	20
4	工作温度	℃	1100
5	入炉混合气温度	℃	750
6	返料煤温度	℃	890
7	气化炉负荷	%	90～110

11.4.3.2　主要消耗指标

以 1000m³ 空气煤气为基础，列出气化炉系统主要消耗指标，见表 11-12。

表 11-12　主要消耗指标

序号	项目	单位	消耗定额	备注
1	原料煤	kg	307	$Q=5680$kcal/kg
2	空气 50kPa（表压）	m³	579	
3	蒸汽 0.02MPa（表压）	kg	161	
4	脱硫催化剂	g	6.3	
5	脱硫耗碱（Na_2CO_3）	kg	1.16	
6	电 380V	kW·h	47	
7	新鲜水	t	0.39	
8	排渣量	kg	7.3	含碳 8%～15%
9	飞灰量	kg	46.9	含碳 40%～50%

注：按原料煤 350 元/t、电价 0.5 元/（kW·h）计，脱硫后净煤气成本为 0.1451 元/m³。

11.4.4　科达空气煤气顶替回炉焦炉煤气方案

下面以科达炉气化煤炭生产空气煤气，顶替回炉焦炉煤气，分析说明科达空气煤气顶替回炉焦炉煤气方案的效果。

11.4.4.1　科达空气煤气用量

以 260 万吨/年焦炉为基准，按照科达空气煤气顶替回炉焦炉煤气，回炉煤气按照焦炉煤气总热量的 45% 计，计算顶替回炉煤气的空气煤气量。

焦炉煤气总产气量 126600m³/h，热值 4200kcal/m³，回炉煤气量为

57000m³/h；科达空气煤气热值1350kcal/m³，考虑到科达空气煤气热值低，加热效率要降低8.5%，则需科达空气煤气量：

$$V = \frac{57000 \times 4200}{1350 \times 0.915} = 193807 \ (\text{m}^3/\text{h})$$

需要建设40000m³/h的科达炉6套，5开1备，同时要建设脱硫装置及有关配套的公用工程，总投资约需3.5亿元。

11.4.4.2 顶气效果

顶出的焦炉煤气如用来生产甲醇联产合成氨，则可生产甲醇21万吨/年，联产合成氨6.5万吨/年。以甲醇2000元/t，合成氨2700元/t计，年产值可达5.96亿元。

按照净煤气成本0.1451元/m³（参见表11-12）计，科达空气煤气年总成本约为2.24亿元。由此可见，利用科达煤气化的空气煤气顶替回炉煤气生产化工产品，虽然投资较大，但盈利空间也较大。

11.5 中科合肥煤气化技术

中国科学院工程热物理研究所自20世纪80年代以来，一直致力于循环流化床技术的研究和开发工作，在煤及多种燃料和废弃物的燃烧等转化和利用方面的应用进行了30余年的系统研究，建立了中国典型煤种和典型生物质在循环流化床中的燃烧和排放特性数据库，完成的技术创新已申报130多项国内外专利，其中80余项已获授权。

近十年来，中国科学院工程热物理研究所在煤气化领域开展长期研发，形成了基于基础研究、小试试验（0.15t/d、0.25t/d）、中试研究（5t/d）的完整研发体系，成功开发了循环流化床煤气化技术。通过数十个煤种的气化特性研究与数据积累，同时结合多年来循环流化床锅炉工程化的设计准则和经验，先后完成了15000～60000m³/h等多个容量等级的循环流化床煤气化技术开发，在氧化铝焙烧、金属镁还原、铸造等行业完成四十余台（套）产品级工程应用。

中科合肥煤气化技术有限公司是中国科学院工程热物理所与安徽省巢湖市经济开发区合资成立的新型清洁煤气化技术公司。公司依托工程热物理研究所在煤气化技术方面深厚的技术积累，致力于新型清洁煤气化技术的研发和产业化，开发了适用于低阶煤的清洁高效、低成本的循环流化床煤气化技术，可大幅度降低煤气化成本、减少污染，为有色冶炼、建材、化工、化肥等行业提供低成本和环境友好的清洁燃气和合成气解决方案。

中科合肥常压循环流化床煤气化工艺的主要技术特点是：采用合理的炉型结构，强化床内循环；采用旋风分离器和返料器，实现床外循环；通过返料器将分离的物料重新返回炉内进行二次气化，从而提高粉煤气化的吨煤产气量和气化强度，提高煤的利用率；采用高温空气预热和蒸汽余热回收工艺，提高煤气的品质和煤气效率。

具体技术优势如下：

① 气化原料适应性广，褐煤、长焰煤、不黏性烟煤、弱黏性烟煤均可；可直接使用 0～12mm 的粉煤，制备成本低。

② 气化剂选择灵活。根据不同的燃料、用户对煤气热值不同需求，可以在空气、空气＋水蒸气、富氧空气/纯氧＋蒸汽中，灵活选择气化剂。

③ 环保友好。气化温度在 1000℃ 左右，煤气中不含焦油、酚类等，煤气净化费用低；采用干式布袋除尘，无洗涤废水产生。

③ 系统能效高。氧耗低，水蒸气分解率高，气化剂高温预热回收煤气热量，可副产蒸汽（0.5～1.3MPa）外供。

⑤ 负荷调节范围大，开停炉方便。系统操作负荷范围 50%～110%，开停炉操作方便，几分钟内即可实现停炉，停炉数天后仍可快速启动。

⑥ 连续运转率高。气化炉在微正压（常压）下运行，安全可靠，年均运行时间可达 8000 小时以上。

11.5.1　原料及煤气组成

11.5.1.1　原料煤

煤质元素分析数据见表 11-13。

表 11-13　原料煤元素分析

序号	项目名称	单位	低挥发分煤	低硫煤
1	收到基碳(C_{ar})	%	65.77	64.53
2	收到基氢(H_{ar})	%	1.46	3.43
3	收到基氧(O_{ar})	%	0.25	6.05
4	收到基氮(N_{ar})	%	1.32	1.47
5	收到基硫(S_{ar})	%	2.60	0.53
6	收到基水分(M_{ar})	%	7.60	13.00
7	收到基灰分(A_{ar})	%	21.00	10.99

续表

序号	项目名称	单位	低挥发分煤	低硫煤
8	合计	%	100.00	100.00
9	收到基低位发热量（$Q_{net,ar}$）	kcal/kg	5700	5845

11.5.1.2 产品煤气组成

产品煤气组成见表 11-14。

表 11-14 产品煤气组成

组分		H_2	CO	CO_2	CH_4	N_2	H_2S	合计
含量（体积分数）/%	空气低挥发分	16.70	23.90	8.38	1.17	49.28	0.57	100
	空气低硫	22.26	21.59	9.30	1.86	44.87	0.12	100

粗煤气经除尘脱硫，尘≤10mg/m³，H_2S≤20mg/m³，送用户。

11.5.2 工艺流程

气化装置主要由原料煤上煤系统、煤制气系统、煤气余热回收系统、煤气净化除尘系统、排渣及气力输灰系统、残炭系统、供风系统、循环水系统等组成。

工艺流程说明：原料煤进厂经破碎筛分后＜10mm，由上煤系统转运至气化炉储煤仓。原料煤从气化炉炉膛的中下部加入，以主风机送出的空气和余热锅炉产生的蒸汽为气化剂，在气化炉底部发生气化反应。从气化炉炉膛顶部排出的煤气与半焦的气固混合物经高温旋风分离器分离后，高温煤气依次通过气化剂预热器和余热锅炉，气化剂预热器将常温空气和蒸汽预热至600～700℃，余热锅炉可副产 3.8MPa、450℃的过热蒸汽。降温的煤气经水冷器、旋风除尘器及布袋除尘器后，再经二级水冷器降至常温，净化后的煤气送往下游工序。高温旋风分离器分离下来的未反应完全的半焦经过返料器回炉膛，与气化剂进一步发生气化反应，以提高气化过程中碳的转化率。

气化系统产生的飞灰经气力输送系统进入中间灰仓，通过中间灰仓后，进入残炭锅炉进行燃烧，产出 3.8MPa、450℃的过热蒸汽。

炉底产生的炉渣经降温后，由排渣系统输送到渣仓。

气化炉所需的气化空气由供风系统的罗茨鼓风机提供。

工艺系统冷却水全部采用软水闭式循环系统，闭式循环水无杂质进入、无废水产生、无需水池，节省占地空间。

系统工艺流程及主要进出物流见图 11-4。

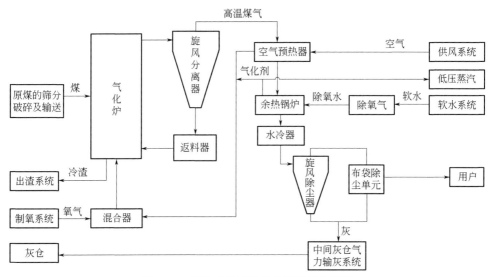

图 11-4　系统工艺流程及主要进出物流图

11.5.3　主要消耗

以 1000m³ 空气煤气为基础，列出气化炉系统主要消耗指标，见表 11-15。

表 11-15　主要消耗指标

序号	项目	单位	低挥发分煤	低硫煤	备注
1	耗煤量	kg	310.8	319.3	
2	空气量	m³	619.6	563.3	
3	蒸汽	kg	−172.6	−154.2	3.8MPa,450℃,外供
4	电	kW·h	22.25	22.18	
5	循环水	m³	2.03	2.28	
6	脱盐水	m³	0.35	0.30	
7	排渣	kg	20.2	10.9	含 C 量 10%
8	飞灰量	kg	70.3	54.6	含 C 量 30%

注：按照低挥发分煤 500 元/t，低硫煤 620 元/t 计算，低挥发分煤的煤气成本为 0.1455 元/m³，低硫煤成本为 0.194 元/m³。

11.5.4　顶替回炉焦炉煤气的方案

下面以中科合肥循环流化床气化炉生产空气煤气，顶替回炉焦炉煤气，分析说明顶替回炉焦炉煤气方案的效果。

11.5.4.1　空气煤气用量

以 260 万吨/年焦炉为基准，按照两种原料气生产的空气煤气顶替回炉焦炉煤气，分别计算顶替回炉煤气的空气煤气量。

焦炉煤气总产气量 126600m³/h，热值 4200kcal/m³，回炉煤气量为 57000m³/h。

采用低挥发分煤生产的空气煤气热值 1235kcal/m³，加热效率要降低 10%，则需空气煤气量：

$$V = \frac{57000 \times 4200}{1235 \times 0.9} = 215385 \;（\text{m}^3/\text{h}）$$

采用低硫煤生产的空气煤气热值 1350kcal/m³，加热效率要降低 8.5%，则需空气煤气量：

$$V = \frac{57000 \times 4200}{1350 \times 0.915} = 193807 \;（\text{m}^3/\text{h}）$$

为满足顶气要求，需建设 60000m³/h 的气化炉装置 4 套，3 开 1 备，建设投资约为 4.0 亿元（含脱硫装置）。

11.5.4.2 顶气效果

顶出的焦炉煤气全部用于生产甲醇和联产合成氨，可生产甲醇 21 万吨/年，联产合成氨 6.5 万吨/年。以甲醇 2000 元/t，合成氨 2700 元/t 计，年产值可达 5.96 亿元。

按照低挥发分煤的空气煤气成本 0.1455 元/m³，低硫煤的空气煤气成本 0.194 元/m³（参见表 11-14）计，低挥发分煤方案年总成本为 2.507 亿元，低硫煤方案为 3.008 亿元。由此可见，两种煤气化方案生产空气煤气顶替回炉焦炉煤气均有较大的盈利空间。

11.6 评述

用煤炭为原料生产空气煤气顶替回炉煤气用于生产化工产品，从经济上都是可行的。尽管煤气化装置的投资相对较大，但在煤价相对较低的情况下（一般不超过 500 元/t），生产的空气煤气成本不超过 0.2 元/m³，用于顶替化工利用价值较高的焦炉煤气，无论是从资源综合利用还是从提高经济效益的方面，都是有利的。

用气化焦（小粒子焦或粉焦成型）生产纯氧水煤气或空气煤气，顶替回炉煤气或补碳生产化工产品，其优点是工程量小、投资少，在气化焦的价格不超过 700 元/t 时，对于 200 万吨/年以下的中小规模焦化企业较为经济适用。

当前，焦化行业正处于结构调整、转型升级的发展阶段，利用国内先进成熟的煤气化技术，实现焦炉煤气的高效优化综合利用，将是焦化企业实现高质量发展、寻找新的效益增长点的一条重要途径。

参 考 文 献

[1] 范守谦，谢兴衍. 焦炉煤气净化生产设计手册[M]. 北京：冶金工业出版社，2012.

[2] 陈启文，郑月慧. 炼焦工艺[M]. 北京：化学工业出版社，2012.

[3] 郭树才，胡浩权. 煤化工工艺学[M]. 北京：化学工业出版社，2012.

[4] 赵俊学，李小明，崔雅茹. 富氧技术在冶金和煤化工中的应用[M]. 北京：冶金工业出版社，2013.

[5] 上官炬，常丽萍，苗茂谦. 气体净化分离技术[M]. 北京：化学工业出版社，2012.

[6] 李建锁，王宪贵，王晓琴. 焦炉煤气制甲醇技术[M]. 北京：化学工业出版社，2009.

[7] 张子锋，张凡军. 甲醇生产技术[M]. 北京：化学工业出版社，2017.

[8] 唐宏青. 新型煤化技术前沿[M]. 北京：中国财政经济出版社，2014.

[9] 唐宏青. 现代煤化工新技术[M]. 北京：化学工业出版社，2009.

[10] 贺永德. 现代煤化工技术手册[M]. 北京：化学工业出版社，2004.

[11] 刘镜远，车维新. 合成气工艺技术与设计手册[M]. 北京：化学工业出版社，2002.

[12] 王子宗. 石油化工设计手册：第三卷化工单元过程[M]. 北京：化学工业出版社，2015.

[13] 沈浚，朱世勇，冯孝庭. 合成氨[M]. 北京：化学工业出版社，2001.

[14] 张成芳. 合成氨工艺与节能[M]. 上海：华东化工学院出版社，1988.

[15] 黄仲涛. 工业催化剂手册[M]. 北京：化学工业出版社，2004.

[16] 石油化学工业部化工设计院. 氮肥工艺设计手册：理化数据分册[M]. 北京：石油化学工业出版社，1977.

[17] 中国寰球化学工程公司. 氮肥工艺设计手册：气体压缩，氨合成，甲醇合成[M]. 北京：化学工业出版社，1989.

[18] 方向晨，关明华，廖士纲. 加氢精制[M]. 北京：中国石化出版社，2006.

[19] 冯向法. 甲醇氨和新能源经济[M]. 北京：化学工业出版社，2010.

[20] 中国氮肥工业协会. 2013年全国氮肥甲醇技术经验交流会资料汇编[C]. 济南：2013.

[21] 中国石油和化学工业联合会煤化工专业委员会. 2018中国国际煤化工发展论坛资料集[C]. 北京：2018.

[22] 中国石油和化学工业联合会煤化工专业委员会. 2019中国国际煤化工发展论坛资料集[C]. 北京：2019.

[23] 吴秀章. 煤制低碳烯烃工艺与工程[M]. 北京：化学工业出版社，2014.

[24] 张明，李安学，黄新平. 煤制合成天然气技术及应用[M]. 北京：化学工业出版社，2017.

[25] 李立清，宋剑飞. 废气控制与净化技术[M]. 北京：化学工业出版社，2014.

[26] 顾安忠，等. 液化天然气技术[M]. 北京：机械工业出版社，2014.

[27] 毛宗强，毛志明，余皓. 制氢工艺与技术[M]. 北京：化学工业出版社，2018.

[28] 王赓，郑津洋. 氢能技术-标准体系与战略[M]. 北京：化学工业出版社，2012.

[29] 吴兴敏，高元伍，金艳秋. 新能源汽车[M]. 北京：化学工业出版社，2018.

[30] 应立勇. 煤基合成化学品[M]. 北京：化学工业出版社，2010.

[31] 高晋生，张德祥. 煤液化技术[M]. 北京：化学工业出版社，2005.

[32] 李文英，冯杰，谢克昌. 煤基多联产系统技术及工艺过程分析[M]. 北京：化学工业出版社，2011.

[33] 刘万琨，魏毓璞，赵萍，等. 燃气轮机与燃气-蒸汽联合循环[M]. 北京：化学工业出版社，2006.

[34] 王军. 焦炉气纯氧非催化部分氧化法制甲醇装置运行工艺优化研究[J]. 石油化工应用，2016，10：149-153.

[35] 王军. 焦炉气纯氧非催化部分氧化法转化炉优化研究[J]. 石油化工应用，2016，11：143-147.

[36] 孙启文，吴建民，张宗森. 费托合成技术及其研究进展[J]. 煤炭加工与综合利用，2020（2）：35-42.

[37] 袁华，袁炜，罗春桃. 低温费托合成重质油加工利用[J]. 合成材料老化与应用，2018（1）：124-129.

[38] 刘帅，刘玉春. 重型燃气轮机发展现状及展望[J]. 电站系统工程，2018（5）：61-63.

[39] 伍赛特. 重型燃气轮机研究现状与技术发展趋势展望[J]. 机电产品开发与创新，2019（2）：65-67.

[40] 邓继超，李福全，等. 索拉 T130 燃气轮机在热电联产项目上的应用[J]. 广西节能，2014（1）：37-39.

[41] 张占一. 新型氨合成工艺技术的特点及比较[J]. 化肥设计，2011（6）：48-52.

[42] 谢定中. 粗煤气 CO 的恒等温变换[J]. 煤化工，2012（5）：16-18.

[43] 徐春华. 大型甲醇合成工艺技术研究进展[J]. 化学工程与装备，2019（5）：230-232.

[44] 田守国. 新型常压固定床气化已发展成为多领域应用的实用技术[J]. 中氮肥，2016（5）：1-6.

[45] 余伟邦，齐波，安联想. 甲烷化装置废热锅炉的金属粉末化腐蚀及防护措施[J]. 化工机械，2012（3）：361-364.